MATHEMATIQ
&
APPLICATIONS

Directeurs de la collection:
X. Guyon et J.-M. Thomas

44

Springer

Paris
Berlin
Heidelberg
New York
Hong Kong
Londres
Milan
Tokyo

MATHEMATIQUES & APPLICATIONS
Comité de Lecture / Editorial Board

Directeurs de la collection:
X. GUYON et J.-M. THOMAS

Instructions aux auteurs:

Les textes ou projets peuvent être soumis directement à l'un des membres du comité de lecture avec copie à X. GUYON ou J.-M. THOMAS. Les manuscrits devront être remis à l'Éditeur *in fine* prêts à être reproduits par procédé photographique.

Laurent Younes

Invariance, déformations et reconnaissance de formes

Springer

Laurent Younes
Center for Imaging Science
The Johns Hopkins University
3400 N. Charles Street
Baltimore, MD 21218-2686, USA
E-mail: younes@cis.jhu.edu

Mathematics Subject Classification 2000: 68T45, 68U10, 68U05

ISBN 3-540-40868-1 Springer-Verlag Berlin Heidelberg New York

Springer-Verlag Berlin Heidelberg New York
est membre du groupe BertelsmannSpringer Science+Business Media GmbH.
© Springer-Verlag Berlin Heidelberg 2004
http://www.springer.de
Imprimé en Allemagne

Imprimé sur papier non acide   41/3142/LK - 5 4 3 2 1 0 -

A Geneviève
Hannah, Salomé, Simon

Avant-propos

En traitement d'images, la reconnaissance de formes est une gageure. La difficulté même de définir l'objet à étudier, le fossé existant entre les représentations discrètes (les données) et le rendu perceptif attendu, l'incroyable variété des instances possibles, et pourtant leur extrême spécificité au sein de tout espace mathématique tentant de les délimiter, tout ceci explique l'intense effort des chercheurs au cours des dernières années, le large spectre des techniques qu'ils ont cherché à développer, les aspects à la fois frustrants et encourageants des avancées, jamais définitives qu'ils ont pu réaliser, et le fait que ce thème de recherche reste encore largement inexploré, ouvrant des pistes qui doivent encore être défrichées.

Les obstacles et embûches techniques se nichent à chaque étape d'une chaîne hypothétique de progression. Le premier obstacle, et peut-être l'obstacle majeur, est qu'une forme n'est jamais donnée telle qu'elle. Elle est inscrite dans une image, discrétisée, délimitée par des contours mal définis, parfois absents mais toutefois perçus, noyés dans un enchevêtrement d'autres contours, de discontinuités texturelles et d'informations parasites. Nul ne peut se vanter, à l'heure actuelle, d'avoir découvert un système capable de restituer le contenu d'une image, en termes de formes isolées, sans aucune autre information sur son contenu, ou sans intervention humaine (bien que plusieurs techniques, très prometteuses, parviennent à identifier un certain nombre de structures spécifiques).

Le second problème est celui de la modélisation d'une forme. Depuis la liste de points sur une grille discrète jusqu'à l'objet tridimensionnel accompagné de son angle de projection sur une rétine, l'imagination des chercheurs a généré un nombre imposant de représentations, de caractérisations, de signatures, selon les terminologies qui ont pu être employées. D'un point de vue applicatif, il s'agit d'un choix fondamental, puisqu'il oriente à la fois les algorithmes de détection évoqués ci-dessus et les algorithmes de reconnaissance proprement dits. Nous avons consacré une grande part de cet ouvrage à la présentation d'un panel de méthodes, qui, quoique relativement large, ne peut prétendre à l'exhaustivité. Les notions de robustesse de la représentation, quant aux différents événements susceptibles de modifier l'aspect de la forme sans en changer la nature perceptive, comme des déplacements, des étirements, de petites déformations ou occlusions, sont fondamentales et leur prise en compte, qui constituera un souci récurrent, est un facteur supplémentaire de difficulté.

Enfin viennent les questions liées à la reconnaissance proprement dite. Comment identifier une forme comme étant précisément celle recherchée, tout en tenant compte des facteurs que nous venons de lister, susceptibles d'en modifier l'aspect? Comment reconnaître les points communs importants de deux instances de formes? Comment définir une distance entre ces dernières?

Nous allons tenter de donner quelques réponses, évidemment partielles, à ces interrogations. Pour ce faire, nous suivrons une ligne directrice principale, autour des deux mots-clés: *invariance et déformation*. Le souci même d'articuler l'ouvrage autour de ces points de vue (même si nous nous autoriserons quelques digressions) entraîne, comme corollaire immédiat, une partialité de la présentation, et sa non-exhaustivité. Nous nous placerons presque toujours dans un cadre bidimensionnel, autrement dit nous traiterons presque exclusivement de formes planes, et ceci pour un certain nombre de raisons. Tout d'abord parce que c'est ainsi, à l'heure actuelle, que se présente la majorité des données, extraites d'images ou de films (à l'exception toutefois des images médicales), et l'œil humain est très efficace à reconnaître des formes à partir de ces données. D'autre part, un objet tridimensionnel est souvent bien représenté par un certain nombre de ses projections, qui suffisent pour le reconnaître. De plus (et c'est bien-sûr lié), l'écrasante majorité des techniques jusqu'ici développées le sont en deux dimensions, si bien que, même si l'on ne pourrait prétendre que la reconnaissance de formes ait atteint une parfaite maturité dans le contexte bidimensionnel, on peut sans crainte affirmer que les traitements tridimensionnels n'en sont qu'à leurs balbutiements. Enfin, si certaines méthodes présentées dans ce livre se généralisent relativement facilement à trois dimensions, d'autres se retrouveraient substantiellement compliquées, voire ouvertes, ce qui est une raison supplémentaire pour éviter de les aborder ici.

Le caractère essentiel de la prise en compte de l'invariance et de déformations peut être illustré (bien qu'il ne s'agisse par là de l'unique cause de leur importance) en considérant les variations possibles du contour apparent d'un objet dans l'espace. Le contour apparent d'un objet vu par un système de vision est déterminé par les lignes partant du centre optique de la caméra et tangentes à la surface de l'objet (fig. 0.1). Si cette surface est lisse, les points de tangence des lignes de visée varient lorsque l'objet se déplace; la seule exception est lorsque l'on fait subir à l'objet une rotation d'axe passant par le centre optique et perpendiculaire au plan rétinien: le contour projeté subit alors une rotation plane sur le plan de l'image (pour comparer une vue donnée à une vue de référence, il faudra donc prendre en compte la possibilité d'action d'une rotation plane d'angle quelconque).

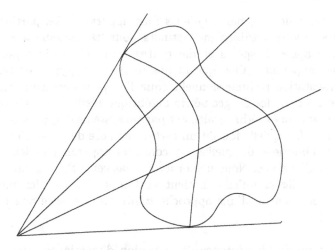

Fig. 0.1. Ligne de contours apparents

Si l'on considère à présent un déplacement arbitraire relativement petit (pour ne pas faire émerger trop de parties cachées, qui modifieraient complètement l'observation), on ne peut plus dire que les anciens points de tangence restent des points de tangence, et l'on peut, de manière heuristique, décomposer la variation des contours apparents en deux parties:

• variation de la projection des anciens points de tangence après déplacement de l'objet: ce contour virtuel (il n'est pas observé, puisque les lignes de tangence ont varié) se déduit, avec une grande précision, du précédent à l'aide d'une transformation projective plane (homographie).

• la variation due au déplacement des points de tangence, qui se traduit par une petite déformation du contour apparent.

On peut donc discerner trois composantes fondamentales quant au mouvement observable des contours apparents: une rotation plane arbitraire, corrigée par une transformation projective et une déformation. Un bon système de reconnaissance doit donc en tenir compte. On recherchera ainsi des systèmes invariants par rotation, éventuellement par déformation affine (qui approxime bien les déformations projectives dans la plupart des cas), robustes aux déformations. On voit ainsi apparaître deux éléments essentiels de cet ouvrage: i) *invariance* par l'action de sous-groupes du groupe linéaire, ii) *déformation*, ici de courbes planes. Notons enfin que cette discussion est valable lorsque l'objet considéré est rigide, c'est-à-dire lorsque sa surface est bien définie; lorsque les objets ont eux-mêmes une forme variable (par exemple, pour les formes anatomiques), la notion de déformation entre évidemment en ligne de compte de manière encore plus cruciale.

La variation des contours apparents d'un objet lorsque la position de l'observateur est modifiée, non-plus légèrement, mais de façon significative, est plus complexe, et nécessite, pour la prendre en compte en toute généralité, l'adoption d'une approche multi-vues. De manière générale, de fortes variations de l'angle de vue, parce qu'elles font apparaître des parties cachées, génèrent des *aspects* sensiblement distincts pour les contours apparents. La théorie des graphes d'aspects étudie toutes les configurations possibles de ces contours apparents, ainsi que la possibilité et le type des transitions. Cette représentation tridimensionnelle (que l'on peut construire rigoureusement par des méthodes de géométrie algébrique réelle, pour un objet parfaitement connu, ou expérimentalement par un système d'apprentissage) nous intéresse par le fait qu'elle fournit un certain nombre de zones d'observations de l'objet à l'intérieur desquelles les contours apparents varient de façon lisse avec l'angle de vue. Nous n'aborderons pas cette théorie dans ce cours, mais il faut souligner qu'elle contient certaines pistes et les motivations utiles au développement d'une approche multi-vues associée aux techniques développées ici.

Compte tenu de l'importance de la notion d'invariance, nous débutons cet ouvrage par une présentation (au pas de charge...) de quelques notions de géométrie différentielle, qui nous permettrons d'aborder rigoureusement, (bien qu'à un niveau élémentaire) entre autres le problème de la détermination d'invariants.

Comme nous basons essentiellement la reconnaissance sur la silhouette des objets, nous traiterons la plupart du temps des problèmes de classification, de comparaison et de différentiation d'ensembles du plan délimités par une courbe. La seconde partie de cet ouvrage sera consacrée à la présentation de notions de base concernant les courbes planes, et à différents moyens disponibles pour les représenter, en liaison avec les notions d'invariance. Il est clair que le mode de représentation choisi a une incidence fondamentale sur la simplicité, les performances et les qualités de la reconnaissance. Y compris pour les représentations classiques (courbes paramétrées), nous verrons comment définir des paramétrisations invariantes par l'action de certains groupes de transformations rigides; nous présenterons également des types de représentations développées spécifiquement pour le traitement d'images.

Les contours apparents n'étant jamais fournis tels quels au système de vision, la détection et le chaînage des contours d'un objet sur une image est un problème important largement ouvert, qui nécessite souvent une forte information *a priori* sur l'objet recherché. Parmi les diverses façons d'aborder ce problème, nous privilégierons celles qui font appel aux déformations de courbes. Nous aborderons la théorie des contours actifs, et certaines théories de modèles déformables, qui fournissent des modélisations statistiques des variations observables autour d'un prototype de l'objet recherché.

La dernière partie de cet ouvrage, s'attachera au problème de la comparaison de formes par analyse de déformations, essentiellement en construisant des distances entre configurations de points, courbes planes ou images, qui satisferont autant que possible aux conditions d'invariance que nous aurons à imposer. Dans cette partie, une large place sera réservée à l'étude des groupes de difféomorphismes, qui ont une grande importance pour les méthodes de mise en correspondance d'objets, elles-mêmes essentielles pour la comparaison.

Nous privilégierons parfois la présentation intuitive des aspects mathématiques des solutions proposées des problèmes que nous allons évoquer. Cela se fera de temps en temps au détriment de l'efficacité, mais, nous l'espérons, au profit de la clarté. Le texte se permet, de temps en temps, un certain nombre de digressions pour introduire des éléments théoriques ou méthodologiques au moment où ils sont utiles, au lieu de les regrouper en début d'ouvrage ou en appendice. Nous présentons ainsi l'analyse en composantes principales (et indépendantes), des éléments de programmation dynamique ou des remarques générales sur l'accélération des algorithmes de gradient en grandes dimensions.

La plus grande partie du livre peut être abordée moyennant assez peu de prérequis en mathématiques. C'est le cas des chapitres 5 à 7 et de la partie 3, qui sont largement indépendants les uns des autres. Même si les notions nécessaires sont introduites dans la partie 1, l'abord du chapitre 3 sera bien plus facile au lecteur qui a déjà été sensibilisé à la géométrie différentielle. La dernière partie est dans son ensemble assez accessible, mis à part le traitement des flots de difféomorphismes qui sont peut-être un peu plus techniques.

Paris, Juillet 2003   *Laurent Younes*

Table des matières

Partie II Représentation de formes planes

Partie I

Variétés, groupes de Lie et invariance

1

Eléments de géométrie différentielle

1.1 Introduction

Ce premier chapitre présente, de manière très succincte, les quelques éléments de géométrie différentielle que nous utiliserons dans cet ouvrage. Tout en respectant une certaine rigueur d'exposition, nous nous efforcerons d'interpréter ces concepts relativement abstraits d'un point de vue aussi heuristique que possible.

Notre unique objectif, dans cette présentation, est de définir des outils qui nous permettront d'exprimer des notions infinitésimales sur des ensembles un peu plus généraux que des espaces euclidiens. Nous n'irons donc pas plus loin que les notions liées aux espaces tangents, et différentielles d'applications, et nous laisserons volontairement de côté des notions essentielles de géométrie, comme les formes linéaires, les crochets de champs de vecteurs, les connexions affines, la courbure... Ces connaissances minimales seront utiles lorsque nous aborderons le calcul des invariants par une action de groupe, ou bien les distances entre des formes.

1.2 Variétés différentiables

1.2.1 Définition

Une variété différentiable est essentiellement un ensemble dont on peut décrire les points par un ou plusieurs systèmes de coordonnées, avec des relations de compatibilité qui rendent possible la définition intrinsèque des variations infinitésimales de quantités portées par cet ensemble. Nous commençons par poser la définition suivante.

Définition 1.1. *Soit M un espace topologique séparé. Une* carte locale *à n* coordonnées sur M est un couple (U, Φ) où U est un ouvert de M et Φ un homéomorphisme (ie. une bijection continue, ainsi que son inverse) de U vers un ouvert de $\mathbb{R}^n$.

Deux cartes locales à n coordonnées (U_1, Φ_1) *et* (U_2, Φ_2) *sont C^∞-compatibles si l'application de changement de carte $(\Phi_1 \circ \Phi_2^{-1})$ est un difféomorphisme de classe C^∞ entre son espace de départ (lorsque celui-ci est non-vide) et son espace d'arrivée (tous deux des ouverts de $\mathbb{R}^n$).*

Un atlas de dimension n *sur M est une famille de cartes locales $((U_i, \Phi_i), i \in I)$, deux à deux C^∞-compatibles, telle que $M = \bigcup_I U_i$. Deux atlas sur M sont* équivalents *si la famille formée par leur réunion est un atlas, c'est-à dire si une carte locale quelconque du premier atlas est C^∞-compatible avec une carte locale quelconque du second. L'atlas est* maximal *si toute carte locale (U, Φ) compatibles avec ses cartes locales fait nécessairement partie de cet atlas.*

Un espace topologique séparé M muni d'un atlas de dimension n s'appelle une variété (C^∞) de dimension n.

Si M est une variété, une carte locale sur M sera toujours supposée compatible avec l'atlas de M. Si M et N sont deux variétés, leur produit $M \times N$ est aussi une variété, une fois muni du produit des atlas de M et N: si (U, Φ) est une carte de M, (V, Ψ) une carte de N, $(U \times V, (\Phi, \Psi))$ est une carte locale de $M \times N$.

Lorsqu'une carte locale (U, Φ) est donnée, les fonctions coordonnées x_1, ..., x_n sont définies par $\Phi(m) = (x_1(m), \ldots, x_n(m))$ pour $m \in U$. D'un point de vue formel, x_i est donc une fonction de U dans $\mathbb{R}$, bien que, lorsqu'un point m est donné, on appelle généralement $x_i = x_i(m) \in \mathbb{R}$ *la ième coordonnée de m dans la carte* (U, Φ).

D'après ces définitions, $\mathbb{R}^n$ est lui-même une variété différentiable, ainsi que tout ouvert de $\mathbb{R}^n$. Un exemple moins trivial est la sphère de dimension n, S^n, définie comme l'ensemble des points $m \in \mathbb{R}^{n+1}$ dont la norme euclidienne est égale à 1. La sphère peut être munie d'un atlas à $2n$ éléments (U_i, Φ_i), $i = 1, \ldots, 2n$. On pose en effet

$$U_1 = \{m = (m_1, \ldots, m_{n+1}) : m_1 > 0\} \cap S^n$$

et $\Phi_1(m) = (m_2, \ldots, m_{n+1}) \in \mathbb{R}^n$, et des définitions similaires pour les autres cartes, en faisant des intersections avec les demi-espaces $m_1 < 0$, $m_2 > 0$, $m_2 < 0$, etc ldots (cf fig. 1.1)

L'intérêt premier de la notion de variété, est de permettre de manipuler, de manière intrinsèque, des applications différentiables définies sur la variété: autrement dit, d'y mesurer des quantités sur lesquelles on peut appliquer du calcul infinitésimal. C'est l'objet de la définition suivante.

Fig. 1.1. Cartes locales hémisphériques sur S^2

Définition 1.2. *Une application $\psi : M \to \mathbb{R}$ est dite de classe C^∞, si, pour toute carte locale (U, Φ) sur M, l'application $\psi \circ \Phi^{-1}$, définie sur l'ouvert de $\mathbb{R}^n$, $\Phi(U)$, et à valeurs dans $\mathbb{R}$, est une application C^∞.*

Ainsi, une application est C^∞, si, lorsque l'on l'interprète dans une carte, c'est-à-dire, si on l'exprime en fonction de coordonnées locales, on obtient une fonction C^∞ au sens usuel. Pour vérifier qu'une fonction est C^∞, il suffit en fait de vérifier cette propriété pour un jeu de cartes locales qui recouvre M (autrement dit pour un atlas); elle sera automatiquement vérifiée pour toute autre carte locale C^∞ compatible (on voit ici pourquoi cette notion de compatibilité est nécessaire dans la définition d'une variété).

L'ensemble des applications C^∞ sur M sera noté $C^\infty(M)$. Si U est un ouvert de M, l'ensemble $C^\infty(U)$ sera par définition composé des fonctions qui ont une représentation C^∞ dans toute carte locale de M contenue dans U. Le premier exemple de fonction C^∞ est donné par les fonctions coordonnées: si (U, Φ) est une carte locale, la $i$ème fonction coordonnée $(x_i(m), m \in U)$ appartient à $C^\infty(U)$, puisque, lue dans la carte (U, Φ), elle se réduit à la projection $(x_1, \ldots, x_n) \mapsto x_i$. Les fonctions C^∞ permettent donc de récupérer les fonctions coordonnées des cartes locales, qui avaient permis de construire la structure de variété. Elles contiennent donc toute l'information pertinente sur cette structure. Une conséquence essentielle de cette remarque est qu'on pourra définir de nouvelles notions relatives aux variétés par l'intermédiaire de leur action sur les fonctions C^∞, sans avoir à repasser systématiquement par des cartes locales (bien que ces dernières fournissent les représentations les plus intuitives, et demeurent souvent inévitables pour mettre en œuvre des opérations numériques effectives).

1.2.2 Champs de vecteurs, espaces tangents

Le paragraphe précédent a introduit un certain type d'ensembles, les variétés, sur lesquelles on pouvait définir, de façon non-ambigüe, des fonctions différentiables, par lecture dans des cartes locales. La propriété, pour une fonction numérique définie sur M, d'être C^∞ est, comme nous l'avons remarqué, intrinsèque, parce qu'elle ne dépend pas de l'atlas particulier choisi sur la variété, mais uniquement de sa classe d'équivalence, au sens de la C^∞-compatibilité des cartes. Toutefois, une fonction différentiable $\psi : M \to \mathbb{R}$ étant fixée, on ne peut, pour l'instant, en définir des variations infinitésimales que par l'intermédiaire de cartes locales en effectuant ces variations sur les coordonnées dans cette carte. L'objet de ce paragraphe est de fournir une représentation intrinsèque de cette notion, ce qui nécessite de définir, de manière également intrinsèque, ce qu'on entend par des *variations infinitésimales* sur la variété M. Nous fixons, dans ce paragraphe, une variété différentiable, M, de dimension n.

D'un point de vue heuristique, une variation infinitésimale sur M sera représentée, comme dans $\mathbb{R}^n$, par un déplacement infiniment petit dans une certaine direction. Il reste, bien entendu à définir d'une part ce qu'est une *direction* portée par M, et d'autre part ce qu'on pourra considérer comme un déplacement infiniment petit.

Nous commençons par la première notion, qui est extrêmement importante. Il y a deux façons de définir une direction sur une variété M. La première est globale, et correspond schématiquement, à un glissement de la variété sur elle même; elle sera associée à la notion de champ de vecteurs. La seconde se place en un point, et sera associée à la notion de vecteur tangent. Nous les définirons, dans un premier temps, par leur action sur les fonctions C^∞; nous les interpréterons ensuite de différentes manières.

Dans $\mathbb{R}^n$, l'effet, sur une fonction numérique différentiable, ψ, d'une variation infinitésimale sur les coordonnées est lié à la dérivée de ψ: si l'on se donne un vecteur dans $\mathbb{R}^n$, on peut associer à toute ψ sa dérivée directionnelle relativement à ce vecteur, qui est un nombre réel. Si on se donne un vecteur en chaque point, on obtiendra en calculant toutes les dérivées directionnelles associées une nouvelle fonction numérique définie sur $\mathbb{R}^n$; cette nouvelle fonction sera C^∞ dès que ψ est C^∞, et dès que la collection des vecteurs tangents (le "champ de vecteurs") dépend de manière C^∞ des points qui les portent. La même approche reste valable sur les variétés, et mène aux définitions suivantes:

Définition 1.3. *Si M est une variété C^∞, un champ de vecteurs sur M est une application $X : C^\infty(M) \to C^\infty(M)$, qui possède les propriétés suivantes:*
$\forall \alpha, \beta \in \mathbb{R},\ \forall \varphi, \psi \in C^\infty(M),\ on\ a$

$$X(\alpha.\varphi + \beta.\psi) = \alpha.X(\varphi) + \beta.X(\psi)\,,$$

$$X(\varphi\psi) = X(\varphi)\psi + \varphi X(\psi)\,.$$

L'ensemble des champs de vecteurs sur M est noté $\mathcal{X}(M)$.

Définition 1.4. *Si M est une variété C^∞, et m un point de M, un vecteur tangent à M en m est une application $\xi : C^\infty(M) \to \mathbb{R}$ qui possède les propriétés suivantes:*
$\forall \alpha, \beta \in \mathbb{R},\ \forall \varphi, \psi \in C^\infty(M),\ on\ a$

$$\xi(\alpha.\varphi + \beta.\psi) = \alpha.\xi(\varphi) + \beta.\xi(\psi)\,,$$

$$\xi(\varphi\psi) = \xi(\varphi)\psi(m) + \varphi(m)\xi(\psi)\,.$$

L'ensemble des vecteurs tangents en m est noté $T_m M$.

On note bien le caractère ponctuel de la seconde définition, et l'aspect global de la première[1]. Il ressort clairement que $\mathcal{X}(M)$ et $T_m M$ sont des espaces vectoriels, ce qui est précisé dans la proposition suivante.

Proposition 1.5. *Pour tout $m \in M$, l'espace tangent $T_m M$ est un espace vectoriel de dimension finie, n, la dimension de M.*

Preuve. On peut le vérifier en passant aux cartes locales. Soit $C = (U, \Phi)$ une carte locale telle que $m \in U$; notons $x^0 = \Phi(m)$, $x^0 \in \mathbb{R}^n$. Si $\varphi \in C^\infty(M)$, alors, par définition,

$$\varphi_C : \varphi(U) \subset \mathbb{R}^n \to \mathbb{R}$$
$$x \mapsto \varphi \circ \Phi^{-1}(x)$$

---

[1] Une autre propriété qui est évidente est que, si $X \in \mathcal{X}(M)$ est un champ de vecteurs sur M, et si $m \in M$, l'application $X_m : C^\infty(M) \to \mathbb{R}$ définie par

$$X_m(\varphi) = (X(\varphi))(m)$$

est une dérivation ponctuelle en m, autrement dit, $X_m \in T_m M$. Réciproquement, si on se donne une collection $X_m, m \in M$ de vecteurs tangents à M, telle que, pour tout $m \in M$, $X_m \in T_m M$, on peut définir $(X(\varphi))(m) = X_m(\varphi)$ pour $\varphi \in C^\infty(M)$ et $m \in M$; X est un champ de vecteurs sur M si, *pour toute fonction $\varphi \in C^\infty(M)$, $m \mapsto X_m(\varphi)$ est une fonction C^∞*. Enfin, une dernière propriété est vraie: pour tout $\xi \in T_m M$, il existe un champ de vecteurs X tel que $\xi = X_m$ ([110]).

est une application C^∞. On peut alors définir

$$(\partial_m x_i)(\varphi) := \frac{\partial \varphi_C}{\partial x_i}\Big|_{x=x^0}$$

et on vérifie facilement que $\partial_m x_i$ est une dérivation ponctuelle en m, ie. $\partial_m x_i \in T_m M$. Tout $\xi \in T_m M$ s'écrit, de manière unique, sous la forme

$$\xi = \sum_{i=1}^{n} \lambda_i \partial_m x_i$$

On peut en effet toujours écrire

$$\varphi_C(x) = \varphi_C(x^0) + \sum_{i=1}^{n}(x_i - x_i^0)\psi_i^*(x)$$

avec $\psi_i^*(x) = \int_0^1 \frac{\partial \varphi_C}{\partial x_i}(x^0 + t(x - x^0))dt$, de sorte que, si $m' \in U$

$$\varphi(m') = \varphi_0 + \sum_{i=1}^{n}(x_i(m') - x_i(m))\psi_i(m')$$

avec $\psi_i(m') = \psi_i^*(\Phi(m'))$, et $\varphi_0 = \varphi(m)$. Si $\xi \in T_m M$ et f une fonction constante, on a $\xi.f = f\xi(1) = f\xi(1.1) = 2f\xi(1)$ d'où $\xi.f = 0$. On en déduit donc, pour tout $\xi \in T_m M$,

$$\xi(\varphi) = 0 + \sum_{i=1}^{n}\psi_i(m)\xi(x_i)\,.$$

Or $\psi_i(m) = (\partial_m x_i)(\varphi)$, ce qui donne bien la formule annoncée avec $\lambda_i = \xi(x_i)$.

En particulier, tout champ de vecteurs restreint à une carte locale s'écrit sous la forme

$$X = \sum_{i=1}^{n}\varphi_i \partial x_i$$

où $\varphi_i \in C^\infty(M)$ et $[\partial x_i]_m = \partial_m x_i$. On obtient ainsi une caractérisation locale des champs de vecteurs en fonction de la famille des vecteurs tangents $\partial x_i : m \mapsto \partial_m x_i$.

Une autre façon, plus intuitive, de définir un vecteur tangent sur une variété M, est de l'associer aux courbes tracées sur M. Cela passe par les définitions suivantes.

Définition 1.6. *Soit $t \mapsto \mathbf{m}(t) \in M$ une courbe continue sur un intervalle $[0, T]$, à valeurs dans M. Cette courbe est dite C^∞ si, pour toute carte locale, $C = (U, \Phi)$, la courbe $\mathbf{m}_C : s \mapsto \Phi \circ \mathbf{m}(s)$, définie sur $\{t \in [0, T] : \mathbf{m}(t) \in U\}$ (qui est un ouvert de $[0, T]$), et à valeurs dans $\mathbb{R}^n$, est de classe C^∞.*
Soit $m \in M$. Deux courbes C^∞, $\mathbf{m}^1$ et $\mathbf{m}^2$, telles que $\mathbf{m}^1(0) = \mathbf{m}^2(0) = m$ ont même tangente en m, si et seulement si, pour toute carte $C = (U, \Phi)$, les courbes $\mathbf{m}_C^1$ et $\mathbf{m}_C^2$ ont même dérivée en 0.

On a alors

Proposition 1.7. *L'égalité des tangentes en m est une relation d'équivalence. L'espace tangent à M en m s'identifie à l'ensemble des classes d'équivalence pour la relation de tangence en m.*

Preuve. Décrivons rapidement comment cette identification s'opère. Si une courbe $\mathbf{m}(.)$ est donnée, avec $\mathbf{m}(0) = m$, on pose, pour $\varphi \in C^\infty(M)$,

$$\xi_{\mathbf{m}} \cdot \varphi = \frac{d}{dt}_{|t=0} \varphi \circ \mathbf{m}(.)$$

On vérifie alors que $\xi_{\mathbf{m}}$ est une dérivation en m, et qu'il ne dépend que de la classe de tangence de la courbe $\mathbf{m}$. Réciproquement, si $\xi \in T_m M$ est une dérivation en m, il faut montrer qu'il existe une courbe $\mathbf{m}$ telle que $\xi = \xi_{\mathbf{m}}$, et que cette courbe est unique à l'égalité des tangentes près. On obtient cette courbe en se plaçant dans une carte locale (U, Φ), et en constatant que l'on doit avoir $\xi_{\mathbf{m}}(x_i) = \xi(x_i)$ d'une part, et

$$\xi_{\mathbf{m}}(x_i) = \frac{d}{dt}_{|t=0} x_i \circ \mathbf{m}(.)$$

si bien que la courbe image $\Phi \circ \mathbf{m}$ a une tangente fixée, de coordonnées $\xi(x_i)$: l'unicité de la classe de tangence en découle. Pour obtenir $\mathbf{m}$, il suffit de construire une courbe dans U, partant de $\Phi(m)$, dont le vecteur tangent en 0 à pour coordonnées $(\xi(x_i), i = 1, \ldots, n)$ (par exemple un segment de droite), et de la remonter sur M par Φ^{-1}.

Une carte locale (U, φ) étant donnée, les vecteurs tangents $\partial_m x_i$ s'obtiennent à partir des segments de droites $\Phi(m) + t e_i$, e_i étant le $i$ème vecteur de la base canonique de $\mathbb{R}^n$.

Il est parfois plus agréable de considérer un vecteur tangent comme une dérivation, parfois préférable de l'interpréter en tant que vitesse instantanée d'une trajectoire sur M. Le choix de l'une ou l'autre formulation dépendra du contexte.

Une fois définis les vecteurs tangents et les champs de vecteurs, il reste à leur associer des variations infinitésimales adéquates. Si $m \in M$ et $\xi \in T_m M$, la manière la plus simple de représenter ces variations est de les associer à des courbes $\mathbf{m}(t)$ telles que $\mathbf{m}(0) = m$, et dont la classe de tangence est ξ. Il sera très utile d'introduire la notation suivante

---

Notation *Si $m \in M$ et $\xi \in T_m M$, la notation $m + t\xi$ (t infiniment petit) symbolisera toujours une courbe quelconque sur M partant de m et dont la tangente en 0 est ξ.*

Toute propriété énoncée avec cette notation devra bien entendu être satisfaite pour n'importe quelle courbe satisfaisant la contrainte de tangence.

La variation infinitésimale associée à un champ de vecteurs $X \in T_m M$ doit être un "glissement" de la variété M sur elle-même. Ceci se formalise comme suit: à un champ de vecteurs X, on associe l'équation différentielle ordinaire

$$\frac{dm}{dt} = X_m \,.$$

Nous admettons la proposition suivante

Proposition 1.8. *Pour tout point $m_0 \in M$, il existe un voisinage U de m_0, un réel $t_0 > 0$ et une application $\Phi : [0, t_0] \times U \to M$ telle que, $\Phi(0) = m_0$ et Φ est solution de l'équation*

$$\frac{dm}{dt} = X_m \,.$$

avec $\varphi(0, m) = m$. L'application $\Phi(t, .)$ est aussi notée $\exp_{m_0}(tX)$.

La variation infinitésimale associée à X est donc donnée par la fonction $m \mapsto \exp_m(tX)$, pour t infiniment petit.

Remarques: Toutes les définitions précédentes peuvent être localisées pour n'être valables que dans un ouvert U de M. On adoptera en particulier les notations $C^\infty(U)$, $\mathcal{X}(U)$, etc.

Lorsque M est un ouvert de $\mathbb{R}^n$ les espaces tangents à M en n'importe quel m s'identifient tous à $\mathbb{R}^n$, et les champs de vecteurs sur M aux applications C^∞ de M dans $\mathbb{R}^n$.

Définition 1.9. *Pour $\varphi \in C^\infty(M)$ fixée, l'application, définie sur $T_m M$ qui à ξ associe $\xi(\varphi)$, notée $d_m\varphi.\xi$, est une forme linéaire définie sur $T_m M$, qui s'appelle la différentielle de φ en m.*

De même, si X est un champ de vecteurs, la fonction $X(\varphi)$ pourra aussi être notée $d\varphi.X$. Cette fonction est également appelée dérivée de Lie de l'application φ relativement au champ de vecteurs X.

1.2.3 Applications entre deux variétés

Nous définissons maintenant les fonctions C^∞ entre deux variétés différentiables. La définition la plus simple passe là encore par l'intermédiaire des fonctions numériques C^∞:

Définition 1.10. *Soient M et M' deux variétés différentiables. Une application $\Phi : M \to M'$ est de classe C^∞ si et seulement si, pour toute fonction $\varphi \in C^\infty(M')$, on a $\varphi \circ \Phi \in C^\infty(M)$.*

Les application C^∞ de M dans M' sont donc celles qui transportent les fonctions numériques C^∞ sur M' en fonctions C^∞ sur M.

Définition 1.11. *Si $m \in M$ et $m' = \Phi(m)$, on définit l'application tangente de Φ en m:*

$$d_m\Phi : T_mM \to T_{m'}M'$$

par

$$(d_m\Phi.\xi)(\varphi) = \xi(\varphi \circ \Phi)$$

$(\xi \in T_mM, \varphi \in C^\infty(M))$.
L'application linéaire $d_m\Phi$ est aussi appelée différentielle de Φ en m.

L'interprétation de l'application tangente à l'aide de la notation infinitésimale s'écrit, pour tout $m \in M$, pour tout $\xi \in T_mM$, pour toute variation infinitésimale $m + t\xi$ de m dans la direction ξ,

---

$$\Phi(m + t\xi) \sim_{t=0} \Phi(m) + td_m\Phi.\xi \,.$$

On a le théorème des fonctions composées: si φ et ψ sont deux applications différentiables entre variétés, l'espace d'arrivée de la première coïncidant avec l'espace de départ de la seconde, $\Psi \circ \Phi$ est également différentiable, de différentielle

$$d_m(\Psi \circ \Phi) = d_{\varphi(m)}\Psi \circ d_m\Phi$$

1.3 Sous-variétés

Une des façons les plus efficaces de construire des variétés est en fait de les exprimer comme *sous-variétés* de variétés connues, par exemple $\mathbb{R}^n$. Si M est une variété, une sous-variété de M est un ensemble sur lequel on peut toujours exprimer localement un nombre fixe de coordonnées en fonction des autres. Ceci est énoncé dans la définition suivante:

Définition 1.12. *Soient M et P deux variétés différentiables de dimensions respectives n et p, avec $P \subset M$. On dit que P est une sous-variété de M, si, pour tout $m_0 \in P$, il existe une carte locale (U, Φ) de M telle que $m_0 \in U$, de coordonnées locales associées $(x_1, \ldots, x_n)$, et des fonctions C^∞, $g_{p+1}, \ldots, g_n$ définies sur $\mathbb{R}^p$ et à valeurs dans $\mathbb{R}$, telles que,*

$$U \cap P = \{m \in M : x_i = g_i(x_1, \ldots, x_p), i = p+1, \ldots, n\}$$

On aurait pu en fait imposer $g_i = 0$ dans la définition précédente, en remplaçant x_i par $y_i = x_i - g_i(x_1, \ldots, x_p)$, $i = p+1, \ldots, n$, un tel changement de coordonnées étant un difféomorphisme.

Hormis l'exemple trivial des ouverts de M, qui sont des sous-variétés de M de même dimension que M, le théorème suivant, que nous ne démontrerons pas, permet de construire des sous-variétés.

Théorème 1.13. *Soit M une variété différentiable, Φ une application différentiable de M dans $\mathbb{R}^k$. Soit $a \in \Phi(M)$ et P le sous-ensemble de M défini par*

$$P = \Phi^{-1}(a) = \{m \in M : \Phi(m) = a\}$$

S'il existe un entier q, tel que pour tout $m \in P$, l'application linéaire $d_m\Phi : T_m M \to \mathbb{R}^q$ soit de rang q (indépendant de m), alors P est une sous-variété de M, de dimension $p = n - q$ (la dimension du noyau de $d_m\Phi$).

On retrouve ainsi le fait que la sphère S^n, définie par $x_1^2 + \cdots + x_{n+1}^2 = 1$ est une sous-variété de $\mathbb{R}^{n+1}$.

Si $P \subset M$ est une sous-variété de M définie comme dans le théorème 1.13, l'espace tangent à P en m s'identifie au noyau de $d_m\Phi$ dans $T_m M$:

$$T_m P = \{\xi \in T_m M, d_m\Phi.\xi = 0\}$$

Cela se montre en exploitant de façon formelle l'égalité, pour toute variation infinitésimale de m dans P:

$$a \equiv \Phi(m + t\xi) \sim_{t=0} \Phi(m) + td_m\Phi.\xi \sim_{t=0} a + td_m\Phi.\xi$$

Une autre façon, un peu moins simple, de définir des sous-variétés est par l'intermédiaire de plongements, définis ci-dessous:

Définition 1.14. *Soient M et P deux variétés différentiables. Un plongement de M dans P est une application C^∞, $\Phi : M \to P$, telle que*
i) Pour tout $m \in M$, l'application tangente $d_m\Phi$ est injective, de $T_m M$ dans $T_{\Phi(m)}P$.
ii) Φ est un homéomorphisme de M dans $\Phi(M)$, ce dernier ensemble étant muni de la topologie induite par P.

La seconde condition est équivalente aux propriétés suivantes: Φ est injective, et, pour tout ouvert U dans M, il existe un ouvert V dans P tel que $\Phi(U) = V \cap \Phi(M)$.

On a alors:

Proposition 1.15. *Si $\Phi : M \to P$ est un plongement, alors $\Phi(M)$ est une sous-variété de P, de même dimension que M.*

1.4 Groupes de Lie

1.4.1 Définitions

Un groupe est un ensemble G muni d'une loi de composition associative, contenant un élément neutre (que nous noterons e_G, ou tout simplement e s'il n'y a pas d'ambiguïté) et tel que tout élément de G admet un inverse dans G. Un groupe de Lie est à la fois un groupe et une variété différentiable telle que les opérations $(g, h) \mapsto g.h$ et $g \mapsto g^{-1}$ respectivement de $G \times G$ dans G et de G dans G soient de classe C^∞.

1.4.2 Algèbre de Lie d'un groupe de Lie

Si G est un groupe de Lie, $g \in G$ et $\varphi \in C^\infty(G)$, on définit $(\varphi.g) \in C^\infty(G)$ en posant $(\varphi.g)(g') = \varphi(g'.g)$. Un champ de vecteur sur G est invariant à droite si, pour tout $g \in G, \varphi \in C^\infty(G)$, $X(\varphi.g) = (X(\varphi)).g$. L'ensemble des champs de vecteurs invariants à droite est l'algèbre de Lie du groupe G, notée $\mathfrak{g}$. Si on note R_g la multiplication à droite sur G (définie par $R_g(g') = g'.g$), l'invariance à droite équivaut à l'identité

$$X = dR_g.X\,.$$

Comme $(X(\varphi.g))(e) = ((X(\varphi)).g)(e) = (X(\varphi))(g)$ pour $X \in \mathfrak{g}$, un élément X de $\mathfrak{g}$ est caractérisé par la donnée des $X(\varphi)(e)$ pour $\varphi \in C^\infty(G)$. L'algèbre de Lie $\mathfrak{g}$ s'identifie donc à l'espace tangent en e à G, $T_e G$. [2]

Si un champ $X \in \mathfrak{g}$ est donné, la solution de l'équation différentielle

$$\frac{dm}{dt} = X_m$$

---

[2] Nous avons conservé le terme classique d'algèbre de Lie pour $\mathfrak{g}$, bien que nous n'ayons pas, pour ne pas alourdir l'exposition, défini le produit permettant de compléter cette structure d'algèbre. Ce produit est le crochet de deux champs de vecteurs.

telle que $m(0) = e$ fournit l'application exponentielle sur le groupe G, notée $\exp(tX)$. On montre que cette application est définie en tout temps t, et que l'on a $\exp((t+s)X) = \exp(tX)\exp(sX)$: l'ensemble des $\exp(tX).g$ forme *un sous-groupe à un paramètre* de G. Cette application exponentielle est fondamentale. Une de ses principales fonctions est de permettre d'étendre des structures définies sur l'algèbre de Lie au groupe G tout entier, et, réciproquement, à ramener des problèmes initialement définis sur G à des problèmes, souvent plus simples sur $\mathfrak{g}$. Citons le théorème (nous renvoyons à [110] pour une preuve):

Théorème 1.16. *Il existe un voisinage V de 0 dans $\mathfrak{g}$ et un voisinage U de e dans G tels que $\exp$ soit un difféomorphisme entre V et U.*

1.4.3 Groupes de transformations rigides

Une de nos principales préoccupations sera de gérer les effets des transformations rigides du plan dans des problèmes de reconnaissance de formes. Ces groupes sont des exemples fondamentaux de groupes de Lie.

Nous noterons $\mathcal{M}_n(\mathbb{R})$ l'espace des matrices $n \times n$ à coefficients réels. C'est un espace vectoriel qui s'identifie à $\mathbb{R}^{n^2}$. Pour $i, j \in \{1, \ldots, n\}$, nous noterons ∂x_{ij} la matrice dont tous les coefficients sont nuls, sauf celui de la ligne i et de la colonne j, qui est égal à 1. Nous noterons Id la matrice identité.

Groupe linéaire

$GL_n(\mathbb{R})$ est le groupe des endomorphismes inversibles de $\mathbb{R}^n$. C'est un ouvert, et donc une sous-variété, de $\mathcal{M}_n(\mathbb{R})$, de dimension n^2. L'algèbre de Lie de $GL_n(\mathbb{R})$ est égale à $\mathcal{M}_n(\mathbb{R})$, et est engendrée par les $(\partial x_{ij}, i, j = 1, \ldots, n)$.

Groupe spécial linéaire

$SL_n(\mathbb{R})$ est le sous groupe de $GL_n(\mathbb{R})$ composé des matrices de déterminant 1. Le déterminant est une fonction C^∞, dont la dérivée en $g \in GL_n(\mathbb{R})$ est toujours surjective, de $\mathcal{M}_n(\mathbb{R})$ dans $\mathbb{R}$: si $g = GL_n(\mathbb{R})$, $\xi \in \mathcal{M}_n(\mathbb{R})$, $(d_g \det).\xi = \det(g)\mathrm{trace}(g^{-1}\xi)$. $SL_n(\mathbb{R})$ est donc, d'après le théorème 1.13, une sous-variété de $GL_n(\mathbb{R})$, de dimension $n^2 - 1$.

L'espace tangent à $SL_n(\mathbb{R})$ en l'identité est donc défini par $d_{\mathrm{Id}} \det = 0$, et est donc composé des matrices de trace nulle.

Groupe des rotations

$O_n(\mathbb{R})$ est l'ensemble des matrices g telles que ${}^t g.g = \mathrm{Id}$. $SO_n(\mathbb{R})$ est le sous-groupe de $O_n(\mathbb{R})$ composé des matrices de déterminant 1. L'application Φ : $g \mapsto {}^t g.g$ est C^∞, de différentielle

$$d_g \Phi.\xi = {}^t g.\xi + {}^t \xi.g$$

Le noyau de cet endomorphisme est l'ensemble $\{\xi = g\eta, \eta$ antisymétrique $\}$, de dimension $n(n-1)/2$, on obtient le fait que $O_n(\mathbb{R})$, et $SO_n(\mathbb{R})$ (qui est un ouvert de $O_n(\mathbb{R})$) est une sous-variété de $GL_n(\mathbb{R})$, de dimension $n(n-1)/2$. L'espace tangent à l'identité de $O_n(\mathbb{R})$ est composé des matrices anti-symétriques.

Groupe des similitudes

$Sim_n(\mathbb{R})$ est le groupe des similitudes, composé des matrices telles que ${}^t g.g = \lambda \mathrm{Id}$, λ étant un réel non-nul dépendant de g. Définissons l'application:

$$\Phi : \mathbb{R}^* \times SO_n(\mathbb{R}) \to GL_n(\mathbb{R})$$
$$(\lambda, O) \mapsto \lambda.O$$

On a $Sim_n(\mathbb{R}) = \Phi(\mathbb{R} \times SO_n(\mathbb{R}))$ et Φ est un plongement (nous admettons ce résultat, qui n'est pas trop difficile à démontrer). Donc $Sim_n(\mathbb{R})$ est une sous-variété de $GL_n(\mathbb{R})$, d'après la proposition 1.15.

Si ${}^t g.g = \lambda \mathrm{Id}$, on a nécessairement $\lambda = \det(g)^{2/n}$, donc $Sim_m(\mathbb{R})$ est caractérisé par l'équation

$${}^t g.g - \det(g)^{2/n}.\mathrm{Id} = 0 \, ;$$

En effectuant une variation infinitésimale de l'identité, $g = \mathrm{Id} + t\xi$ dans $Sim_n(\mathbb{R})$, on obtient le fait que l'espace tangent à $Sim_n(\mathbb{R})$ en l'identité est l'ensemble des matrices H telles que ${}^t H + H = \frac{2}{n} tr(H).\mathrm{Id}$.

Groupes affines

Lorsque l'on rajoute les translations à tous les groupes précédents, on obtient des groupes de transformation affines. Comme une translation est assimilable à un élément de $\mathbb{R}^n$, si G est l'un des groupes précédents, nous noterons simplement le groupe affine associé $G \ltimes \mathbb{R}^n$. Cette notation fait référence au fait que l'on a un produit *semi-direct* de groupes: si (g, a) et (g', a') sont dans $G \ltimes \mathbb{R}^n$, leur produit doit être défini, pour correspondre à la composition des applications affines, par

$$(g, a)(g', a') = (gg', ga' + a)$$

(et non $(gg', a + a')$ qui correspondrait au produit direct).

Rappelons toutefois une notation courante pour $SL_n(\mathbb{R}) \ltimes \mathbb{R}^n$: $GA_n(\mathbb{R})$, pour $GL_n(\mathbb{R}) \ltimes \mathbb{R}^n$: $SA_n(\mathbb{R})$.

Les groupes affines de dimension n peuvent également s'exprimer comme des sous-groupes de $GL_{n+1}(\mathbb{R})$: si $(g, a) \in G \times \mathbb{R}^n$, on lui associe la matrice

$$\Phi(g, a) = \begin{pmatrix} g & a \\ 0 & 1 \end{pmatrix}$$

On vérifie alors facilement que l'on a bien défini un isomorphisme de groupes, au sens que

$$\Phi(g, a)\Phi(g', a') = \Phi((g, a)(g', a'))$$

pour le produit défini plus haut dans $G \ltimes \mathbb{R}^n$

Groupe projectif

Le groupe projectif intervient de manière fondamentale dans les problèmes de vision. Nous l'introduisons à partir d'un modèle de caméra: une caméra à centre optique $C \in \mathbb{R}^3$ (ou un œil humain) transforme, en première approximation un point $m = (x, y, z)$ dans $\mathbb{R}^3$ en sa projection sténopée, définie comme l'intersection de la droite Cm avec un plan fixe, le plan rétinien ; si l'on se place dans un repère dans lequel $C = (0, 0, 0)$, et où le plan rétinien est le plan $z = -f$, cette projection a pour coordonnées $-f.(x/z, y/z, 1)$. Les quantités observables sont les coordonnées projetées $(u, v) = (x/z, y/z)$.

Réciproquement, l'observation d'un point (u, v) sur le plan rétinien est associé à la droite engendrée par le vecteur $(u, v, 1)$ dans $\mathbb{R}^3$, au sens que n'importe quel point de cette droite est susceptible d'avoir généré cette information. On peut donc considérer que les observations fournies par une caméra sténopée sont en réalité non-pas des points sur la rétine, mais des droites tridimensionnelles passant par le point focal C (cf. fig. 1.2).

Définition 1.17. *L'ensemble des droites réelles passant par l'origine dans un espace vectoriel de dimension* $n+1$ *s'appelle* l'espace projectif *de dimension* n, *et est noté* $P^n(\mathbb{R})$.

Un élément de $P^n(\mathbb{R})$ est donc une collection de points $m = \mathbb{R}.x = \{\lambda.x, \lambda \in \mathbb{R}\}$, x étant un vecteur non-nul de $\mathbb{R}^3$. On peut supposer x de norme 1, et comme x et $-x$ founissent le même point m, $P^n(\mathbb{R})$ peut être vu comme la sphère S^n dans laquelle on identifie les points antipodaux.

L'ensemble $P^n(\mathbb{R})$ est une variété différentiable de dimension n. On le munit de la topologie quotient de l'espace $\mathbb{R}^{n+1}$ par la relation de colinéarité avec l'origine, qui est une relation d'équivalence (nous n'entrons pas dans les détails). On peut y définir la carte locale (U_i, Φ_i) en posant

$$U_i = \{m = \mathbb{R}.x : x = (x_1, \ldots, x_n), x_i \neq 0\}$$

et

$$\Phi_i : \ U_i \to \mathbb{R}^n$$
$$\mathbb{R}.x \mapsto \left(\tfrac{x_1}{x_i}, \ldots, \tfrac{x_{i-1}}{x_i}, \tfrac{x_{i+1}}{x_i} \ldots, \tfrac{x_n}{x_i}\right)$$

On peut vérifier que ces définitions ne dépendent pas des représentants $x \neq 0$ dans la droite $\mathbb{R}.x$. On vérifie également sans difficultés que la famille des (U_i, Φ_i) forme un atlas de $P^n(\mathbb{R})$.

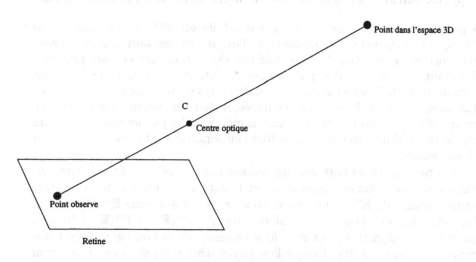

Fig. 1.2. Modèle de caméra sténopée

Définition 1.18. *Comme les transformations linéaires transforment des droites en des droites, on peut associer à tout $g \in GL_{n+1}(\mathbb{R})$ une transformation induite sur $P^n(\mathbb{R})$, encore notée g, et définie par*

$$g.(\mathbb{R}.x) = \mathbb{R}.(g.x)$$

L'ensemble des transformations $g : P^n(\mathbb{R}) \to P^n(\mathbb{R})$ obtenues de cette façon forme un groupe, appelé le groupe projectif de dimension n, *et noté $PGL_n(\mathbb{R})$. Ce groupe est un groupe de Lie (démonstration laissée au lecteur), qui s'identifie à $GL_{n+1}(\mathbb{R})$ quotienté par la relation: $g \sim h$ s'il existe $\lambda \neq 0$ tel que $g = \lambda.h$, et qui est donc de dimension $(n+1)^2 - 1$. En particulier, le groupe projectif $PGL_2(\mathbb{R})$ est de dimension 8.*

Une carte de ce groupe au voisinage de l'identité est donnée par l'application qui à la classe d'équivalence (pour la relation de proportionnalité) d'une matrice $g = (g_{ij}) \in GL_{n+1}(\mathbb{R})$ associe les $(n+1)^2 - 1$ coordonnées $x_{ij} = g_{ij}/g_{n+1\,n+1}$, pour $(i,j) \neq (n+1, n+1)$. Cette application est invariante par multiplication par une constante, et est définie pour les g dont le dernier coefficient diagonal est non-nul, ce qui forme bien un voisinage de l'identité dans $PGL_n(\mathbb{R})$.

Approximation des projections de déplacements tridimensionnels

Une transformation affine $x \mapsto g.x + a$ définie sur $\mathbb{R}^{n+1}$ ne transforme pas (lorsque $a \neq 0$) une droite passant par l'origine en une autre droite passant par l'origine, et n'induit donc pas une transformation dans l'espace projectif. En d'autres termes, il n'est pas possible de déterminer, à partir de la simple connaissance de l'ensemble $\mathbb{R}.x$ (et non de x), quel sera l'ensemble $\mathbb{R}.(g.x+a)$. En revenant au cas de la caméra sténopée, il vient que des déplacements arbitraires d'objets dans l'espace en sont pas modélisables par des transformations sur le plan rétinien, en l'absence de toute information sur la position de l'objet dans l'espace.

On peut toutefois faire des approximations qui seront valables dans certains contextes. Donnons nous un objet Ω dans $\mathbb{R}^{n+1}$, c'est-à-dire un certain sous-ensemble de $\mathbb{R}^n$, et un déplacement $x \mapsto g.x + a$ dans $\mathbb{R}^{n+1}$. Nous allons chercher s'il existe une transformation $\varphi : P^n(\mathbb{R}) \to P^n(\mathbb{R})$, telle que, *pour $x \in \Omega$, $\varphi(\mathbb{R}.x) = a.(\mathbb{R}.x) + b$*, autrement dit, si l'on peut obtenir une représentation projective lorsque l'on se restreint aux points de Ω, qui sont les points qui nous intéressent. Il est clair que le problème a une solution dans le cas suivant: il existe une transformation linéaire $h \in GL_{n+1}(\mathbb{R})$ telle que, pour tout $x \in \Omega$, $g.x + a = h.x$. Si Ω contient $n + 2$ points affinement indépendants (pour $n = 2$, Ω est un objet tri-dimensionnel qui contient 4 points non coplanaires), alors la transformation affine est définie de façon unique et le problème est sans solution dès que $a \neq 0$. En revanche, si Ω ne

contient pas de repère affine (en dimension 3, Ω est un objet plat), la satis-
faction de la contrainte supplémentaire $h.C = C$ est toujours réalisable, et on
peut donc associer à la transformation affine en $n + 1$ dimensions une transformation projective qui sera valable pour les points de Ω. On a donc obtenu
le résultat suivant

Proposition 1.19. *Soit Ω une sous-variété affine de dimension n au plus
dans $\mathbb{R}^{n+1}$, et $x \mapsto g.x + a$ une transformation affine dans $\mathbb{R}^{n+1}$. Il existe une
transformation $h \in PGL_n(\mathbb{R})$ telle que, pour tout $x \in \Omega$,*

$$h.(\mathbb{R}.x) = \mathbb{R}.(g.x + a)$$

En revenant au problème pratique d'un objet observé à l'aide d'une
caméra sténopée, cette proposition dit que le déplacement d'un objet plat dans
l'espace induit une transformation projective des observations rétiniennes. On
pourra, dans un très grand nombre de cas, se placer dans une telle situation,
et ceci pour deux raisons: tout d'abord, les objets généralement observés sont
opaques, ce qui fait que souvent, une seule de leur face est visible; il suffit
donc simplement que cette face soit plate pour que la proposition soit valable.
D'autre part, même si les faces des objets ne sont pas plates, ou si plusieurs
faces sont visibles, on pourra, avec une faible erreur d'approximation, faire
comme si l'objet était plat, *dès que les variations d'une des dimensions au
sein de la partie visible de l'objet sont faibles devant la distance de l'objet au
centre focal*, ce qui est pratiquement toujours le cas.

Une autre approximation, plus forte, est souvent valable. Plaçons nous
dans le cas tridimensionnel. Si (x, y, z) est un point dans $\mathbb{R}^3$, sa projection sur
le plan rétinien est, dans un repère bien choisi, le point $(u, v) = (x/z, y/z)$.
Si ce point est transformé, par un déplacement affine en un point (x', y', z'),
la nouvelle observation rétinienne est $(u', v') = (x'/z', y'/z')$. Si l'on suppose
que z est essentiellement constante sur Ω, et qu'il en est de même pour z',
alors, on pourra considérer que (u', v') dépend de manière affine de (u, v).

On obtient donc le fait qu'un déplacement d'un objet tridimensionnel, se traduit, avec une très faible approximation, par une transformation
projective des coordonnées rétiniennes, et même, pour des objets relativement éloignés, par une transformation affine. Notons que, dans la discussion
précédente, nous n'avons pas tenu compte des phénomènes d'apparition de
parties cachées, et d'occultation de parties préalablement visibles, qui se produisent systématiquement dès que des objets tri-dimensionnels sont déplacés.
Essentiellement, la seule situation dans laquelle ceci ne se produit pas sont les
suivantes:
i) l'objet est polyédrique, et seule une face reste visible durant le déplacement.
ii) l'objet est quelconque, et subit une rotation arbitraire d'axe Cz

La transformation observée dans ce dernier cas est une rotation arbitraire sur le plan rétinien, ce qui montre l'importance de la prise en compte

des rotations planes pour la reconnaissance de formes, puisqu'elles peuvent toutes se réaliser de façon exacte par un déplacement de n'importe quel objet tridimensionnel. Dès qu'un objet est lisse, on observe, pour n'importe quel déplacement autre qu'une rotation d'axe orthogonal à l'axe de visée, des apparitions et occultations de points, avec un effet d'autant plus important que le déplacement est grand. En conséquence, la modélisation du mouvement rétinien par une transformation affine ou projective est toujours imparfaite, et s'avère généralement fausse pour les grands déplacements d'objets.

1.5 Action de groupe

1.5.1 Introduction

Nous définissons, dans ce paragraphe, des notions clés qui seront reprises dans la suite de cet ouvrage. Elles sont liées aux transformations que sont susceptibles de causer les éléments d'un groupe lorsque ce dernier agit sur un certain ensemble. Les problèmes que nous aborderons par la suite feront intervenir plusieurs types de groupes: les groupes de transformations rigides du paragraphe précédent, tout d'abord, dont la prise en compte est essentielle dans les problèmes de reconnaissance de formes ; nous verrons également des groupes de difféomorphismes, des groupes de déformations permettant de générer des formes arbitraires à partir de formes planes, etc... Les ensembles sur lesquels ces groupes agissent varieront aussi. Ce seront bien-sûr des images, des courbes, des sous-ensembles du plan, mais aussi des espaces plus abstraits, comme l'espace des changements de paramètres de courbes planes. Nous donnons dans ce paragraphe les premiers repères élémentaires.

1.5.2 Définitions

On dit qu'un groupe G agit (à gauche) sur un ensemble M, s'il existe une application, de $G \times M$ dans M qui à (g, m) associe une image notée $g.m$, telle que $g.(h.m) = (gh).m$ et $e.m = m$.

L'orbite d'un élément m de M sous l'action de G est l'ensemble des $\{g.m, g \in G\}$. Les différentes orbites forment une partition de M. Leur ensemble est noté M/G.

L'action de G est dite *transitive* s'il n'existe qu'une seule orbite, c'est-à-dire si pour tout $m, m' \in M$, il existe $g \in G$ tel que $g.m = m'$.

Le sous-groupe d'isotropie d'un point m de M est l'ensemble des $g \in G$ tels que $g.m = m$. Nous le noterons G_m; c'est un sous-groupe de G, c'est à dire un sous ensemble de G stable par composition et passage à l'inverse. Le sous-groupe d'isotropie de M est l'intersection de tous les G_m, et est noté G_M.

Lorsque G est un groupe de Lie et M une variété, on imposera implicitement à l'application $(g, m) \mapsto g.m$ d'être C^∞ en ses deux variables.

1.5.3 Espaces homogènes

Si G est un groupe et H un sous groupe de G, l'ensemble G/H est l'ensemble des classes d'équivalence pour la relation: $g\mathcal{R}g'$ si et seulement si $g^{-1}.g' \in H$. C'est l'ensemble des orbites pour l'action de H sur G par multiplication à droite:

$$G/H = \{g.H, g \in G\}.$$

Nous noterons également $[g]_H$ l'ensemble $g.H$. Lorsque G est un groupe de Lie et H un sous groupe fermé de G, G/H est appelé un *espace homogène*, que l'on peut munir, par projection, d'une structure de variété différentiable (cf [110]).

On définit de façon naturelle une action à gauche de G sur G/H en posant $g.[g']_H = [gg']_H$. Cette action est transitive, et H est le sous-groupe d'isotropie de $[e]_H$. Réciproquement, on a la proposition suivante:

Proposition 1.20. *Soit G un groupe agissant transitivement sur un ensemble M. Soit $m \in M$ et G_m le sous-groupe d'isotropie de m. L'application*

$$\Phi : G/G_m \to M$$

$$[g]_{G_m} \mapsto g.m$$

est une bijection qui transporte l'action de G sur G/G_m vers l'action de G sur M.

Preuve. Cette application est bien définie: si $[g]_{G_m} = [g']_{G_m}$, alors $g^{-1}.g' \in G_m$ et donc $g^{-1}.g'.m = m$, soit $g'.m = g.m$. Elle est surjective parce que l'action est transitive, et injective parce que $g.m = g'.m$ si et seulement si $[g]_{G_m} = [g']_{G_m}$. Le fait que Φ transporte les actions signifie que $\varphi(g.[g']_{G_m}) = g.\varphi([g'_{G_m}])$ ce qui est évident.

Lorsque G est un groupe de Lie, M une variété différentiable, on montre ([110]) que Φ est elle aussi différentiable; on obtient ainsi une identification de M avec un espace homogène.

1.5.4 Action infinitésimale

Comme pour beaucoup de notion liées aux groupes de Lie, la plupart des propriétés des actions de groupes trouvent une traduction infinitésimale, souvent plus manipulable, au travers de propriétés sur l'algèbre de Lie du groupe.

Considérons pour ce faire l'application $\Phi_m : G \to M; g \mapsto g.m$, G étant un groupe de Lie agissant sur une variété M. Soit ξ un élément de l'algèbre de Lie, $\mathfrak{g}$, de G, c'est-à-dire un vecteur tangent à G en l'identité id. Pour tout $m \in M$, on pose

$$\xi_m = d_{\mathrm{id}} \, \Phi_m \xi$$

La famille $X = (\xi_m, m \in M)$ forme un champ de vecteurs sur la variété M. On définit de la sorte une application ρ, sur $\mathfrak{g}$, à valeurs dans $\mathcal{X}(M)$, que l'on appelle *action infinitésimale de G sur M*. Le choix de ce terme apparaît plus clairement si l'on utilise les notations liées aux variations infinitésimales: la fonction ρ est définie par, pour tout $m \in M$:

$$(\mathrm{id} + t\xi).m \sim m + t.\xi_m$$

Les éléments de $\rho(\mathfrak{g})$ sont appelés *générateurs infinitésimaux de l'action de G sur M*. Ils forment un sous-espace vectoriel de dimension finie de $\mathcal{X}(M)$: ρ étant linéaire, la dimension de $\rho(\mathfrak{g})$ est inférieure ou égale à celle de G.

1.6 Structure riemannienne et distance

1.6.1 Introduction

Un des thèmes importants que nous développerons dans cet ouvrage est celui de la comparaison d'objets, ou de formes, et plus précisément de la définition d'une distance entre ces objets. La plupart du temps, les objets comparés pourront être assimilés, au moins formellement, à des points d'une variété M. Nous pourrons alors avoir recours aux méthodes classiques de définition de distances sur une variété, liées à la géométrie riemannienne, dont nous présentons un tout petit aperçu dans ce paragraphe.

Dans tout ce qui suit, M est une variété différentiable de dimension n.

1.6.2 Définitions

Une structure riemannienne sur M est la donnée d'un produit scalaire entre champs de vecteurs:

$$(X, Y) \in \mathcal{X}(M) \times \mathcal{X}(M) \mapsto \langle X, Y \rangle \in C^\infty(M)$$

qui soit C^∞ et bilinéaire pour la multiplication des champs de vecteurs par une fonction C^∞, et tel que $\langle X, X \rangle \geq 0$, avec égalité si et seulement si $X = 0$.

De façon équivalente, et plus intuitive, on peut se donner, pour tout $m \in M$ un produit scalaire $\langle \, , \, \rangle_m$ sur l'espace vectoriel $T_m M$, tel que, si X et Y sont deux champs de vecteurs, le produit $\langle X_m, Y_m \rangle_m$ soit une fonction C^∞ de m. On notera

$$\|\xi\|_m = \sqrt{\langle \xi, \xi \rangle_m}.$$

Dans une carte locale, $C = (U, \Phi)$, de coordonnées $(x_1, \ldots, x_n)$, tout vecteur tangent en $m \in U$ s'exprime comme combinaison linéaire des $\partial_m x_i$, et il existe donc une matrice symétrique définie positive S_m, dont les coefficients sont des fonctions C^∞ de m, telle que, si $\xi = \sum \lambda_i \partial_m x_i$, $\eta = \sum \mu_i \partial_m x_i$, alors,

$$\langle \xi, \eta \rangle_m = {}^t\lambda S_m \mu.$$

Cette structure permet, entre autres, de mesurer des déplacements effectués sur la variété: si $\mathbf{m} : [0, T] \to M$ est une courbe continue, différentiable par morceaux, sa longueur est définie par

$$L(\mathbf{m}) = \int_0^T \left\| \frac{d\mathbf{m}}{dt}(\mathbf{m}(t)) \right\|_{\mathbf{m}(t)} dt.$$

On définit donc l'élément de longueur infinitésimal à l'aide des normes sur les espaces tangents à M aux points courants de la courbe.

De même, l'énergie de $\mathbf{m}$ est définie par

$$E(\mathbf{m}) = \int_0^T \left\| \frac{d\mathbf{m}}{dt}(\mathbf{m}(t)) \right\|_{\mathbf{m}(t)}^2 dt.$$

Les courbes extrémales[3] de E sont appelées des *géodésiques*. Dans une carte, où $\mathbf{m}(t) = (y_1(t), \ldots, y_n(t))$, et où $S_m = (s_{ij}(m))$ est la matrice associée au produit scalaire, on a

$$\left\| \frac{d\mathbf{m}}{dt} \right\|_{\mathbf{m}(t)}^2 = \sum_{ij} s_{ij}(y(t)) \frac{dy_i}{dt} \frac{dy_j}{dt}.$$

En opérant une petite variation, $y_i \mapsto y_i + h_i$, on obtient une caractérisation locale des extrémales sous la forme (pour tout i)

$$2 \int_0^T \sum_{l,j} \frac{dh_l}{dt} s_{lj}(y(t)) \frac{dy_j}{dt} + \sum_{i,j,l} \frac{dy_i}{dt} \frac{dy_j}{dt} \frac{\partial s_{ij}}{\partial x_l} h_l = 0,$$

soit, après intégration par parties:

$$-2 \int_0^T \sum_{l,j} h_l \frac{d}{dt} \left[s_{lj}(y(t)) \frac{dy_j}{dt} \right] + \sum_{i,j,l} \frac{dy_i}{dt} \frac{dy_j}{dt} \frac{\partial s_{ij}}{\partial x_l} h_l = 0.$$

Comme cette relation est vraie quel que soit h, on a, pour tout l,

---

[3] On dit qu'une courbe est extrémale pour un problème variationnel donné, associé à la minimisation (ou la maximisation) d'une fonctionnelle F, si toute perturbation locale, suffisamment petite, de cette courbe a un effet négligeable au premier ordre sur la valeur de F

$$-2\sum_{j} s_{lj}(y)\frac{d^2y_j}{dt^2} - 2\sum_{ij}\frac{\partial s_{lj}}{\partial x_i}\frac{dy_i}{dt}\frac{dy_j}{dt} + \sum_{i,j}\frac{dy_i}{dt}\frac{dy_j}{dt}\frac{\partial s_{ij}}{\partial x_l} = 0.$$

Notons s^{ij} les coefficients de S^{-1}. Les égalités précédentes s'écrivent aussi (en symétrisant le second terme)

$$-2\frac{d^2y_k}{dt^2} = \sum_{ij}\frac{dy_i}{dt}\frac{dy_j}{dt}\sum_{l} s^{kl}\left(\frac{\partial s_{lj}}{\partial x_i} + \frac{\partial s_{li}}{\partial x_j} - \frac{\partial s_{ij}}{\partial x_l}\right)$$

soit, en notant

$$\Gamma_{ij}^k = \frac{1}{2}\left[\sum_{l} s^{kl}\left(\frac{\partial s_{lj}}{\partial x_i} + \frac{\partial s_{li}}{\partial x_j} + \frac{\partial s_{ij}}{\partial x_l}\right)\right], \tag{1.1}$$

$$\frac{d^2y_k}{dt^2} + \sum_{i,j}\Gamma_{ij}^k\frac{dy_i}{dt}\frac{dy_j}{dt} = 0.$$

Les Γ_{ij}^k sont les symboles de Christoffel.

1.6.3 Distance géodésique

Si M est munie d'une structure riemannienne, on définit la distance entre deux points m et m' de M par la longueur du plus court chemin qui les relie, autrement dit, on pose

$$d(m,m') = \inf\{L(\mathbf{m}) : \mathbf{m} : [0,1] \to M,$$
$$\mathbf{m} \text{ continue, différentiable par morceaux }, \mathbf{m}(0) = m, \mathbf{m}(1) = m'\}$$

Nous renvoyons à [46] (entre autres) pour la preuve du résultat suivant:

Théorème 1.21. *La fonction d définie ci-dessus est une distance sur M (elle est symétrique, satisfait à l'inégalité triangulaire, et est telle que $d(m,m') = 0$ équivaut à $m = m'$). De plus, on a*

$$d(m,m') = \inf\{\sqrt{E(\mathbf{m})} : \mathbf{m} : [0,1] \to M, \mathbf{m} \text{ continue,}$$
$$\text{différentiable par morceaux }, \mathbf{m}(0) = m, \mathbf{m}(1) = m'\}$$

1.6.4 Dérivées directionnelles

Bien que nous n'ayons pas besoin des résultats de ce paragraphe dans la suite, nous décrivons rapidement comment une structure riemannienne définit des dérivées directionnelles de champs de vecteurs relativement à un autre sur une variété. Cela permet d'interpréter une géodésique comme une courbe "telle que l'accélération tangentielle est partout nulle", et aidera également le lecteur à appronfondir, s'il le désire, ses connaissances en géométrie riemannienne, à travers la consultation d'ouvrages de référence.

Plaçons nous dans le cas particulier où M est une sous variété de $\mathbb{R}^N$. Dans ce cas, les espaces tangents à M sont des sous-espaces affines de $\mathbb{R}^N$, qui héritent naturellement de son produit scalaire usuel. Si $\mathbf{m}$ est une courbe sur M, c'est également une courbe dans $\mathbb{R}^N$, et son énergie est donnée par

$$E(\mathbf{m}) = \int_0^1 \left| \frac{d\mathbf{m}}{dt} \right|^2 dt$$

où l'on intègre ici simplement la norme euclidienne sur $\mathbb{R}^N$. Pour déterminer les géodésiques, il faut caractériser les extrémales de E *parmi toutes les courbes qui sont portées par* M.

Pour ce faire, fixons une extrémale $\mathbf{m}$, et considérons une petite perturbation $\mathbf{h}$ telle que $\mathbf{m}(t) + \mathbf{h}(t) \in M$, ce qui se traduit, à l'ordre infinitésimal, par la contrainte que $\mathbf{h}(t) \in T_{\mathbf{m}(t)}M$ pour tout t. On a alors

$$E(\mathbf{m} + h) \simeq E(\mathbf{m}) + \int_0^1 \left\langle \frac{d\mathbf{m}}{dt}, \frac{d\mathbf{h}}{dt} \right\rangle dt = E(\mathbf{m}) - \int_0^1 \left\langle \frac{d^2\mathbf{m}}{dt^2}, \mathbf{h} \right\rangle dt$$

On obtient donc le fait que

$$\left\langle \frac{d^2\mathbf{m}}{dt^2}, h \right\rangle = 0$$

pour tout $h \in T_{\mathbf{m}(t)}M$, ce qui est équivalent au fait que, pour tout t:

$$\Pi_{\mathbf{m}(t)} \left(\frac{d^2\mathbf{m}}{dt^2} \right) = 0$$

où Π_m est la projection orthogonale de $\mathbb{R}^N$ sur $T_m M$, pour $m \in M$. Nous obtenons donc ainsi une autre caractérisation des géodésiques, sans passer par l'intermédiaire des coordonnées locales, mais dans le cas particulier d'une sous-variété de $\mathbb{R}^N$ munie de la structure riemannienne induite.

En restant toujours dans ce cadre, et en fixant une courbe $\mathbf{m}$ portée par M, on définit, pour tout champ de vecteurs Y sur M, la dérivée de Y le long de M, par

$$\frac{DY}{Dt}\bigg|_{\mathbf{m}(t)} = \Pi_{\mathbf{m}(t)} \left(\frac{dY_{\mathbf{m}(t)}}{dt} \right),$$

(c'est un champ de vecteurs le long de $\mathbf{m}$), de sorte qu'une géodésique est caractérisée par l'équation

$$\frac{D}{Dt} \left[\frac{d\mathbf{m}}{dt} \right] = 0$$

On peut montrer (nous ne détaillerons pas le calcul) que l'expression dans une carte locale $C = (U, \Phi)$ de la dérivée le long de $\mathbf{m}$ d'un champ $Y = \sum_{i=1}^{n} \eta_i \partial x_i$ est donnée par

$$\sum_{i=1}^{n} \mu_i \partial_{\mathbf{m}(t)} x_i$$

avec

$$\mu_i = \frac{d\eta_i(\mathbf{m}(t))}{dt} + \sum_{j,k} \Gamma_{jk}^{i}(\mathbf{m}(t))\eta_j(\mathbf{m}(t))\eta_k(\mathbf{m}(t)) = 0$$

Les Γ_{jk}^{i} étant les symboles de Christoffel définis en (1.1). En notant

$$\frac{d\mathbf{m}(t)}{dt} = \sum_{i=1}^{n} \lambda_i(t)\partial_{\mathbf{m}(t)} x_i$$

on peut réécrire

$$\mu_i = \sum_{j=1}^{n} \lambda_j(t)\frac{\partial \eta_i}{\partial x_j} + + \sum_{j,k} \Gamma_{jk}^{i}(\mathbf{m}(t))\eta_j(\mathbf{m}(t))\eta_k(\mathbf{m}(t))$$

Cette expression est désormais intrinsèque: elle ne dépend plus de la structure de l'espace ambiant: elle peut être utilisée comme définition d'une dérivée le long d'une courbe pour une variété arbitraire.

En retournant au cadre général d'une variété riemannienne, on définit, dans une carte $C = (U, \Phi)$, pour deux champs de vecteurs $X = \sum_{i=1}^{n} \xi_i \partial x_i$ et $Y = \sum_{i=1}^{n} \eta_i \partial x_i$, un troisième champ de vecteur, appelé *dérivée covariante* de Y relativement à X par

$$\nabla_X (Y)_m = \sum_{i=1}^{n} \mu_i \partial_m x_i$$

avec

$$\mu_i = \sum_{j=1}^{n} \xi_j \frac{\partial \eta_i}{\partial x_j} + + \sum_{j,k} \Gamma_{jk}^{i} \eta_j \eta_k \, .$$

Cette notion de dérivée covariante est fondamentale en géométrie différentielle. Il s'agit d'une notion plus générale que celle d'une métrique riemannienne, si bien qu'elle est la plupart du temps présentée comme une structure abstraite associée à une variété qui n'est pas nécessairement munie d'un produit scalaire. Il est toutefois utile, d'un point de vue intuitif, de la relier à la notion de variation tangentielle de champs de vecteurs, avec laquelle elle coïncide dans le cadre des sous-variétés de $\mathbb{R}^N$.

2

Invariants

2.1 Introduction

Nous présentons dans ce chapitre quelques éléments de la théorie des invariants, en nous restreignant au point de vue différentiel. Ces notions sont primordiales en reconnaissance de formes, puisqu'un des principaux problèmes rencontrés est la nécessité de s'affranchir d'actions de groupes "parasites", c'est-à-dire de groupes, tels que les groupes de transformations rigides, qui modifient les instances d'observations des formes sans changer leur identité. Cela nous permettra de définir un certain nombre de "moments invariants" associés à des formes, à travers la détermination d'invariants algébriques, et également d'aborder les problèmes de détermination de paramétrisations invariantes pour la modélisation de courbes paramétrées.

Le chapitre est en partie inspiré de ([154]), auquel nous renvoyons le lecteur intéressé par plus de détails.

2.2 Fonctions invariantes

Définition 2.1. *Soit G un groupe agissant sur un ensemble M. Un invariant de G est une fonction $I : M \to \mathbb{R}$ telle que $I(g.m) = I(m)$ pour tout $g \in G$ et $m \in M$.*

Dans la suite de ce chapitre, nous supposerons toujours que G est un groupe de Lie agissant sur une variété M.

Tout fonction d'invariants est bien évidemment un invariant; on dit que des invariants $I_1, \ldots, I_n$ sont fonctionnellement indépendants s'il est impossible d'exprimer l'un d'entre eux comme une fonction des autres. Il est clair que pour déterminer tous les invariants de G, il suffit de déterminer une famille maximale d'invariants fonctionnellement indépendants.

Enfin, on a la proposition évidente suivante:

Proposition 2.2. *Une fonction I est un invariant pour l'action de G sur M si et seulement si elle est constante sur chaque orbite G.m (m ∈ M).*

On peut, sous certaines conditions, se placer dans la situation suivante [1]: en tout point m de M, il existe une carte locale (U, Φ) dans laquelle les coordonnées sont $(x_1, \ldots, x_s, x_{s+1}, \ldots, x_n)$ telle que chaque orbite soit caractérisée par $(x_{s+1}, \ldots, x_n) = \text{cst}$ (cf. fig. 2.1).

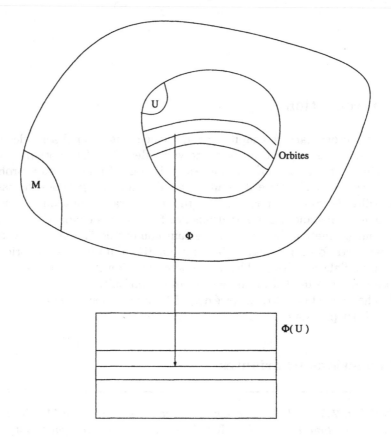

Fig. 2.1. Alignement parallèle des orbites à l'aide de coordonnées locales

Un invariant, exprimé dans ce système de coordonnées, ne dépend donc pas des coordonnées $x_1, \ldots, x_s$, puisqu'il doit être constant sur les orbites.

---

[1] Les conditions sont les suivantes: les orbites sont des sous-variétés de M (action semi-régulière), et ont toutes même dimension; d'autre part, pour tout point $m \in M$, il doit exister un voisinage V_m de m tel que l'intersection de V_m avec chaque orbite soit un sous-ensemble connexe de l'orbite (action régulière).

Réciproquement, les fonctions $x_{s+1}, \ldots, x_m$ sont, par construction, des invariants. On obtient ainsi la conclusion suivante, pour une carte du type précédent:

Les fonctions coordonnées $x_{s+1}, \ldots, x_n$ sont des invariants et tout invariant s'exprime en fonction d'elles.

En particulier, s étant la dimension des orbites, on n'a, dans ce cas de figure, que $\dim(M) - s$ invariants fonctionnellement indépendants. Si le groupe d'isotropie de G est reduit à $\{\mathrm{id}\,\}$, on a $s = \dim(G)$.

2.3 Point de vue infinitésimal

2.3.1 Caractérisation

La construction du paragraphe 1.5.4 (chapitre 1) va permettre de caractériser les invariants de façon infinitésimale. On a le théorème

> **Théorème 2.3.** *Soit G un groupe de Lie connexe agissant sur une variété M. Une fonction $I \in C^\infty(M)$ est invariante par G si et seulement si, pour tout $\xi \in \mathfrak{g}$, on a $\rho(\xi)(I) = 0$.*

Preuve. Donnons une justification heuristique de ce résultat, la preuve n'étant pas beaucoup plus compliquée. Rappelons que $\rho(\xi)$ est un champ de vecteurs sur M défini par (en notations infinitésimales)

$$(\mathrm{id} + t\xi).m \sim_{t=0} m + t\rho(\xi)_m$$

et que, d'après les différentes interprétations des vecteurs tangents sur une variété, on a

$$[\rho(\xi).I](m) = \frac{d}{dt} I(m + t\rho(\xi)_m)$$

On a donc

$$[\rho(\xi).I](m) = \frac{d}{dt} I((\mathrm{id} + t\xi).m)$$

Si I est un invariant, le terme de droite est la dérivée d'une constante et est donc nul. Pour la réciproque, nous renvoyons à [154].

Comme nous l'avons remarqué au paragraphe 1.5.4 (chapitre 1) , l'espace $\rho(\mathfrak{g})$ est de dimension finie, au plus égale à celle de G. Le théorème 2.3 caractérise donc les invariants par un nombre fini d'équations $\rho(\xi).I = 0$, autant que la dimension de $\rho(\mathfrak{g})$. Ces équations sont des *équations aux dérivées partielles linéaires d'ordre 1*. Cela apparaît clairement lorsqu'on les exprime dans une carte locale: dans une telle carte, notée $C = (U, \Phi)$, de coordonnées $(x_1, \ldots, x_n)$, un champ infinitésimal, comme tout champ de vecteurs sur M, s'exprime sous la forme

$$X_m = \sum_{i=1}^{n} \xi_i(m)\partial_m x_i$$

où les ξ_i sont des fonctions C^∞. L'équation $X(I) = 0$ s'écrit donc

$$\sum_{i=1}^{n} \xi_i \partial x_i(I) = 0 \qquad (2.1)$$

Si on note $I_C = I \circ \Phi$ la fonction I lue dans cette carte, cette équation se traduit par

$$\sum_{i=1}^{n} \xi_i \circ \Phi . \frac{\partial I_C}{\partial x_i} = 0 \qquad (2.2)$$

Le théorème 2.3 permet donc de ramener localement le problème de la détermination des invariants à celui de la résolution d'un système d'EDP linéaires d'ordre 1.

2.3.2 Méthode des caractéristiques

Donnons nous, dans $\mathbb{R}^n$, une équation aux dérivées partielles du type précédent, donc de la forme

$$\sum_{i=1}^{n} \eta_i \frac{\partial J}{\partial x_i} = 0 \qquad (2.3)$$

Considérons le système de $n - 1$ équation différentielles

$$\frac{1}{\eta_1} \frac{dx_1}{dt} = \cdots = \frac{1}{\eta_n} \frac{dx_n}{dt} \qquad (2.4)$$

(si l'un des η_i est nul, remplacer le terme correspondant par $\frac{dx_i}{dt} = 0$). Ce système est équivalent au fait que pour tout t, il existe $\lambda = \lambda(t) \in \mathbb{R}$, avec

$$\frac{dx_i}{dt} = \lambda \eta_i(x_1, \ldots, x_n), \quad i = 1, \ldots, n \qquad (2.5)$$

Notons $x_1(t), \ldots, x_n(t)$ une solution de ce système. Si J est solution de (2.3), on a

$$\frac{d}{dt} J(x_1(t), \ldots, x_n(t)) = \lambda . \sum_{i=1}^{n} \eta_i(x_1, \ldots, x_n) \frac{\partial J}{\partial x_i} = 0$$

Réciproquement, toute fonction J qui vérifie cette équation pour toute solution du système (2.5) est nécessairement solution de (2.3) (il suffit de changer les conditions initiales).

Une *intégrale* de (2.4),

$$I_0(x_1, \ldots, x_n)$$

qui est constante le long d'une solution. Une telle fonction apparaît naturellement lorsque l'on résout le système. Toute solution de (2.3) est alors nécessairement – au moins localement – une fonction de I_0.

2.4 Invariants relatifs

2.4.1 Définition

Une notion plus faible que la notion d'invariance, est celle d'invariance relative. Il s'agit de fonctions invariantes à un facteur multiplicatif près. On dira que I est un invariant relatif si, pour tout $g \in G$, pour tout $m \in M$, il existe un réel $\mu(g, m)$ tel que

$$I(g.m) = \mu(g, m)I(m)$$

En utilisant l'identité

$$I((gh).m) = I(g.(hm))$$

on met en évidence le fait que μ doit satisfaire aux contraintes énoncées dans la définition suivante:

Définition 2.4. *Soit G un groupe de Lie agissant sur une variété M. On appelle* facteur multiplicatif *une application C^∞,*

$$\mu : G \times M \to \mathbb{R} \setminus \{0\}$$
$$(g, m) \mapsto \mu(g, m)$$

telle que, pour tout $g, h \in G$ et $m \in M$

$$\mu(gh, m) = \mu(g, h.m)\mu(h, m) \,.$$

Cette condition implique que $\mu(\mathrm{id}, m) = 1$ pour tout m, et permet de définir rigoureusement les invariants relatifs

Définition 2.5. *Soit G un groupe de Lie agissant sur une variété M, et μ un facteur multiplicatif. Une application $I : M \to \mathbb{R}$ est un invariant relatif de poids μ si, pour tout $g \in G$, pour tout $m \in M$,*

$$I(g.m) = \mu(g, m)I(m) \,.$$

2.4.2 Analyse infinitésimale

Fixons un facteur multiplicatif μ. Nous allons caractériser les invariants relatifs associés à μ. Ecrivons, pour t petit, $\xi \in \mathfrak{g}$ et $m \in M$

$$I((\mathrm{id} + t.\xi).m) = \mu(\mathrm{id} + t\xi, m)I(m) \tag{2.6}$$

Pour pouvoir différentier cette relation en $t = 0$, ce qui, comme dans le cas d'invariants absolus, caractérisera localement les invariants relatifs, on voit qu'il faut dériver l'application $g \mapsto \mu(g, m)$.

Notons $\varphi_m(g) : G \to \mathbb{R}$ l'application définie par $\varphi_m(g) = \mu(g, m)$. Soit σ_m sa différentielle en l'identité: $\sigma_m = d_{\mathrm{id}}\, \varphi_m$ est donc une forme linéaire, définie sur $\mathfrak{g}$ et à valeurs dans $\mathbb{R}$. La relation (2.6) développée par rapport à t fournit

$$I((\mathrm{id} + t.\xi).m) \sim I(m + t\rho(\xi)_m) \sim I(m) + t\rho(\xi)(I)(m)$$

d'une part, et

$$I((\mathrm{id} + t.\xi).m) = \mu(\mathrm{id} + t\xi, m)I(m) \sim I(m) + t\sigma_m(\xi).I(m)$$

On obtient donc la caractérisation (nous n'irons pas plus loin dans la preuve)

Théorème 2.6. *Soit G un groupe de Lie connexe agissant sur M, et μ un facteur multiplicatif pour cette action. La fonction $I \in C^\infty(M)$ est un invariant relativement à μ si et seulement si, pour tout $m \in M$, pour tout $\xi \in \mathfrak{g}$,*

$$\rho(\xi)(I)(m) - \sigma_m(\xi).I(m) = 0 \qquad (2.7)$$

où $\sigma_m = d_{\mathrm{id}}\, \mu(., m)$.

Dans une carte locale $C = (U, \varPhi)$, le champ $X = \rho(\xi)$ s'écrit sous la forme

$$X_m = \sum_{i=1}^{n} \alpha_i(m)\partial_m x_i$$

avec $\alpha_i \in C^\infty(m)$. Si $I_C = I \circ \varPhi^{-1}$, on a donc l'équation, pour $x = (x_1, \ldots, x_m) \in \varPhi(U)$

$$\sum_{i=1} \alpha_i \circ \varPhi^{-1}(x)\frac{\partial I_C}{\partial x_i}(x) = F(x).I_C(x)$$

où $F \circ \varPhi(m) = \sigma_m(\xi)$.

2.4.3 Caractérisation infinitésimale des facteurs multiplicatifs

Les facteurs multiplicatifs peuvent également être caractérisés de manière infinitésimale. Nous énoncerons le résultat, sans le prouver, en nous restreignant aux coordonnées locales. Soit donc μ une fonction définie sur $G \times M$, et à valeurs dans $\mathbb{R}$, telle que $\mu(\mathrm{id}, m) = 1$ pour tout m, et $\sigma_m(\xi)$ le réel défini par ($m \in M$, $\xi \in \mathfrak{g}$)

$$\mu(\mathrm{id} + t\xi, m) \simeq 1 + t\sigma_m(\xi).$$

Fixons une carte locale $(V, \varPsi)$ de G en l'identité, dont nous noterons $(\alpha_1, \ldots, \alpha_s)$ les fonctions coordonnées, s étant la dimension de G. Fixons également $m_0 \in M$, ainsi qu'une carte locale $C = (U, \varPhi)$ en m_0, dont les coordonnées locales sont $(x_1, \ldots, x_n)$.

Pour $j = 1, \ldots, s$, et $m \in M$, notons $\sigma^j(m) = \sigma_m(\partial_{\mathrm{id}} \alpha_j)$, qui est une fonction C^∞ définie sur M. Introduisons également les fonctions $\psi_{jk}, k = 1, \ldots, n$, définies sur U par

$$\rho(\partial_{\mathrm{id}} x_j)_m = \sum_{k=1}^{n} \psi_{jk}(m)\partial_m x_k$$

Enfin, en notant L_g la translation à gauche: $h \mapsto gh$ sur G, nous noterons, pour tout $g \in V$

$$d_{\mathrm{id}} L_g(\partial_{\mathrm{id}} \alpha_j) = \sum_{l=1}^{s} q_{jl}(g)\partial_g \alpha_l \, .$$

La fonction μ est un facteur multiplicatif[2] si, pour toute paire $i, i' \in \{1, \ldots, s\}$, on a:

$$\sum_{j=1}^{s} \left(\frac{\partial q_{i'j}}{\partial \alpha_i} - \frac{\partial q_{ij}}{\partial \alpha_{i'}} \right) \sigma^j(m) = \sum_{l=1}^{n} \left(\psi_{i'l}(m)\frac{\partial \sigma^i}{\partial x_l}(m) - \psi_{il}(m)\frac{\partial \sigma^{i'}}{\partial x_l}(m) \right) \quad (2.8)$$

2.5 Applications

2.5.1 Facteurs multiplicatifs pour l'action de $GL_2(\mathbb{R})$

Appliquons la formule précédente pour déterminer les facteurs multiplicatifs pour l'action de $GL_2(\mathbb{R})$ sur $\mathbb{R}^2$. L'algèbre de Lie de GL_2 est $M_2(\mathbb{R})$, l'ensemble des matrices 2×2, de base ∂x_{ij}, $1 \le i, j \le 2$ (où ∂x_{ij} est la matrice avec un 1 en i, j et des 0 partout ailleurs). Pour récupérer les notations qui précèdent, notons $\partial \alpha_1, \ldots, \partial \alpha_4$ les matrices $\partial x_{11}, \partial x_{12}, \partial x_{21}, \partial x_{22}$ dans cet ordre.

Les fonctions q_{ij} sont définies par, pour $g \in GL_2(\mathbb{R})$:

$$g(\mathrm{Id} + t\partial \alpha_i) = g + t \sum_{j=1}^{4} q_{ij}(g)\partial \alpha_j \, .$$

ce qui implique que $q_{ij}(g)$ est le coefficient d'indice j de la matrice $g.\partial \alpha_j$. Si l'on calcule les valeurs de $q_{ij}(\mathrm{id})$ et des dérivées, on obtient:

$$\begin{cases} q_{11}(\mathrm{id}) = \dfrac{\partial q_{11}}{\partial \alpha_1}(\mathrm{id}) = \dfrac{\partial q_{13}}{\partial \alpha_3}(\mathrm{id}) = 1 \\[2mm] q_{22}(\mathrm{id}) = \dfrac{\partial q_{22}}{\partial \alpha_1}(\mathrm{id}) = \dfrac{\partial q_{24}}{\partial \alpha_3}(\mathrm{id}) = 1 \\[2mm] q_{33}(\mathrm{id}) = \dfrac{\partial q_{33}}{\partial \alpha_4}(\mathrm{id}) = \dfrac{\partial q_{31}}{\partial \alpha_2}(\mathrm{id}) = 1 \\[2mm] q_{44}(\mathrm{id}) = \dfrac{\partial q_{44}}{\partial \alpha_4}(\mathrm{id}) = \dfrac{\partial q_{42}}{\partial \alpha_2}(\mathrm{id}) = 1 \end{cases}$$

Les autres valeurs étant nulles.

Les fonctions ψ_{ik}, $i = 1, \ldots, 4$, $k = 1, 2$, sont définies par (avec $m = (x_1, x_2) = x_1 \partial x_1 + x_2 \partial x_2 \in \mathbb{R}^2$)

---

[2] en supposant de plus que G est connexe

$$(\text{id} + t\partial\alpha_i).m = m + t\left(\psi_{i1}(m)\partial x_1 + \psi_{i2}(m)\partial x_2\right)$$

de sorte que ψ_{i1} et ψ_{i2} sont les coordonnées de $\partial\alpha_i.m$.

Nous devons maintenant expliciter les relations (2.8). Ces relations sont symétriques en i et i', et toujours vraies pour $i = i'$ (on a 0 de chaque coté), de sorte qu'il suffit de les écrire pour $i < i'$. Le (fastidieux) calcul de ces expressions pour $1 \leq i < i' \leq 4$ donne le système de six équations:

$$\begin{cases}
\sigma^2 = -x_1\dfrac{\partial\sigma^2}{\partial x_1} + x_2\dfrac{\partial\sigma^1}{\partial x_1} \\[2mm]
-\sigma^3 = -x_1\dfrac{\partial\sigma^3}{\partial x_1} + x_1\dfrac{\partial\sigma^1}{\partial x_2} \\[2mm]
0 = -x_1\dfrac{\partial\sigma^4}{\partial x_1} + x_2\dfrac{\partial\sigma^1}{\partial x_2} \\[2mm]
\sigma^1 - \sigma^4 = -x_2\dfrac{\partial\sigma^3}{\partial x_1} + x_1\dfrac{\partial\sigma^2}{\partial x_2} \\[2mm]
\sigma^2 = -x_2\dfrac{\partial\sigma^4}{\partial x_1} + x_2\dfrac{\partial\sigma^2}{\partial x_2} \\[2mm]
-\sigma^3 = x_1\dfrac{\partial\sigma^4}{\partial x_2} - x_2\dfrac{\partial\sigma^3}{\partial x_2}
\end{cases}$$

Posons $\sigma^1 = u + x_1 m$, $\sigma^2 = x_2 m$, $sig^3 = x_1.p$ et $\sigma^4 = v + x_2 p$. Les équations précédentes deviennent

$$\begin{cases}
\dfrac{\partial u}{\partial x_1} = 0 \\[2mm]
\dfrac{\partial u}{\partial x_2} = -x_1\left(\dfrac{\partial m}{\partial x_2} - \dfrac{\partial p}{\partial x_1}\right) \\[2mm]
x_1\dfrac{\partial v}{\partial x_1} - x_2\dfrac{\partial u}{\partial x_2} = x_1 x_2\left(\dfrac{\partial m}{\partial x_2} - \dfrac{\partial p}{\partial x_1}\right) \\[2mm]
u - v = x_1 x_2\left(\dfrac{\partial m}{\partial x_2} - \dfrac{\partial p}{\partial x_1}\right) \\[2mm]
\dfrac{\partial v}{\partial x_1} = x_2\left(\dfrac{\partial m}{\partial x_2} - \dfrac{\partial p}{\partial x_1}\right) \\[2mm]
\dfrac{\partial v}{\partial x_2} = 0
\end{cases}$$

Notons $h = \left(\frac{\partial m}{\partial x_2} - \frac{\partial p}{\partial x_1}\right)$. Lorsque l'on différencie les deuxième et quatrième équations par rapport à x_1, on obtient

$$0 = -h - x_1\frac{\partial h}{\partial x_1}$$

et

$$-x_2 h = x_2 h + x_1 x_2\frac{\partial h}{\partial x_2}$$

ce qui n'est possible que si $h = 0$, ce qui implique que

$$\frac{\partial m}{\partial x_2} = \frac{\partial p}{\partial x_1}$$

Cette identité entraîne que $u = v = $ const, et qu'il existe une fonction φ définie sur $\mathbb{R}^2$ telle que $m = \partial\varphi/\partial x_1$ et $p = \partial\varphi/\partial x_2$.

On a donc, k étant une constante,

$$\begin{cases} \sigma_1 = k + x\dfrac{\partial\varphi}{\partial x} \\[2mm] \sigma_2 = y\dfrac{\partial\varphi}{\partial x} \\[2mm] \sigma_3 = x\dfrac{\partial\varphi}{\partial y} \\[2mm] \sigma_4 = k + y\dfrac{\partial\varphi}{\partial y} \end{cases}$$

Ce qui est équivalent à dire que, pour une matrice $g = \begin{pmatrix} a & b \\ c & d \end{pmatrix}$,

$$\sigma(X)(m) = k(a + b) + \rho(X)(\varphi)(m)$$

Supposons d'abord que $\varphi = 0$. On a dans ce cas, pour tout $m \in \mathbb{R}^2$, en notant $\mu_m(g) = \mu(g, m)$

$$d_{\mathrm{Id}}\mu_m\left[\begin{pmatrix} a & b \\ c & d \end{pmatrix}\right] = \sigma(X)(m) = k(a + b) = k\,\mathrm{trace}(X)$$

ce qui implique que, pour $g \in GL_2(\mathbb{R})$,[3]

$$d_g\mu_m\left[\begin{pmatrix} a & b \\ c & d \end{pmatrix}\cdot g\right] = k(a + b)\mu_m(g)$$

soit

$$d_g\mu_m\left[\begin{pmatrix} a & b \\ c & d \end{pmatrix}\right] = k\,\mathrm{trace}(Xg^{-1})\mu_m(g)\,.$$

Ceci permet d'identifier $\mu(m, g) = \det(g)^k$.

Dans le cas général où φ est une fonction quelconque, on vérifie qu'on a alors

$$\mu_\varphi(g, m) = e^{\varphi(g.m) - \varphi(m)}\det(g)^k$$

Ce type de transformation: $\mu \mapsto \mu_\varphi$ est en fait toujours possible quel que soit le facteur multiplicatif μ (*transformation de jauge*). Le résultat ainsi obtenu est:

> A une transformation de jauge près, les seuls facteurs multiplicatifs pour l'action de $GL_2(\mathbb{R})$ sur $\mathbb{R}^2$ sont les puissances du déterminant.

---

[3] On utilise la relation $\mu(g + t\xi, m) = \mu((\mathrm{Id} + t\xi g^{-1}), m) = \mu((\mathrm{Id} + t\xi g^{-1}), g.m)\mu(g, m)$

2.5.2 Action sur les polynômes

Le second exemple de calcul d'invariants va nous permettre de déterminer ce que l'on appelle les *invariants algébriques*. Cet exemple historique (cf [47]), aura, pour nous, l'intérêt de nous mener à la construction des *moments invariants* associés à une forme plane,

Lorsqu'un groupe G agit sur un ensemble M, on obtient de façon naturelle une action linéaire de G sur $\mathcal{F}(M, \mathbb{R})$ (les fonctions de M dans $\mathbb{R}$) en posant

$$(g.\Phi)(g.m) = \Phi(m)$$

(on vérifie sans difficultés qu'il s'agit bien là d'une action de groupe).

Dans ce paragraphe, nous supposons que G est un groupe de transformations rigides du plan, et nous restreignons l'action précédente aux polynômes homogènes de $\mathbb{R}^2$. Notons $\mathcal{P}^n$ l'ensemble des polynômes homogènes à deux variables de degré inférieur à n. Un élément de $\mathcal{P}^n$ s'écrit sous la forme (avec $m = (x, y)$)

$$P(m) = \sum_{j=0}^{n} a_j x^j y^{n-j} \,.$$

Ce polynôme sera noté $\mathrm{Hom}(a_0, \ldots, a_n)$.

Si $g \in GL_2(\mathbb{R})$, $[g.P](m) = P(g^{-1}.m)$ est encore un polynôme homogène de degré inférieur à n. Si $P = \mathrm{Hom}(a_0, \ldots, a_n)$, le polynôme $g.P$ s'écrira $\mathrm{Hom}(b_0, \ldots, b_n)$, les coefficients b_i se calculant explicitement en fonction des a_i et de g (nous n'aurons pas besoin de cette expression). L'action de G sur $\mathcal{P}^n$ peut donc également être vue comme une action sur $\mathbb{R}^{n+1}$, celle qui transforme les a_i en b_i, si bien que nous noterons

$$g.(a_0, \ldots, a_n) = (b_0, \ldots, b_n)$$

si et seulement si

$$\mathrm{Hom}(b_0, \ldots, b_n) \circ g = \mathrm{Hom}(a_0, \ldots, a_n) \,.$$

Cela mène à la définition suivante:

Définition 2.7. *Une fonction de $I : \mathbb{R}^{n+1} \mapsto \mathbb{R}$ est un invariant algébrique de poids ω si et seulement si, pour tout $g \in GL_2(\mathbb{R})$, et pour tout $\mathbf{a} = (a_0, \ldots, a_n) \in \mathbb{R}^{n+1}$,*

$$I(g.\mathbf{a}) = \det(g)^{\omega}.I(\mathbf{a})$$

(si $\omega = 0$, on parlera d'invariant absolu).

Nous allons appliquer la théorie précédente pour caractériser les invariants algébriques (de classe C^{∞}). Cette caractérisation est donnée par la formule (2.7), et le problème est donc de déterminer les fonctions $\rho(\xi) : \mathfrak{g} \to \mathcal{X}(\mathbb{R}^{n+1})$

et $\sigma_m : \mathfrak{g} \to \mathbb{R}$. Avant de faire ce calcul, nous pouvons faire la remarque suivante: si $g \in SL_2(\mathbb{R})$ (autrement dit si $\det(g) = 1$, et si I est un invariant algébrique I de poids ω, on a $I(g.\mathbf{a}) \equiv I(\mathbf{a})$, si bien que I devient un invariant absolu lorsqu'on le restreint à $SL_2(\mathbb{R})$. Réciproquement, si I est un invariant pour l'action de $SL_2(\mathbb{R})$ sur $\mathbb{R}^{n+1}$, I sera un invariant algébrique si et seulement si I est homogène: il existe α tel que $I(t.(\mathbf{a})) = t^\alpha I(\mathbf{a})$ pour tout $t \in \mathbb{R}^*$ (on aura alors $\omega = \alpha/2$).

Nous commençons donc par déterminer les invariants de l'action de $SL_2(\mathbb{R})$. L'algèbre de Lie de $SL_2(\mathbb{R})$ est un sous-espace de $\mathcal{M}_2(\mathbb{R})$ engendré par les trois matrices (cf. paragraphe 1.4.3, chapitre 1) $\partial x_{11} - \partial x_{22}$, ∂x_{12} et ∂x_{21}. Une fonction I définie sur $\mathbb{R}^{n+1}$ est invariante par l'action de $SL_2(\mathbb{R})$ (qui est connexe) si et seulement si on a $\rho(\xi).I = 0$, ξ étant l'une des trois matrices précédentes.

Il reste à obtenir les expressions des $\rho(\xi)$. Par définition, pour tout $\mathbf{a} \in \mathbb{R}^{n+1}$, on a

$$(\mathrm{Id} + t.\xi)\mathbf{a} \sim \mathbf{a} + t\rho(\xi)_{\mathbf{a}}$$

ce qui équivaut à dire, dans notre contexte, que, pour tout $m \in \mathbb{R}^2$

$$\mathrm{Hom}(\mathbf{a} + t\rho(\xi)_{\mathbf{a}})((\mathrm{Id} + t\xi).m) \sim_{t=0} \mathrm{Hom}(\mathbf{a})(m)$$

Développons le terme de gauche. On a

$$\mathrm{Hom}(\mathbf{a} + t\rho(\xi)_{\mathbf{a}})((\mathrm{Id} + t\xi).m) \sim_{t=0} \mathrm{Hom}(\mathbf{a})((\mathrm{Id} + t\xi).m) + t\mathrm{Hom}(\rho(\xi)_{\mathbf{a}})(m)$$

Or, si $m = (x, y)$, et $\xi.m = (x', y')$, on a

$$\begin{aligned} \mathrm{Hom}(\mathbf{a})((\mathrm{Id} + t\xi).m) &= \sum_{k=0}^{n} a_k (x + tx')^k (y + ty')^{n-k} \\ &\sim_{t=0} \mathrm{Hom}(\mathbf{a})(m) \\ &\quad + t\sum_{k=0}^{n} a_k \left(kx^{k-1}y^{n-k}x' + (n-k)x^k y^{n-k-1}y' \right) \end{aligned}$$

Pour $\xi = \partial x_{11} - \partial x_{22}$, on a $x' = x$ et $y' = -y$, ce qui donne

$$\mathrm{Hom}(\mathbf{a})((\mathrm{Id} + t\xi).m) \sim_{t=0} \mathrm{Hom}(\mathbf{a})(m) + t\sum_{k=0}^{n} a_k(2k - n)x^k y^{n-k}$$

Pour $\xi = \partial x_{12}$, on a $x' = y$ et $y' = 0$, ce qui donne

$$\mathrm{Hom}(\mathbf{a})((\mathrm{Id} + t\xi).m) \sim_{t=0} \mathrm{Hom}(\mathbf{a})(m) + t\sum_{k=0}^{n} a_k k x^{k-1}y^{n-k+1}$$

enfin, pour $\xi = \partial x_{21}$, on a $x' = 0$ et $y' = x$, d'où

$$\mathrm{Hom}(\mathbf{a})((\mathrm{Id} + t\xi).m) \sim_{t=0} \mathrm{Hom}(\mathbf{a})(m) + t\sum_{k=0}^{n} a_k(n - k)x^{k+1}y^{n-k-1}$$

ce qui nous donne, dans chaque cas, les coefficients de $\rho(\xi)$. En reprenant ces coefficients, on introduit donc trois champs de vecteurs sur $\mathbb{R}^{n+1}$ (nous reprenons une notation différentielle)

$$X_0 = \sum_{k=0}^{n}(2k-n).a_k\partial a_k$$

$$X_- = \sum_{k=0}^{n-1}(k+1).a_{k+1}\partial a_k$$

$$X_+ = \sum_{k=1}^{n}(n-k+1).a_{k-1}\partial a_k$$

On a alors le théorème

Théorème 2.8. *Une fonction I est un invariant de l'action de $SL_2(\mathbb{R})$ sur $\mathcal{P}^n$ si et seulement si $X_-(I) = X_0(I) = X_+(I) = 0$. I est un invariant relatif de poids ω pour l'action de $GL_2(\mathbb{R})$ si et seulement I vérifie les trois relations précédentes et est homogène de degré 2ω.*

Si on recherche, par exemple, des invariants pour les polynômes de degré 2, $I(a_0, a_1, a_2)$, on obtient, pour l'action de SL_2 les équations

$$\begin{cases} a_1\dfrac{\partial I}{\partial a_0} + 2a_2\dfrac{\partial I}{\partial a_1} = 0 \\[2mm] -a_0\dfrac{\partial I}{\partial a_0} + a_2\dfrac{\partial I}{\partial a_2} = 0 \\[2mm] 2a_0\dfrac{\partial I}{\partial a_1} + a_1\dfrac{\partial I}{\partial a_2} = 0 \end{cases}$$

La troisième équation est combinaison linéaire des deux premières. Utilisons la méthode des caractéristiques pour intégrer la seconde: l'équation

$$-\frac{\dot{a_0}}{a_0} = \frac{\dot{a_2}}{a_2}$$

impose $a_0a_2 = $ const, si bien que I doit être du type $I(a_0, a_1, a_2) = J(a_1, a_0a_2)$. Si l'on exprime les dérivées de I en fonction de celles de J, que nous noterons $\frac{\partial J}{\partial b_1}$ et $\frac{\partial J}{\partial b_2}$, la première équation donne

$$2\frac{\partial J}{\partial b_1} + b_1\frac{\partial J}{\partial b_2} = 0$$

Si l'on intègre cette équation par la méthode des caractéristiques, on obtient le fait que J est fonction de $b_1^2 - 4b_2$, et donc que les invariants de l'action de $GL_2(\mathbb{R})$ sur $\mathcal{P}^2$ sont les fonctions du *discriminant*, défini par $\Delta(P) = a_1^2 - 4a_0a_2$.

Pour un polynôme de degré 3, le seul invariant par SL_2 est encore le discriminant[4], qui est dans ce cas donné par

$$\Delta = 2a_0^2a_3^2 - 6a_1^2a_3^2 - 12a_0a_1a_2a_3 + 8a_0a_2^3 + 8a_1^3a_3 \,.$$

Pour le degré 4, enfin, on a

$$i = a_0a_4 - 4a_1a_3 + 4a_2^2, \quad j = \det \begin{vmatrix} a_0 & a_1 & a_2 \\ a_1 & a_2 & a_3 \\ a_2 & a_3 & a_4 \end{vmatrix},$$

Notons que tous ces invariants sont homogènes, et sont donc également des invariants algébriques.

De la même manière, on peut rechercher les invariants pour l'action de $SO_2(\mathbb{R})$ sur $\mathbb{R}^{n+1}$. L'algèbre de Lie de $SO_2(\mathbb{R})$ est de dimension 1, et est engendrée par $\xi = \partial x_{12} - \partial x_{21}$. La même analyse que précédemment permet de prouver le théorème:

Théorème 2.9. *Une fonction I est un invariant de l'action de $SO_2(\mathbb{R})$ sur $\mathcal{P}^n$ si et seulement si $X(I)$, où*

$$X = \sum_{k=0}^{n} [(k+1)a_{k+1} - (n-k+1)a_{k-1}] \partial a_k$$

avec la convention $a_{-1} = a_{n+1} = 0$.

Pour les polynômes de degré 2, on obtient l'équation

$$a_1 \frac{\partial I}{\partial a_0} + 2(a_2 - a_0) \frac{\partial I}{\partial a_1} - a_1 \frac{\partial I}{\partial a_2} = 0$$

dont les solutions sont les fonctions de $a_2 + a_0$ et $a_1^2 - 4a_2a_0$.

Le calcul suivant permet d'obtenir les invariants algébriques pour tout n sans avoir à intégrer le champ de vecteurs donné au théorème 2.9. Notons que l'on sait déjà, puisqu'un groupe de dimension 1 agit sur un ensemble de dimension $n + 1$, que l'on obtiendra n invariants d'ordre n.

Introduisons le nombre complexe $z = x + iy$. Un polynôme $P(x, y)$ peut être exprimé comme un polynôme Q en $(z, \overline{z})$, dont les coefficients sont directement exprimables en fonction de ceux de P; une fois ces relations obtenues, ce que

---

[4] La définition générale du discriminant d'un polynôme à une variable P est $\Delta(P) = \prod_{i \neq j}(x_i - x_j)^2$ où les x_i sont les racines de P

nous allons faire immédiatement, on pourra alors exploiter la manière remarquablement simple selon laquelle l'action d'une rotation d'angle θ s'exprime, puisque cela revient à multiplier z par $e^{i\theta}$ et $\bar{z}$ par $e^{-i\theta}$.

Posons $P = \mathrm{Hom}(a_0, \ldots, a_n)$ et $Q = \mathrm{Hom}(A_0, \ldots, A_n)$ et explicitons la relation

$$Q(z, \bar{z}) = P(x, y) = \frac{1}{2^n} P(2x, 2y)$$

avec $2x = z + \bar{z}$, $2y = z - \bar{z}$. On obtient

$$2^n Q(z, \bar{z}) = \sum_{k=0}^{n} a_k (z + \bar{z})^k (z - \bar{z})^{n-k}$$

$$= \sum_{k=0}^{n} a_k \sum_{p=0}^{k} \binom{k}{p} z^p \bar{z}^{k-p} \sum_{q=0}^{n-k} (-1)^{n-k-q} \binom{n-k}{q} z^q \bar{z}^{n-k-q}$$

$$= \sum_{k=0}^{n} \sum_{p=0}^{k} \sum_{q=0}^{n-k} \binom{k}{p} \binom{n-k}{q} (-1)^{n-k-q} a_k z^{p+q} \bar{z}^{n-p-q}$$

$$= 2^n \sum_{l=0}^{n} A_l z^l \bar{z}^{n-l}$$

avec

$$A_l = 2^{-n} \sum_{k=0}^{n} a_k \sum_{p=\max(k+l-n,0)}^{\min(k,l)} \binom{k}{p} \binom{n-k}{l-p} (-1)^{n-k-l+p}$$

Recherchons maintenant les invariants en fonction des A_l que nous venons d'obtenir. L'effet d'une rotation d'angle θ sur P induit une transformation $a_l \to b_l$, pour les polynômes en x, y, et $A_l \to B_l$ pour les polynômes en $z, \bar{z}$. Les relations entre A_l et B_l sont particulièrement simples, puisqu'on doit avoir

$$\sum_{l=0}^{n} B_l z^l \bar{z}^{n-l} = Q(e^{i\theta} z, e^{-i\theta} \bar{z})$$

$$= \sum_{l=0}^{n} A_l e^{(2l-n)i\theta} z^l \bar{z}^{n-l}$$

d'où $B_l = e^{(2l-n)i\theta} A_l$.

On peut alors vérifier (par exemple par la méthode des caractéristiques) que les invariants associés à cette action sont du type

$$A_l^{2k-n} / A_k^{2l-n}$$

auxquels il faut ajouter $A_{l/2}$ pour l pair.

Représentation de formes planes

3

Représentations paramétriques de courbes planes

3.1 Introduction

La deuxième partie de cet ouvrage présente un catalogue approfondi de diverses techniques qui peuvent être employées pour représenter des formes planes. Le spectre de ces techniques est incroyablement large, et nous ne donnerons certainement pas un éventail complet de toutes les approches qui ont été proposées dans la littérature. Dans ce panorama, nous regrouperons les techniques présentées autour de grandes familles: les représentations liées aux représentations paramétriques, implicites ou explicites; les représentations globales (associées à des calculs d'intégrales effectués sur la forme), et celles liées au calcul de squelettes; enfin, nous réserverons un chapitre aux techniques de représentations de formes dans un système de coordonnées spécifiques, liées au choix d'un prototype. Nous conclurons cette partie par une présentation de quelques méthodes de génération de formes aléatoires.

Le présent chapitre traite donc de représentations paramétriques de courbes. Ici, et dans toute cette partie, nous nous attacherons particulièrement à analyser les différentes propriétés d'invariance détenues par les différentes modélisations. Ces invariances concernent l'action des différents groupes de transformations rigides du plan, dont l'effet sur la variabilité des vues projetées d'un objet tri-dimensionnel a été analysé au paragraphe 1.4.3 du chapitre 1.

Ces propriétés sont fondamentales pour la reconnaissance de formes. Si une forme plane est représentée d'une façon qui n'est pas, ou peu affectée par l'action certains groupes de transformations rigides du plan, on pourra ensuite définir des procédures de reconnaissance qui ne seront pas affectées par un grand éventail de variations des positions des objets observés relativement au système de vision. La contrainte minimale qui devrait être imposée aux représentations est que les effets des groupes de transformations rigides soient, sinon nuls, tout du moins faciles à décrire, pour pouvoir être pris en compte a posteriori par l'algorithmique de reconnaissance.

Ce chapitre est organisé comme suit: nous commençons par quelques définitions fondamentales relatives aux courbes planes. Nous passons ensuite à la définition et l'étude d'une structure qui nous permettra de définir des paramétrisations et des caractérisations invariantes: l'espace de jets. Nous aborderons ensuite des aspects relatifs aux représentations implicites des ensembles du plan, qui nous mèneront de façon naturelle aux équations d'évolution régularisantes sur des courbes planes.

3.2 Définition

Nous commençons par une définition très simple:

Définition 3.1. *Une courbe plane paramétrée est une application continue, de classe C^1 par morceaux,* [1]

$$m : I \to \mathbb{R}^2$$

où $I = [a, b]$ est un intervalle compact *de $\mathbb{R}$.*
L'image d'une courbe m, que nous noterons $\mathcal{I}_m$ est l'ensemble $m(I) \subset \mathbb{R}^2$.

La condition d'être C^1 par morceaux, qui nous suffira dans la suite, n'est pas l'hypothèse minimale permettant de modéliser des courbes paramétrées. Une courbe de Jordan, par exemple, est une courbe fermée, continue, sans point double, et cette propriété suffit déjà à faire en sorte qu'elle délimite un domaine borné et connexe du plan, ce qui suffirait pour modéliser une forme. Notons également que nous avons volontairement restreint la généralité en ne considérant que des courbes définies sur des intervalles compacts (interdisant, par exemple, les branches infinies).

La plupart du temps, nous aurons en fait besoin de plus de régularité, et de plus de dérivées. Nous ne prendrons pas toujours le soin de préciser à chaque fois, dès le départ, le nombre de dérivées requises pour pouvoir réaliser un calcul ou définir une notion; les hypothèses nécessaires seront toujours implicitement évidentes.

3.3 Courbes et sous-variétés de $\mathbb{R}^2$

La définition précédente ne permet pas d'affirmer que $\mathcal{I}_m$ est une sous-variété de $\mathbb{R}^2$ (même si l'on impose que m est C^∞). Ceci est tout-d'abord dû au fait que l'on n'interdit pas les points doubles[2]. Une condition suffisante pour

---

[2] Rappelons que le fait d'être une sous-variété de $\mathbb{R}^2$ impose que tout point de $\mathcal{I}_m$ admet un voisinage <u>dans $\mathbb{R}^2$</u> sur lequel, en utilisant, au besoin, un changement des coordonnées bi-dimensionnelles locales, on puisse considérer la portion de la courbe qui intersecte ce voisinage comme le graphe d'une fonction. L'existence de croisements interdit toute représentation de ce type

pouvoir affirmer que $\mathcal{I}_m$ est une sous-variété de $\mathbb{R}^2$ serait de supposer que m est un *plongement* (voir les définitions qui précèdent la proposition 1.15 du chapitre 1).

Rappelons que par définition, si m est un plongement, sa différentielle doit être en tout point injective, ce qui revient à supposer que $\frac{dm}{dt}$ ne s'annule jamais. On a en fait la définition suivante:

Définition 3.2. *Une courbe paramétrée m est dite* régulière *en un point $u \in I$ si et seulement elle est différentiable en u et $m'(u) \neq 0$. Elle est régulière sur I si elle l'est en tout point de I.*

Il s'agit d'une notion importante, puisque, même si une courbe est C^∞ (en tant que fonction de son paramètre t), elle peut admettre des singularités "géométriques" aux points où sa dérivée s'annule. Par exemple, on peut définir la courbe m par

$$m(t) = \begin{cases} (\varphi(2t), 0), & t \in [0, 1/2] \\ (1, \varphi(2t-1)), & t \in [1/2, 1] \end{cases}$$

où φ est une fonction C^∞, de $[0,1]$ dans $[0,1]$, telle que $\varphi(0) = 0$, $\varphi(1) = 1$ et toutes les dérivées de φ en 0 et en 1 s'annulent. L'image de m est simplement la concaténation du segment horizontal $[0,1] \times \{0\}$ et du segment vertical $\{1\} \times [0,1]$, et fait donc un angle droit en $(1,0)$.

Nous dirons qu'une courbe plane $m : I \mapsto \mathbb{R}^2$, C^1 par morceaux est *presque régulière* si sa dérivée ne s'annule qu'en un nombre fini de points.

3.4 Equivalence géométrique

3.4.1 Changement de paramètres

Soit $m : I \to \mathbb{R}^2$ une courbe paramétrée presque régulière. Un changement de paramètres pour m est une fonction continue $\psi : I' \to I$ telle que
i) I' est un intervalle compact de $\mathbb{R}$
ii) ψ est bijective strictement croissante, C^1 par morceaux

Définition 3.3. *Deux courbes paramétrées presque régulières $m : I \to \mathbb{R}^2$ et $\tilde{m} : \tilde{I} \to \mathbb{R}^2$ sont dites géométriquement équivalentes s'il existe un changement de paramètres qui transforme l'une en l'autre On notera $[m]$ la classe d'équivalence de m pour cette relation. Toute propriété ne dépendant que de $[m]$ est qualifiée de propriété géométrique.*

Remarques

- Lorsque l'on impose des propriétés de différentiabilité à m, on limite implicitement $[m]$ (qui est un ensemble de courbes paramétrées) aux $\tilde{m}$ qui vérifient les mêmes propriétés. En d'autres termes on imposera aux changements de paramètres φ et ψ d'être au niveau de régularité prescrit.
- Nous avons, par choix, restreint les changements de paramètres à être croissants; en particulier, ils ne permettent pas de changer les orientations des courbes.
- L'équivalence géométrique, telle que nous l'avons définie, n'est pas équivalente à l'identité des images: la courbe $m(t) = (2t, 0), t \in [0, 1/2]$ et $m(t) = (2 - 2t, 0)$, $t \in [1/2, 1]$ a même image que la courbe $m'(t) = (t, 0), t \in [0, 1]$ mais les deux courbes ne sont pas géométriquement équivalentes.

3.5 Courbe fermée

Si $I = [a, b]$, on dira que m est fermée si $m(a) = m(b)$, notion bien évidemment invariante par changement de paramètre. Si l'on veut imposer à m des conditions de différentiabilité, comme par exemple le fait d'être C^1, on rajoutera des contraintes d'égalité de dérivées d'ordre supérieur.

De manière plus intrinsèque, il est préférable de penser à une courbe fermée comme une application non-plus définie sur un intervalle de $\mathbb{R}$, mais sur un cercle: si $c.S^1$ est l'ensemble des $\tau \in \mathbb{R}^2$ tels que $|\tau| = c$, une application continue $m : c.S^1 \to \mathbb{R}^2$ est la bonne notion de courbe fermée paramétrique. Pour simplifier, nous nous limiterons toutefois aux courbes définies sur des intervalles, avec les conditions de recollement convenables aux extrémités.

3.6 Tangente et normale

Soit $m : I \to \mathbb{R}^2$ une courbe paramétrée. En un point régulier $u \in I$, on définit le vecteur tangent unitaire $\tau(u)$ par

$$\tau(u) = \frac{m'(u)}{|m'(u)|}$$

et le plan $\mathbb{R}^2$ étant supposé orienté, on notera alors $\nu(u)$ l'unique vecteur complétant $\tau(u)$ en une base orthonormée directe; ν est appelé vecteur normal à m en u. On peut aisément vérifier que le bi-èdre (τ, ν) est une notion géométrique: si $\varphi : I \to \tilde{I}$ est un changement de paramètre C^1, et $m = \tilde{m} \circ \varphi$, alors $\tilde{u} = \varphi(u)$ est un point régulier de $\tilde{m}$ et si $\tilde{\tau}$ est le vecteur tangent à $\tilde{m}$ en $\tilde{u}$, on a $\tilde{\tau}(\tilde{u}) = \tau(u)$. On pourra ainsi parler de vecteur tangent à m au point $m(u) \in \mathbb{R}^2$ et noter, avec un léger abus de notation indifféremment $\tau(u)$ ou $\tau(m(u))$.

3.7 Espace des jets

3.7.1 Introduction

Nous allons, dans la suite, construire de façon systématique des représentations de courbes planes qui caractériseront ces dernières indépendamment des actions de groupes de transformations rigides et des changements de paramètres. Ces représentations sont des fonctions des dérivées des courbes en chaque point; nous devons donc étudier l'effet de transformations linéaires et de changements de paramètres sur ces dérivées. Pour ce faire, nous introduisons l'espace des jets (monodimensionnels), qui est essentiellement l'espace qui contient les dérivées ponctuelles de courbes, et y étudions les actions induites des groupes considérés.

Nous commençons par en donner la définition.

3.7.2 Définition

Nous noterons $\tilde{J}^n$ l'espace $\mathbb{R}^{2n+2}$, un élément de $\tilde{J}^n$ étant noté $(z_0, \ldots, z_n)$, où $z_i \in \mathbb{R}^2$. A toute courbe plane paramétrée, m, nous pouvons associer l'application $\tilde{J}^n m : I \to \tilde{J}^n$ définie par

$$\tilde{J}^n m(t) = (m(t), m^{(1)}(t), \ldots, m^{(n)}(t)).$$

$\tilde{J}^n$ est appelé *espace de Jets* pour les applications de I dans $\mathbb{R}^2$.
Nous noterons J^n l'espace composé des $(z_1, \ldots, z_n)$ (la projection de $\tilde{J}^n$ sur ses n dernières coordonnées). On notera alors

$$J^n m(t) = (m^{(1)}(t), \ldots, m^{(n)}(t)).$$

Nous allons rechercher diverses fonctions des dérivées de m qui soient invariantes par transformations rigides et changement de paramètre. Le problème se ramène à la définition d'invariants sur $\tilde{J}^n$ pour les actions de groupes qui y sont induites. Les actions sur $\tilde{J}^n$ s'appellent *prolongations* des actions initiales des groupes sur les courbes planes.

3.7.3 Prolongation d'une action rigide sur $\mathbb{R}^2$

Soit G un sous-groupe de $GL_2(\mathbb{R}) \ltimes \mathbb{R}^2$ (le groupe des transformations affines du plan). Si $(g, a) \in G$, on définira, pour tout $Z \in \tilde{J}^n$, l'élément $(g, a).Z$ de sorte que $\tilde{J}^n[(g, a).m](t)$ soit égal à $(g, a).(\tilde{J}^n m(t))$. Or $(g, a).m$ est la courbe $t \mapsto g.m(t) + a$, d'où un calcul immédiat des dérivées qui mène à poser:

$$(g, a).(z_0, \ldots, z_n) = (g.z_0 + a, g.z_1, \ldots, g.z_n).$$

Ceci définit bien une action de G sur $\tilde{J}_n$.

Supposons maintenant que G est le groupe projectif, $G = PGL_2(\mathbb{R})$: les calculs sont plus délicats, parce que l'action de G est non-linéaire. Nous considérons à présent les points $m = (x, y) \in \mathbb{R}^2$ comme des éléments de l'espace projectif P^2, autrement dit comme des droites tridimensionnelles dirigées par le vecteur $(x, y, 1)$. L'action d'une matrice 3×3, $g = (g_{ij})$ sur ce vecteur fournit le vecteur (x'', y'', z''), avec

$$\begin{cases} x'' = g_{11}x + g_{12}y + g_{13} \\ y'' = g_{21}x + g_{22}y + g_{23} \\ z'' = g_{31}x + g_{32}y + g_{33} \end{cases}$$

qui s'identifie à $(x', y', 1)$ avec $x' = x''/z''$ et $y' = y''/z''$. Dans la représentation choisie, on associe à toute matrice g une transformation non-linéaire des coordonnées bi-dimensionnelles: $L_g : (x, y) \mapsto (x', y')$ avec

$$\begin{cases} x' = (g_{11}x + g_{12}y + g_{13})/(g_{31}x + g_{32}y + g_{33}) \\ y' = (g_{21}x + g_{22}y + g_{23})/(g_{31}x + g_{32}y + g_{33}) \end{cases} \tag{3.1}$$

On vérifie bien que cette transformation ne dépend pas de la classe de proportionnalité de g: on a $L_{\lambda g} = L_g$. Si l'on s'intéresse au comportement au voisinage de l'identité, on peut donc imposer $g_{33} = 1$ (ce qui revient à fixer des coordonnées locales).

La prolongation de cette action à J^n va donc faire intervenir les dérivées de L_g: si $\tilde{m} = L_g \circ m$, on a, pour les deux premières,

$$\tilde{m}^{(1)}(t) = d_{m(t)}L_g.m^{(1)}(t),$$

$$\tilde{m}^{(2)}(t) = d_{m(t)}L_g.m^{(2)}(t) + d^2_{m(t)}L_g[m^{(1)}(t), m^{(1)}(t)]$$

Les formules explicites, qui font intervenir de nouvelles fonctions rationnelles des coordonnées de m et de leur dérivées deviennent vite impossibles à calculer à la main. On peut toutefois en effectuer des développements limités lorsque $g = \mathrm{Id} + \varepsilon\xi$ est infiniment proche de l'identité. En effet, dans ce cas, g_{31} et g_{32} sont des infiniment petits, et comme on a fixé $g_{33} = 1$, on a le développement

$$\begin{cases} x' \simeq (x + \varepsilon\xi_{11}x + \varepsilon\xi_{12}y + \varepsilon\xi_{13})(1 - \varepsilon\xi_{31}x - \varepsilon\xi_{32}y) \\ y' \simeq (y + \varepsilon\xi_{21}x + \varepsilon\xi_{22}y + \varepsilon\xi_{23})(1 - \varepsilon\xi_{31}x - t\xi_{32}y) \end{cases}$$

soit

$$\begin{cases} x' \simeq x + \varepsilon\xi_{11}x + \varepsilon\xi_{12}y + \varepsilon\xi_{13} - \varepsilon\xi_{31}x^2 - \varepsilon\xi_{32}xy \\ y' \simeq y + \varepsilon\xi_{21}x + \varepsilon\xi_{22}y + \varepsilon\xi_{23} - \varepsilon\xi_{31}xy - \varepsilon\xi_{32}y^2 \end{cases} \tag{3.2}$$

En particulier, si $\tilde{m}(t) = L_{\mathrm{Id}+\varepsilon\xi}(m(t))$, on peut écrire

$$\begin{cases} \tilde{x}^{(1)} \simeq x^{(1)} + \varepsilon\xi_{11}x^{(1)} + \varepsilon\xi_{12}y^{(1)} - 2\varepsilon\xi_{31}xx^{(1)} - \varepsilon\xi_{32}(xy^{(1)} + yx^{(1)}) \\ \tilde{y}^{(1)} \simeq y^{(2)} + \varepsilon\xi_{21}x^{(1)} + \varepsilon\xi_{22}y^{(1)} - \varepsilon\xi_{31}(x^{(1)}y + yx^{(1)}) - 2\varepsilon\xi_{32}yy^{(1)} \end{cases}$$

ce qui donne l'action prolongée sur la coordonnée z_1, au moins pour ε petit. Les actions sur les autres coordonnées se calculent en continuant à dériver cette formule.

3.7.4 Changements de paramètre

Les changements de paramètre vont induire une nouvelle action de groupe sur $\tilde{J}^n$. Nous commençons par en analyser les effets sur les dérivées des courbes.

Soit $m : \tilde{I} \to \mathbb{R}^2$ une courbe suffisamment dérivable (ie. n fois dérivable). Soit $\psi : \tilde{I} \to I$ un difféomorphisme. La courbe transformée, $\tilde{m} = m \circ \psi$ est définie sur $\tilde{I}$; les fonctions $(\tilde{m})^{(n)} \circ \psi^{-1}$ sont définies sur I. On veut définir une action de groupe sur $\tilde{J}^n$ qui permette de rendre compte de la transformation

$$(m(t), m^{(1)}(t), \ldots, m^{(n)}(t))$$
$$\downarrow \tag{3.3}$$
$$(m(t), (m \circ \psi)^{(1)}(\psi^{-1}(t)), \ldots, (m \circ \psi)^{(n)}(\psi^{-1}(t)))$$

Calculons les premiers termes de cette transformation. On a

$$(m \circ \psi)^{(1)}(\psi^{-1}(t)) = \psi^{(1)} \circ \psi^{-1}(t).m^{(1)}(t),$$

$$(m \circ \psi)^{(2)}(\psi^{-1}(t)) = \psi^{(2)} \circ \psi^{-1}(t).m^{(1)}(t) + \left[\psi^{(1)} \circ \psi^{-1}(t)\right]^2 .m^{(2)}(t),$$

et

$$(m \circ \psi)^{(3)}(\psi^{-1}(t)) = \psi^{(3)} \circ \psi^{-1}(t).m^{(1)}(t) + 3.\psi^{(1)} \circ \psi^{-1}(t).\psi^{(2)} \circ \psi^{-1}(t).m^{(2)}(t)$$
$$+ \left[\psi^{(1)} \circ \psi^{-1}(t)\right]^2 .m^{(3)}(t),$$

Plus généralement, on a le résultat suivant

Proposition 3.4. *Pour tout entier $n \geq 1$, il existe des polynômes à k variables P_n^k, $1 \leq k \leq n$ tels que, pour toute courbe m, tout changement de paramètres ψ*

$$(m \circ \psi)^{(n)}(u) = \sum_{k=1}^{n} P_n^k(\psi^{(1)}(u), \ldots, \psi^{(k)}(t))m^{(n+1-k)} \circ \psi(u).$$

Ces polynômes vérifient: $P_n^1(\alpha_1) = (\alpha_1)^n$, $P_n^n(\alpha_1, \ldots, \alpha_n) = \alpha_n$, et, pour tout $n \geq 1$, pour tout $2 \leq k \leq n$

$$P_{n+1}^k(\alpha_1, \ldots, \alpha_k) = \alpha_1 P_n^k(\alpha_1, \ldots, \alpha_k) + \sum_{q=1}^{k-1} \frac{\partial P_n^{k-1}}{\partial \alpha_q} \alpha_{q+1}$$

Pour $n = 1, 2$ et 3, on a $P_1^1(\alpha_1) = \alpha_1$, $P_2^1(\alpha_1) = \alpha_1^3$, $P_2^2(\alpha_1, \alpha_2) = \alpha_2$, $P_3^1(\alpha_1) = \alpha_1^3$, $P_3^2(\alpha_1, \alpha_2) = 3\alpha_1\alpha_2$, et $P_3^3(\alpha_1, \alpha_2, \alpha_3) = \alpha_3$. Ces polynômes peuvent être calculés explicitement, mais nous n'aurons pas besoin de leur expression, qui est assez compliquée et fait intervenir les coefficients multinômiaux.

Si l'on note $Z = (z_0, \ldots, z_n)$ et $\tilde{Z} = (z_0, \tilde{z}_1, \ldots, \tilde{z}_n)$ les membres supérieur et inférieur de (3.3) pour un t fixé, on a donc les relations, pour $k \geq 1$,

$$\tilde{z}_k = \sum_{l=1}^{k} P_k^l(\psi^{(1)} \circ \psi^{-1}(t), \ldots, \psi^{(l)} \circ \psi^{-1}(t))z_{k+1-l} \tag{3.4}$$

Cette transformation peut-être interprétée comme une action de groupe, qui est définie ci-dessous:

Définition 3.5. *Soit $A^n \subset \mathbb{R}^n$ l'ensemble composé des n-uplets $(\alpha_1, \ldots, \alpha_n)$ tels que $\alpha_1 > 0$. On définit une loi de composition sur A^n en posant*

$$(\alpha_1, \ldots, \alpha_n) \star (\beta_1,, \ldots, \beta_n) = (\gamma_1, \ldots, \gamma_n)$$

avec, pour tout $k = 1, \ldots, n$:

$$\gamma_k = \sum_{l=1}^{k} P_k^l(\alpha_1, \ldots, \alpha_l)\beta_{k+1-l}.$$

Proposition 3.6. *L'ensemble A^n muni de la loi de composition $\star$ est un groupe. Le groupe A^n agit sur $\tilde{J}^n$ par l'action*

$$(\alpha_1, \ldots, \alpha_n) \star (z_0, \ldots, z_n) = (z_0, \tilde{z}_1, \ldots, \tilde{z}_n)$$

avec pour tout $k = 1, \ldots, n$:

$$\tilde{z}_k = \sum_{l=1}^{k} P_k^l(\alpha_1, \ldots, \alpha_l)z_{k+1-l}.$$

Nous ne prouverons pas cette proposition (la preuve est facile, mais fastidieuse).

L'effet de A^n sur la première composante, z_0, étant nul, on restreindra généralement l'action de A^n à J^n, avec les mêmes formules.

A tout changement de paramètres ψ, on peut associer l'application de I dans A^n définie par

$$J^n\psi(t) = (\psi^{(1)} \circ \psi^{-1}(t), \ldots, \psi^{(k)} \circ \psi^{-1}(t))$$

de sorte que la transformation définie dans (3.3) peut se réécrire

$$J^n m(t) \mapsto J^n\psi(t) \star J^n m(t). \tag{3.5}$$

Opérateur de différentiation

Si P est une fonction définie sur $\tilde{J}^n$, et m une courbe paramétrée, $P(\tilde{J}^n m(t))$ est une fonction calculée le long de la courbe et dépendant des n dérivées de m en t. Si on dérive cette fonction par rapport à t, on obtient

$$\frac{d}{dt}[P(\tilde{J}^n m(t))] = \sum_{i=0}^{n} \left\langle \frac{\partial P}{\partial z_i}(\tilde{J}^n m(t)), m^{i+1}(t) \right\rangle$$

Si l'on ramène cette expression à $\tilde{J}^{n+1}$, on obtient la définition suivante:

Définition 3.7. *A toute fonction* $P : \tilde{J}^n \to \mathbb{R}$, *on associe la fonction* $D.P :$ $\tilde{J}^{n+1} \to \mathbb{R}$ *en posant*

$$D.P(z_0, \ldots, z_{n+1}) = \sum_{i=0}^{n} \left\langle \frac{\partial P}{\partial z_i}(z), z_{i+1} \right\rangle$$

On a alors $\frac{d}{dt}[P(\tilde{J}^n m(t))] = (D.P)(\tilde{J}^{n+1} m(t))$. Les itérées de D seront notées D^k, avec la convention $D^0 P = P$.

3.7.5 Générateurs infinitésimaux

Rappels et notations

Les générateurs infinitésimaux de l'action d'un groupe de Lie sur une variété se traduisent par un certain nombre d'opérateurs différentiels linéaires du premier ordre, associés à une base de l'espace tangent en l'identité au groupe. Ces générateurs, que nous avons définis au chapitre 1, sont caractérisés par l'équation suivante. Si ξ est un vecteur tangent à l'identité au groupe, si I est une fonction définie sur la variété, on a

$$\rho(\xi).I(m) = \frac{d}{dt}I((\mathrm{id} + t\xi).m)_{|t=0} \tag{3.6}$$

Notre but est de caractériser les fonctions invariantes définies sur $\tilde{J}^n$, pour les actions des groupes linéaires et affines, et pour l'action de A^n. Si un tel invariant $I(z_0, \ldots, z_n)$ est déterminé, la fonction

$$t \mapsto I(m(t), m^{(1)}(t), \ldots, m^{(n)}(t))$$

ne sera pas affectée par une transformation rigide de la courbe, ni par un changement de paramètres.

Rappelons que les invariants par l'action du groupe sont caractérisés par $X.I = 0$ pour tout générateur infinitésimal $X = \rho(\xi)$.

Le nombre de générateurs indépendants est au plus égal à la dimension du groupe qui agit. Nous dressons à présent la liste de ces générateurs pour les différents groupes agissant sur $\tilde{J}^n$.

Nous adopterons les notations suivantes. Un élément générique de $\tilde{J}^n$ est noté $Z = (z_0, z_1, \ldots, z_n)$, avec $z_k = (x_k, y_k) \in \mathbb{R}^2$; nous noterons $\frac{\partial}{\partial z_k}$ l'opérateur qui associe à une fonction I sur $\tilde{J}^n$ le vecteur de coordonnées $\frac{\partial I}{\partial x_k}$ et $\frac{\partial I}{\partial y_k}$. Si $\zeta = (\zeta_1, \zeta_2)$ est une fonction de $\tilde{J}^n$ dans $\mathbb{R}^2$, on notera

$$\left\langle \zeta, \frac{\partial}{\partial z_k} \right\rangle.I = \zeta_1 \frac{\partial I}{\partial x_k} + \zeta_2 \frac{\partial I}{\partial y_k}$$

et

$$\zeta \wedge \frac{\partial}{\partial z_k}.I = \zeta_1 \frac{\partial I}{\partial y_k} - \zeta_2 \frac{\partial I}{\partial x_k}$$

Groupe des translations

Une translation agissant sur $\tilde{J}^n$ en modifiant la coordonnée z_0, les générateurs infinitésimaux sont les composantes de $\frac{\partial}{\partial z_0}$. En conséquence, une fonction I définie sur $\tilde{J}^n$ est un invariant pour l'action des translations si et seulement si elle ne dépend pas de la coordonnée z_0, autrement dit si et seulement si I est une fonction définie sur J^n.

Comme nous requérons systématiquement l'invariance par translation, nous étudions, dans les calculs qui suivent, les actions des autres groupes directement sur J^n, et non $\tilde{J}^n$.

Action du groupe linéaire sur J^n

Nous décrivons les générateurs infinitésimaux de l'action de différents sous groupes de $GL_2(\mathbb{R})$ sur J^n. Ces sous-groupes, ainsi que leur algèbres de Lie ont été décrits dans le paragraphe 1.4.3 du chapitre 1.

Commençons par $GL_2(\mathbb{R})$; ce groupe est de dimension 4, et induit 4 générateurs infinitésimaux. Son algèbre de Lie est engendrée par les matrices canoniques $\partial x_{ij}, i, j = 1, 2$, qui contiennent un 1 en position (i, j) et des 0 ailleurs. Le calcul de

$$\frac{d}{dt} I(Z + t\partial x_{ij}.Z)$$

donne les générateurs infinitésimaux suivants (en notant $X_{ij} = \rho(\partial x_{ij})$):

$$X_{11} = \sum_{k=1}^n x_k \frac{\partial}{\partial x_k}, \quad X_{12} = \sum_{k=1}^n y_k \frac{\partial}{\partial x_k}, \tag{3.7}$$

$$X_{21} = \sum_{k=1}^n x_k \frac{\partial}{\partial y_k} \text{ et } X_{22} = \sum_{k=1}^n y_k \frac{\partial}{\partial y_k}.$$

Restreignons maintenant $GL_2(\mathbb{R})$ à des sous groupes particuliers. L'algèbre de Lie de $SL_2(\mathbb{R})$ (les transformations de déterminant 1) est engendrée par $\partial x_{11} - \partial x_{22}$, ∂x_{12} et ∂x_{21}; on lui associe donc les trois générateurs:

$$X_{11} - X_{22}, \quad X_{12} \text{ et } X_{21}. \tag{3.8}$$

Le groupe des rotations est de dimension 1, son algèbre de Lie étant engendrée par $\partial x_{21} - \partial x_{12}$: le générateur infinitésimal associé est donc $X_R = X_{21} - X_{12}$, soit

$$X_R = \sum_{i=1}^n z_k \wedge \frac{\partial}{\partial z_k} \tag{3.9}$$

Le groupe des homothéties est également de dimension 1, d'algèbre de Lie engendrée par $\partial x_{11} + \partial x_{22}$, d'où le générateur infinitésimal $X_H = X_{11} + X_{22}$, soit

$$X_H = \sum_{i=k}^{n} \left\langle z_k \,, \frac{\partial}{\partial z_k} \right\rangle \qquad (3.10)$$

Enfin le groupe des similitudes étant le produit des rotations et des homothéties, les générateurs infinitésimaux associés sont X_R et X_H.

Action du groupe projectif

Les transformations projectives ne laissent pas J^n invariant, de sorte qu'il faut considérer l'action sur $\tilde{J}^n$. Les générateurs infinitésimaux du groupe projectif se calculent à partir des formules (3.2) et de leurs dérivées. En regardant ces formules, on note tout d'abord une composante translationnelle, donnée par ξ_{13} et ξ_{23} (ce qui était à attendre puisque les transformations projectives incluent les transformations affines). Il reste 6 actions, associées aux coefficients restants de ξ. Quatre d'entre elles sont linéaires et reprennent les actions du groupe affine: ce sont celles associées aux ξ_{ij} pour $i, j = 1, 2$, qui redonnent donc les générateurs X_{ij} précédents. Il reste donc deux actions non-linéaires supplémentaires, apportées par les coefficients ξ_{31} et ξ_{32}. La transformation apportée par $\xi_{31} = 1$ et les autres coordonnées nulles sont

$$\begin{cases} \tilde{x} \simeq x - \varepsilon x^2 \\ \tilde{y} \simeq y - \varepsilon xy \end{cases} \qquad (3.11)$$

et une expression symétrique pour ξ_{32}. Si l'on considère que x et y dépendent du temps, les dérivées successives de $\tilde{x}$ et $\tilde{y}$ donnent l'action infinitésimale de $PGL_2(\mathbb{R})$ sur $\tilde{J}^n$. Ces dérivées peuvent être calculées explicitement (en utilisant la formule de Leibnitz de dérivation d'un produit). Si $\tilde{z}$ est donnée par (3.11), on a, en dérivant :

$$\tilde{z}^{(k)} \simeq z^{(k)} + \varepsilon \sum_{l=0}^{k} C_k^l x^{(l)} z^{(k-l)}$$

Avec ξ_{32} à la place de ξ_{31}, il faut remplacer les $x^{(l)}$ par des $y^{(l)}$.

On déduit de ceci les deux générateurs infinitésimaux qui nous manquent pour décrire l'action de $PGL_2(\mathbb{R})$ sur $\tilde{J}^n$: ce sont

$$X_{P1} = \sum_{k=0}^{n} \sum_{l=0}^{k} C_k^l x_l \left\langle z_{k-l} \,, \frac{\partial}{\partial z_k} \right\rangle \qquad (3.12)$$

et

$$X_{P2} = \sum_{k=0}^{n} \sum_{l=0}^{k} C_k^l y_l \left\langle z_{k-l}, \frac{\partial}{\partial z_k} \right\rangle \tag{3.13}$$

ou, sous forme vectorielle

$$X_P = \sum_{k=0}^{n} \sum_{l=0}^{k} C_k^l \left\langle z_{k-l}, \frac{\partial}{\partial z_k} \right\rangle z_l \tag{3.14}$$

Action d'un changement de paramètre

L'espace tangent à A^n en son élément neutre id $= (1, 0, \ldots, 0)$ s'identifie à $\mathbb{R}^n$, avec pour base les $\partial \alpha_i, i = 1, \ldots, n$, où $\partial \alpha_i$ est le vecteur avec un 1 en ième coordonnée et des 0 ailleurs. Les générateurs infinitésimaux de l'action de A^n sur J^n sont obtenus en dérivant

$$I((\text{id} + \varepsilon.\partial \alpha_i) \star z)$$

par rapport à ε.

Il nous faut donc évaluer (pour chaque i)

$$\tilde{z}_k := \sum_{l=1}^{k} P_k^l(\text{id} + \varepsilon \partial \alpha_i) z_{k+1-l}.$$

à l'ordre de 1 en ε, ie., calculer

$$\sum_{l=1}^{k} (P_k^l(\text{id}) + \varepsilon \frac{\partial}{\partial \alpha_i} P_k^l(\text{id})) z_{k+1-l}.$$

Le résultat suivant peut se démontrer par récurrence:

Lemme 3.8. *On a, pour tout $1 \leq l \leq k$:*

$$P_k^l(\text{id}) = 1 \ si \ l = k, \ et \ 0 \ sinon$$

$$\frac{\partial P_k^l}{\partial \alpha_i}(e) = 0 \ si \ i < l, \ et \ \frac{\partial P_k^l}{\partial \alpha_l}(e) = C_n^l$$

On a donc, pour $1 \leq i \leq k$,

$$\tilde{z}_k = z_k + C_k^i z_{k+1-i}.$$

On obtient ainsi les générateurs infinitésimaux, pour $i = 1, \ldots, n$

$$X_{Ai}^n = \sum_{k=i}^{n} C_k^i \left\langle z_{k+1-i}, \frac{\partial}{\partial z_k} \right\rangle$$

Caractérisation des invariants

Nous avons obtenu, dans les paragraphes qui précèdent, les générateurs infinitésimaux pour les actions des groupes de transformations rigides sur $\tilde{J}^n$ (au plus 8 générateurs, dans le cas de l'action du groupe projectif), et pour les changements de paramètres, c'est-à-dire pour l'action de A^n, qui donne n générateurs. Un invariant I défini sur $\tilde{J}^n$ (qui est de dimension $2n+2$), devra donc satisfaire ces contraintes.

Rappelons que tout invariant I défini sur $\tilde{J}^n$ permet d'associer à une courbe $m : [a, b] \rightarrow \mathbb{R}^2$ un invariant différentiel local, c'est-à-dire une fonction $K_m : [a, b] \rightarrow \mathbb{R}$ définie par

$$K_m(t) = I(\tilde{J}^n m(t)).$$

Cette fonction satisfait les propriétés d'invariance suivantes (G étant le groupe de transformations rigides considéré):

(I1) Pour tout $g \in G$, $K_{g.m}(t) = K_m(t)$

(I2) Pour tout changement de paramètres $\psi : [\tilde{a}, \tilde{b}] \rightarrow [a, b]$, $K_{m \circ \psi}(u) = K_m \circ \psi(u)$

Si G contient les rotations et les translations, un invariant I ne dépend pas de z_0, et on obtient, pour $n = 1$, l'équation

$$z_1 \wedge \frac{\partial I}{\partial z_1} = 0$$

pour l'action des rotations, et

$$\left\langle z_1, \frac{\partial I}{\partial z_1} \right\rangle = 0$$

qui n'ont comme solution que les fonctions constantes. Pour $n = 2$, on obtient 3 équations:

$$z_1 \wedge \frac{\partial I}{\partial z_1} + z_2 \wedge \frac{\partial I}{\partial z_2} = 0$$

$$\left\langle z_1, \frac{\partial I}{\partial z_1} \right\rangle + 2\left\langle z_2, \frac{\partial I}{\partial z_2} \right\rangle = 0$$

$$\text{et } \left\langle z_1, \frac{\partial I}{\partial z_2} \right\rangle = 0.$$

Ces équations peuvent être résolues en itérant la méthode des caractéristiques. Cela donne un calcul pénible, dont la complexité augmente au fur et à mesure que l'on considère des groupes G plus grands. Il sera plus commode de travailler en deux temps, en déterminant des paramétrisations invariantes, qui sont de toutes façons des notions essentielles pour la théorie.

3.8 Paramétrisation invariantes

3.8.1 Définition

Fixons un sous-groupe G de $GL_2(\mathbb{R}) \ltimes \mathbb{R}^2$ (ou $G = PGL_2(\mathbb{R})$). Une paramétrisation invariante est un changement de paramètres qui n'est pas affecté par une transformation rigide opérée sur la courbe, ni par l'action préalable d'un autre changement de paramètres. Plus précisément, il s'agit d'associer à toute courbe $m : [a, b] \to \mathbb{R}^2$ (sous réserve de certaines conditions de régularité), un difféomorphisme noté $s_m : I \mapsto [0, L_m]$,

(PI1) Pour tout $g \in G$, $I_{g.m} = I_m$ et $s_{g.m} = s_m$.
(PI2) Pour tout changement de paramètres $\psi : \tilde{I} \mapsto I$, $s_{m \circ \psi}(u) = s_m \circ \psi(u)$

En particulier, la borne supérieure, L_m, de l'intervalle d'arrivée de s_m est invariante par action rigide et par changement de paramètres. C'est *la longueur de la courbe m relativement au groupe G.*

La différence $s_m(t + dt) - s_m(t)$ est la longueur de la portion infinitésimale de la courbe entre les points d'abscisse t et d'abscisse $t + dt$. C'est cette longueur infinitésimale que nous allons chercher à déterminer. Elle ne doit dépendre que de caractéristiques locales de la courbe entre t et $t + dt$, et il est donc naturel de rechercher s_m sous une forme intégrale:

$$s_m(t) = \int_0^t Q(m(u), m^{(1)}(u), \ldots, m^{(n)}(u)) du$$

avec $Q > 0$. On choisira n aussi petit que possible.

La fonction $Q : J^n \to]0, +\infty[$, doit donc être telle que la fonction $m \mapsto s_m$ définie ci-dessus vérifie (PI1) et (PI2). En différentiant, on constate que Q doit vérifier:

(Q1) Q est invariant par l'action étendue de G sur J^n
(Q2) Q est un invariant relatif pour l'action de A^n sur J^n, de poids $\mu(\alpha_1, \ldots, \alpha_n) = \alpha_1$, soit

$$Q((\alpha_1, \ldots, \alpha_n) \star z) = \alpha_1 Q(z)$$

3.8.2 Transcription infinitésimale de (Q2)

D'après le chapitre précédent, ces conditions se traduisent par un certain nombre d'équations aux dérivées partielles du premier ordre. Nous commençons par expliciter (Q2) qui est indépendante de G. Remarquons toutefois que, dans la pratique, G contiendra toujours les translations, qui correspondent, pour $a \in \mathbb{R}^2$, à la transformation

$$(z_0, \ldots, z_n) \mapsto (z_0 + a, z_1, \ldots, z_n),$$

ce qui implique, d'après (Q1), que Q ne dépend que de $z_1, \ldots, z_n$. Nous nous restreignons donc à ce cadre pour expliciter (Q2), et travaillons en conséquence sur J^n au lieu de $\tilde{J}^n$.

On associe au facteur multiplicatif $\mu(\alpha) = \alpha_1$, les générateurs infinitésimaux $\sigma_1(z) = 1$, $\sigma_i(z) = 0$ pour $i > 1$. En reprenant les expressions des générateurs infinitésimaux de l'action de A^n, on obtient les conditions

$$\begin{cases} Q = \sum_{k=1}^{n} k \left\langle z_k, \dfrac{\partial Q}{\partial z_k} \right\rangle \\ \sum_{k=i}^{n} C_k^i \left\langle z_{k+1-i}, \dfrac{\partial Q}{\partial z_k} \right\rangle = 0, i = 2, \ldots, n. \end{cases} \tag{3.15}$$

Nous passons à présent aux groupes de transformations rigides, et en déduisons les paramétrisations $m \mapsto s_m$ dans chaque cas.

3.9 Sous groupes de $GL_n(\mathbb{R})$

3.9.1 Principe

La formulation infinitésimale des actions des différents groupes de transformations rigides sur J^n va ajouter un certain nombre d'équations aux dérivées partielles à celles qui ont été obtenues en (3.15). Le problème sera alors de déterminer le plus petit n pour lequel le système complet admet des solutions non triviales.

L'invariance par translation a déjà été prise en compte en prenant Q indépendant de z_0. Nous nous limitons donc à l'étude des actions des sous-groupes de $GL_2(\mathbb{R})$.

3.9.2 Groupe des rotations-translations

Considérons le cas des rotations planes, pour lequel on a un seul générateur infinitésimal, calculé dans l'équation (3.9).

Prenons le cas $n = 1$; les équations (3.15) et (3.9) donnent alors (en notant $z_1 = (x_1, y_1)$)

$$\begin{cases} Q(x_1, y_1) = x_1 \dfrac{\partial Q}{\partial x_1} + y_1 \dfrac{\partial Q}{\partial y_1} \\ y_1 \dfrac{\partial Q}{\partial x_1} - x_1 \dfrac{\partial Q}{\partial y_1} = 0 \end{cases}$$

On en déduit en particulier que $(x_1^2 + y_1^2)\frac{\partial Q}{\partial x_1} - x_1 Q = 0$, et l'égalité similaire pour y_1, d'où l'on tire facilement que, au voisinage de tout point où $x_1^2 + y_1^2 \neq 0$, Q doit être proportionnel à $\sqrt{x_1^2 + y_1^2}$. Ce résultat s'obtient également directement en remarquant que Q est invariante par rotation si et seulement si c'est une fonction $F(|z_1|)$ de sorte que

$$\langle z_1\,, \partial Q z_1 \rangle = |z_1|\, F'(|z_1|)$$

l'identité $tF'(t) = F(t)$ impliquant que F est proportionnelle à t.

On a ainsi obtenu la paramétrisation:

$$s_m(u) = \int_0^u |m^{(1)}(v)|dv$$

qui est l'abscisse curviligne habituelle. On a $Q > 0$ si et seulement si m est régulière.

3.9.3 Groupe des homothéties-translations

La condition (3.10) se réécrit

$$\sum_{k=1}^n x_k \frac{\partial Q}{\partial x_k} + y_k \frac{\partial Q}{\partial y_k} = 0\,. \qquad (3.16)$$

Si l'on suppose $n = 1$, la condition (3.15) combinée à cette dernière implique $Q = 0$, et il n'y a donc pas de solution non-triviale. On doit doit donc prendre au moins $n = 2$.

On obtient alors,

$$\begin{cases} Q = \left\langle z_1\,, \dfrac{\partial Q}{\partial z_1} \right\rangle + 2\left\langle z_2\,, \dfrac{\partial Q}{\partial z_2} \right\rangle \\[2mm] \left\langle z_1\,, \dfrac{\partial Q}{\partial z_2} \right\rangle = 0 \\[2mm] \left\langle z_1\,, \dfrac{\partial Q}{\partial z_1} \right\rangle + \left\langle z_2\,, \dfrac{\partial Q}{\partial z_2} \right\rangle = 0 \end{cases}$$

On a donc en particulier

$$Q = \left\langle z_2\,, \frac{\partial Q}{\partial z_2} \right\rangle.$$

On peut vérifier qu'au voisinage de tout point tel que $z_1 \wedge z_2 = x_1 y_2 - x_2 y_1 \neq 0$, Q doit être du type $K(z_1)|z_1 \wedge z_2|$; de $\left\langle z_2\,, \frac{\partial Q}{\partial z_1} \right\rangle = -Q$, on tire que K doit nécessairement être homogène de degré -2, soit $K(\lambda x_1, \lambda x_2) = K(x_1, x_2)/\lambda^2$. Sous cette condition, la reparamétrisation s_m associée est invariante par homothétie et translation.

3.9.4 Groupe des similitudes

Si l'on rajoute à ce qui précède la condition d'invariance par rotation, on voit que K ne doit dépendre que de $|z_1|$ (parce que $z_1 \wedge z_2$ est déjà invariante par rotation). Par homogénéité, K est nécessairement proportionnel à $1/|z_1|^2$, ce qui donne, à une constante multiplicative près

$$Q(z_1, z_2) = \frac{|z_1 \wedge z_2|}{|z_1|^2}, \tag{3.17}$$

Cette paramétrisation est définie lorsque $|z_1| \neq 0$, et s'annule lorsque la courbe passe par un point d'inflexion. En particulier, on n'obtient un vrai changement de paramètre que si les courbes ne possèdent pas de portion linéaire.

3.9.5 Groupe affine spécial

Pour $SL_2(\mathbb{R})$, les équations sont

$$\begin{cases} \displaystyle\sum_{k=1}^{n} x_k \frac{\partial Q}{\partial x_k} - y_k \frac{\partial Q}{\partial y_k} = 0 \\ \displaystyle\sum_{k=1}^{n} x_k \frac{\partial Q}{\partial y_k} = 0 \\ \displaystyle\sum_{k=1}^{n} y_k \frac{\partial Q}{\partial x_k} = 0 \end{cases} \tag{3.18}$$

Pour $n = 2$, le système complet est alors

$$\begin{cases} Q = \left\langle z_1, \dfrac{\partial Q}{\partial z_1} \right\rangle + 2 \left\langle z_2, \dfrac{\partial Q}{\partial z_2} \right\rangle \\[2mm] x_1 \dfrac{\partial Q}{\partial x_1} - y_1 \dfrac{\partial Q}{\partial y_1} + x_2 \dfrac{\partial Q}{\partial x_2} - y_2 \dfrac{\partial Q}{\partial y_2} = 0 \\[2mm] x_1 \dfrac{\partial Q}{\partial y_1} + x_2 \dfrac{\partial Q}{\partial y_2} = 0 \\[2mm] y_1 \dfrac{\partial Q}{\partial x_1} + y_2 \dfrac{\partial Q}{\partial x_2} = 0 \\[2mm] \left\langle z_1, \dfrac{\partial Q}{\partial z_2} \right\rangle = 0 \end{cases}$$

Tout ceci se simplifie en remarquant que, si $z_1 \wedge z_2 \neq 0$, la matrice $M = [z_1, z_2]/z_1 \wedge z_2$ appartient à $SL_2(\mathbb{R})$ ce qui impose $Q(z_1, z_2) = Q(M^{-1}z_1, M^{-1}z_2)$ qui est une fonction $F(z_1 \wedge z_2)$. On a alors, en posant $\alpha = z_1 \wedge z_2$

$$\left\langle z_1 , \frac{\partial Q}{\partial z_1} \right\rangle + 2\left\langle z_2 , \frac{\partial Q}{\partial z_2} \right\rangle = 3\alpha F'(\alpha)$$

et l'équation $F(\alpha) = 3\alpha F'(\alpha)$ implique que F est proportionnelle à $\alpha^{1/3}$: Q est donc proportionnel à

$$|z_1 \wedge z_2|^{1/3} .$$

Là encore, il faut supposer l'absence de portion linéaire pour obtenir un changement de paramètres.

3.9.6 Groupe affine

Comme précédemment, on remarque que si $z_1 \wedge z_2$ est non-nul, la matrice $[z_1, z_2]$ appartient à $GL_2(\mathbb{R})$: Q est donc invariante par $GL_2(\mathbb{R})$ si et seulement si c'est une fonction des variables renormalisées $[z_1, z_2]^{-1} z_k$ pour $k \geq 3$.

Introduisons donc, pour $Z = (z_1, \ldots, z_n) \in J^n$ et $k = 1, \ldots, n$, les rapports

$$\lambda_k = \lambda_k(Z) = \frac{z_k \wedge z_2}{z_1 \wedge z_2}$$

et

$$\mu_k = \mu_k(Z) = \frac{z_1 \wedge z_k}{z_1 \wedge z_2}$$

de sorte que $(\lambda_k, \mu_k) = [z_1, z_2]^{-1}.z_k$, ou, de manière équivalente,

$$z_k = \lambda_k z_1 + \mu_k z_2 ,$$

On a en particulier $\lambda_1 = \mu_2 = 1$, $\lambda_2 = \mu_1 = 0$.

Q doit donc être une fonction des λ_k et des μ_k, avec de plus les contraintes (3.15), que nous allons réécrire en fonction de ces nouveaux invariants. Pour ce faire, remarquons que pour tout vecteur $h \in \mathbb{R}^2$, pour tout $k \geq 3$, on a, pour $j \neq k$

$$\left\langle \frac{\partial \lambda_j}{\partial z_k}, h \right\rangle = \left\langle \frac{\partial \mu_j}{\partial z_k}, h \right\rangle = 0$$

et

$$\left\langle \frac{\partial \lambda_k}{\partial z_k}, h \right\rangle = \frac{h \wedge z_2}{z_1 \wedge z_2} ,$$

$$\left\langle \frac{\partial \mu_k}{\partial z_k}, h \right\rangle = \frac{z_1 \wedge h}{z_1 \wedge z_2}$$

On a également

$$\left\langle \frac{\partial \lambda_k}{\partial z_1}, h \right\rangle = -\lambda_k \frac{h \wedge z_2}{z_1 \wedge z_2},$$

$$\left\langle \frac{\partial \mu_k}{\partial z_1}, h \right\rangle = -\mu_k \frac{h \wedge z_2}{z_1 \wedge z_2} + \frac{h \wedge z_k}{z_1 \wedge z_2},$$

$$\left\langle \frac{\partial \lambda_k}{\partial z_2}, h \right\rangle = -\lambda_k \frac{z_1 \wedge h}{z_1 \wedge z_2} + \frac{z_k \wedge h}{z_1 \wedge z_2},$$

$$\left\langle \frac{\partial \mu_k}{\partial z_2}, h \right\rangle = -\mu_k \frac{z_1 \wedge h}{z_1 \wedge z_2}.$$

On en déduit en particulier que, pour $k \geq 3$

$$\left\langle \frac{\partial Q}{\partial z_k}, h \right\rangle = \frac{\partial Q}{\partial \lambda_k} \frac{h \wedge z_2}{z_1 \wedge z_2} + \frac{\partial Q}{\partial \mu_k} \frac{z_1 \wedge h}{z_1 \wedge z_2}$$

d'où, pour $l \geq 1$,

$$\left\langle \frac{\partial Q}{\partial z_k}, z_l \right\rangle = \lambda_l \frac{\partial Q}{\partial \lambda_k} + \mu_l \frac{\partial Q}{\partial \mu_k}$$

De même,

$$\left\langle \frac{\partial Q}{\partial z_2}, h \right\rangle = -\sum_{k=3}^{n} (\lambda_k \frac{\partial Q}{\partial \lambda_k} + \mu_k \frac{\partial Q}{\partial \mu_k}) \frac{z_1 \wedge h}{z_1 \wedge z_2} + \sum_{k=3}^{n} \frac{\partial Q}{\partial \lambda_k} \frac{z_k \wedge h}{z_1 \wedge z_2}$$

implique

$$\left\langle \frac{\partial Q}{\partial z_2}, z_l \right\rangle = -\sum_{k=3}^{n} \mu_l (\lambda_k \frac{\partial Q}{\partial \lambda_k} + \mu_k \frac{\partial Q}{\partial \mu_k}) + \sum_{k=3}^{n} \frac{\partial Q}{\partial \lambda_k} \frac{z_k \wedge z_l}{z_1 \wedge z_2}$$

$$= -\sum_{k=3}^{n} \mu_l (\lambda_k \frac{\partial Q}{\partial \lambda_k} + \mu_k \frac{\partial Q}{\partial \mu_k}) + \sum_{k=3}^{n} (\lambda_k \mu_l - \lambda_l \mu_k) \frac{\partial Q}{\partial \lambda_k}$$

Enfin, un calcul similaire donne

$$\left\langle \frac{\partial Q}{\partial z_1}, z_l \right\rangle = -\sum_{k=3}^{n} \lambda_k (\lambda_k \frac{\partial Q}{\partial \lambda_k} + \mu_k \frac{\partial Q}{\partial \mu_k}) - \sum_{k=3}^{n} (\lambda_k \mu_l - \lambda_l \mu_k) \frac{\partial Q}{\partial \mu_k}$$

En reportant ces formules dans (3.15) on obtient

$$\begin{cases} Q = \sum_{k=3}^{n} (k-1)\lambda_k \frac{\partial Q}{\partial \lambda_k} + \sum_{k=3}^{n} (k-2)\mu_k \frac{\partial Q}{\partial \mu_k} \\ 0 = -\sum_{k=3}^{n} \mu_k \frac{\partial Q}{\partial \lambda_k} + \sum_{k=3}^{n} C_k^2 (\lambda_{k-1} \frac{\partial Q}{\partial \lambda_k} + \mu_{k-1} \frac{\partial Q}{\partial \mu_k}) \\ 0 = \sum_{k=i}^{n} C_k^i (\lambda_{k+1-i} \frac{\partial Q}{\partial \lambda_k} + \mu_{k+1-i} \frac{\partial Q}{\partial \mu_k}) \quad (i > 2). \end{cases} \qquad (3.19)$$

Pour $n = 3$, on n'obtient pas d'autre solution que les fonctions constantes. Pour $n = 4$, ce système admet une solution non-triviale, qui est, à une constante multiplicative près (nous sautons les calculs)

$$Q(z_1, z_2, z_3, z_4) = \sqrt{|2\mu_4 - 8\lambda_3 - (10/3)\mu_3^2|}$$

Si l'on retourne au changement de paramètre pour une courbe m, on voit qu'il est nécessaire de calculer la dérivée quatrième de m en tout point. On peut réécrire cette expression en fonction des dérivées successives de λ_3 et μ_3. On démontre en effet (en dérivant l'expression $z_k = \lambda_k z_1 + \mu_k z_2$) les relations de récurrence

$$\lambda_{k+1} = D.\lambda_k + \mu_k \lambda_3$$

et

$$\mu_{k+1} = D.\mu_k + \lambda_k + \mu_k \mu_3$$

D étant l'opérateur de la définition 3.7. Ceci implique que les μ_k et λ_k s'expriment tous en fonction de λ_3, μ_3 et de leurs dérivées. En particulier, on a

$$Q(z_1, z_2, z_3, z_4) = \sqrt{|2\mu_4 - 8\lambda_3 - (10/3)\mu_3^2|}$$
$$= \sqrt{|2D.\mu_3 - 6\lambda_3 - (4/3)\mu_3^2|} \qquad (3.20)$$

3.9.7 Groupe projectif

Une analyse similaire aux précédentes peut être menée dans le cas où G est le groupe projectif $PGL_2(\mathbb{R})$. Les générateurs infinitésimaux de ce groupe ont été calculés plus haut; les transformations affines incluant les projectives, il suffit toujours de rechercher Q en fonction des λ_k et μ_k. Il faut alors rajouter aux contraintes précédentes d'invariance par changement de paramètre les deux nouvelles équations tirées de (3.14) qu'on exprime en fonction des λ_k et μ_k. Il est alors nécessaire d'aller jusqu'à $n = 5$, mais le système peut être résolu (l'utilisation d'un logiciel de calcul formel est conseillée...), et donne la fonction suivante:

$$Q = \left[9\mu_5 - 45\lambda_4 - 45\mu_3\mu_4 + 40\mu_3^3 + 90\lambda_3\mu_3\right]^{1/3}.$$

Q fait donc intervenir ici 5 dérivées. Si l'on les exprime, comme précédemment en fonction des dérivées de λ_3 et μ_3, on obtient

$$Q = \left[9D^2\mu_3 - 27D\lambda_3 - 18\mu_3 D\mu_3 + 18\mu_3\lambda_3 + 4\mu_3^3\right]^{1/3}. \qquad (3.21)$$

3.9.8 Courbes paramétrées par longueur d'arc

Soit G l'un des groupes de transformations du plan décrits précédemment. Nous noterons Q_G la fonction Q associée satisfaisant aux conditions (Q1) et (Q2). Nous noterons p le nombre de dérivées intervenant dans Q.

Définition 3.9. *On dit qu'une courbe $m : [a, b] \to \mathbb{R}$ est paramétrée par longueur d'arc relativement au groupe G, si, pour tout $t \in [a, b]$, on a*

$$Q_G(m^{(1)}(t), \dots, m^{(p)}(t)) = 1.$$

Lorsque l'on parlera de courbe paramétrée par longueur d'arc sans préciser le groupe associé, il s'agira implicitement de $G = SO_2(\mathbb{R}) \ltimes \mathbb{R}^2$, le groupe des translations et rotations.
La mesure

$$L_G(m) = \int_a^b Q_G(m^{(1)}(t), \dots, m^{(p)}(t)) dt$$

s'appelle la longueur de la courbe m relativement au groupe G.

Définissons la sous-variété J_G^p de J^p constituée des $(z_1, \dots, z_p)$ tels que $Q_G(z_1, \dots, z_p) = 1$. Une courbe est paramétrée par longueur d'arc relativement à G si et seulement si, pour tout t, $J^p m(t) \in J_G^p$.

Nous prolongeons à présent cette sous-variété à J^n pour $n \geq p$. En effet, si m est paramétrée par longueur d'arc, relativement à G, les dérivées successives de

$$Q_G(m^{(1)}(t), \dots, m^{(p)}(t))$$

sont nulles, ce qui induit de nouvelles contraintes à retranscrire sur J^n. Ces contraintes se traduisent à l'aide de l'opérateur de différentiation de la définition 3.7, et mènent à la définition suivante

---

Définition 3.10. *Pour $n \geq p$, on note J_G^n l'ensemble des $z \in J^n$ tels que, $Q_G(z_1, \dots, z_p) = 1$ et, pour tout $k = 1, \dots, n - p$,*

$$D^k Q_G(z_1, \dots, z_{p+k}) = 0$$

On a la proposition:

Proposition 3.11. *Si $P : J^p \to \mathbb{R}$ est invariante par l'action d'un sous-groupe G de $GL_2(\mathbb{R}^n)$, alors $D.P$ est invariante par G.*

Preuve. Soit $z = (z_1, \ldots, z_p) \in J^p$ et $u = (z_2, \ldots, z_{p+1})$. On a

$$D.P(z_1, \ldots, z_p, z_{p+1}) = \frac{d}{dt} P(z + tu)_{|t=0}$$

Les invariances recherchées sont alors des conséquences de la linéarité des actions considérées: pour $g \in G$, $P(gz + tgu) = P(z + tu)$ d'où $D.P(gz) = D.P(z)$.

Les invariants obtenus à partir de Q_G de cette façon ne sont pas très intéressants, puisque d'une part, ils se déduisent directement de Q_G par différentiation, et d'autre part, ils sont nuls pour les courbes paramétrées par longueur d'arc.

Nous allons à présent construire des invariants permettant de caractériser les courbes aux actions des groupes considérés près. La remarque essentielle est qu'il suffit de les construire pour les courbes paramétrées par longueur d'arc, autrement dit, sur les ensembles J_G^n.

3.9.9 Construction de nouveaux invariants

Pour toute courbe m, la fonction $[J^n(m \circ s_m^{-1})] \circ s_m$ est par construction à valeurs dans J_Q^n. Si on note $\psi_m = s_m^{-1}$, on a, $J^n \psi_m = (\psi_m^{(1)}, \ldots \psi_m^{(n)}) \in A^n$ par définition. On a, toujours par définition de l'action de A^n sur J^n,

$$[J^n(m \circ s_m^{-1})] \circ s_m(t) = [J^n \psi_m] \circ s_m(t) \star J^n m(t)$$

La dérivée $\psi_m^{(k)}$ fait intervenir les dérivées d'ordre $p + k - 1$ de m, et $[J^n \psi_m] \circ s_m(t)$ peut donc se voir comme l'image par une application que nous appellerons π_Q, définie sur J^{n+p-1}, à valeurs dans A^n, de $J^{n+p-1} m(t)$. Nous résumons ceci dans la proposition suivante:

Proposition 3.12. *Si $Q(z_1, \ldots, z_p)$ est une fonction strictement positive, relativement invariante par l'action à gauche de A^p, et si, pour toute courbe m, on définit s_m par $s_m^{(1)}(t) = Q \circ J^p m(t)$, alors il existe une unique fonction $\pi_Q : J^{n+p-1} \mapsto A^n$ telle que, en posant $\psi_m = s_m^{-1}$,*

$$[J^n \psi_m] \circ s_m(t) = \pi_Q \circ J^{n+p-1} m(t). \tag{3.22}$$

On a alors, pour $\alpha = (\alpha_1, \ldots, \alpha_{n+p-1}) \in A^{n+p-1}$,

$$\pi_Q(\alpha \star z) = \pi_Q(z)\alpha^{-1} \tag{3.23}$$

Preuve. On a, en posant $\lambda = 1/Q(m^{(1)} \circ \psi_m, \ldots, m^{(p)} \circ \psi_m)$:

$$J^n \psi_m(s) = \left(\frac{d}{ds} \lambda(m^{(1)} \circ \psi_m(s), \ldots, m^{(1)} \circ \psi_m(s)), \ldots, \right.$$

$$\left. \frac{d^p}{ds^p} \lambda(m^{(1)} \circ \psi_m(s), \ldots, m^{(1)} \circ \psi_m(s)) \right)$$

qui s'exprime comme un vecteur de fonctions rationnelles des dérivées de m. L'unicité est entraînée par le fait que l'on peut fixer des valeurs arbitraires aux dérivées de m en un t donné (prendre des fonctions polynômiales). De plus, si $g \in G, z \in J^{n+p-1}$, on a, $\pi(g.z) = \pi(z)$, puisque $\psi_{gm} = \psi_m$.

Pour monter (3.23), on écrit, pour un changement de paramètres q,

$$\begin{aligned}
\pi_Q(J^n q \star J^{n+p-1}m) \circ q &= \pi_Q(J^{n+p-1}(m \circ q)) \\
&= [J^n \psi_{moq}] \circ s_{moq} \\
&= [J^n(q^{-1} \circ \psi_m)] \circ s_m \circ q \\
&= [J^n \psi_m \circ s_m \circ q] \star [J^n(q^{-1} \circ \psi_m \circ s_m \circ q] \\
&= [J^n \psi_m \circ s_m \circ q] \star [J^n(q^{-1} \circ \psi_m \circ s_m \circ q] \\
&= \pi_Q(J^{n+p-1}m) \circ q \star [J^n(q^{-1} \circ q] \\
&= \pi_Q(J^{n+p-1}m) \circ q \star [J^n q]^{-1}
\end{aligned}$$

ce qui permet de conclure.

Pour définir une fonction P invariante par l'action de A^n sur J^{n+p-1}, il suffit donc de définir une fonction arbitraire P_0 sur J_G^n et de poser

$$P(z) = P_0 \circ [\pi_Q(z) \star (z_1, \ldots, z_n)].$$

Autrement dit, l'invariance par changement de paramètres est automatiquement satisfaite lorsque l'on travaille sur J_Q^n. De plus, comme $\pi(gz) = g\pi(z)$, P sera invariante par l'action de G dès que P_0 le sera. Cela permet ainsi de ramener le problème de la recherche d'invariants différentiels à la détermination d'invariants pour la seule action de G sur J_Q^n. Un argument sur les dimensions permet d'avoir une idée du plus petit n tel que des invariants non triviaux existent. Lorsque Q fait intervenir des dérivées jusqu'à l'ordre p, la définition de J_Q^n fait intervenir $n - p + 1$ équations; J^n est quant à lui de dimension $2n$, ce qui implique que J_Q^n est de dimension $n + p - 1$. Si l'on admet que l'action de G n'est pas dégénérée, c'est-à-dire que le sous groupe d'isotropie de G est réduit à $\{e\}$, et que les orbites ont même dimension (celle de G), le paragraphe 2.2 implique que le nombre d'invariants fonctionnellement indépendants pour l'action de G sur J_Q^n est $n + p - 1 - \dim(G)$. Une condition pour qu'il existe des invariants non-triviaux est donc

$$n > 1 + \dim(G) - p.$$

On voit donc que l'on peut s'attendre à obtenir un nouvel invariant à chaque fois que l'on incrémente n. Remarquons toutefois que dès que l'on a trouvé un invariant non trivial I sur J_Q^n, on en obtient automatiquement un nouveau sur J_Q^{n+1} en posant $J = D.I$; en fait, cela implique que l'on ne trouvera qu'un seul invariant supplémentaire, et que les autres s'en déduiront par différentiation.

Pour l'action des rotations, on a $p = 1$, G de dimension 1, on doit prendre au moins $n = 2$. Dans le cas des similitudes, $p = 2$, et G est de dimension 2, ce qui permettra encore de prendre $n = 2$. Dans le cas du groupe linéaire spécial, qui est de dimension 3, il faudra prendre $n = 3$. Dans ces trois cas, $n + p - 1 - \dim(G) = 1$, ce qui implique qu'il existe un unique invariant $K(z_1, \ldots, z_n)$ qui engendre les autres. La fonction $s \mapsto K(m^{(1)}(s), \ldots, m^{(n)}(s))$ définie pour une courbe m paramétrée par longueur d'arc est *la représentation intrinsèque de la courbe pour l'action de G*. Comme nous le verrons ci-dessous, cette représentation caractérise la courbe à l'action de G près. La fonction induite pour une courbe quelconque,

$$\kappa_m(t) = K\left[\pi_Q(J^{n+p-1}m(t)) \star J^n m(t)\right].$$

est la *courbure* (relativement au groupe G) de la courbe m.

La détermination de ces invariants peut se faire en résolvant les équations aux dérivées partielles associées à l'action infinitésimale de G sur J_G^n. La méthode ci-dessous, développée par E. Cartan, permet de les obtenir directement.

3.10 Représentation intrinsèque

3.10.1 Repère mobile

Nous partons de la remarque suivante: si P_0, définie sur J_G^n, à valeurs dans G, est telle que $P_0(g.z) = gP_0(z)$ pour tout $z \in J_G^n$, alors,

$$H(z) = P_0(z)^{-1} \sum_{k=1}^{n} \frac{\partial P_0}{\partial z_k} z_{k+1},$$

est invariante par l'action de G sur J_G^n (nous supposons ici que G est un sous-groupe du groupe affine, le cas du groupe projectif sera abordé séparément). La fonction $H(z)$ est une matrice 2×2 dont tous les coefficients sont invariants par G; si l'un d'eux est non-constant sur J_G^n, il fournira un invariant du type recherché au paragraphe précédent.

Interprété en termes de courbes, $P_0(m^{(1)}(s), \ldots, m^{(n)}(s))$ est un *repère mobile* (cf. [48]) le long de la courbe m paramétrée par longueur d'arc, et l'expression de H correspond au calcul de

$$H_m = P_0^{-1} \circ J^n m . \frac{d}{ds} P_0 \circ J^n m$$

On a le résultat suivant:

Proposition 3.13. *Nous supposons P_0 injective. Si deux courbes m et $\tilde{m}$ paramétrées par longueur d'arc sont telles que $H_m = H_{\tilde{m}}$, alors, il existe $g \in G$ tel que $\tilde{m} = g.m$.*

Preuve. Notons $R(s) = P_0 \circ J^n m(s)$, $\tilde{R}(s) = P_0 \circ J^n \tilde{m}(s)$. On a, pour tout s,

$$\frac{\partial \tilde{R}}{\partial s} = \tilde{R}.R^{-1}\frac{\partial R}{\partial s}$$

donc $\tilde{R}$ est solution d'une équation différentielle ordinaire dont une solution évidente est $\tilde{R} = g.R$ avec $g = \tilde{R}(0).R^{-1}(0)$. La solution étant unique, on a donc, pour tout m,

$$g.P_0 \circ J^n m(s) = P_0 \circ J^n(gm)(s) = P_0 \circ J^n \tilde{m}(s)$$

d'où, par l'injectivité de P_0, le fait que $J_{\tilde{m}} \equiv J_m$, ce qui implique que m et $\tilde{m}$ coïncident à une translation près.

Une présentation élémentaire de la méthode dans le cas affine peut être trouvée dans [101], une application aux invariants des courbes dans [77], et des développement théoriques récents dans [78, 79]. Nous allons appliquer ce programme à différents sous-groupes du groupe affine.

3.10.2 Rotations/translations

On a $Q(z) = |z_1| = \sqrt{x_1^2 + y_2^2}$, et on peut poser

$$P_0(z) = \begin{pmatrix} x_1 & y_1 \\ -y_1 & x_1 \end{pmatrix}$$

Si $z \in J_G^1$, $P_0(z)$ est bien une matrice de rotation. Après calcul, on obtient

$$H(z_1, z_2) = \begin{pmatrix} z_1^1 & -z_1^2 \\ z_1^2 & z_1^1 \end{pmatrix} \begin{pmatrix} z_2^1 & -z_2^2 \\ z_2^2 & z_2^1 \end{pmatrix}$$

$$= \begin{pmatrix} 0 & -a \\ a & 0 \end{pmatrix}$$

avec $a(z_1, z_2) = z_1^1 z_2^2 - z_1^2 z_2^1$ (on utilise le fait que sur J_G^2, on a $\langle z_1, z_2 \rangle = 0$).

Si l'on applique cela à une courbe paramétrée par longueur d'arc, on retrouve la courbure euclidienne usuelle (τ est la tangente).

$$\kappa_m(s) = \tau(s) \wedge m''(s).$$

Avec une paramétrisation quelconque, on a

$$\kappa_m(u) = \frac{m'(u) \wedge m''(u)}{|m'(u)|^3} \, .$$

La courbure euclidienne caractérise donc les courbes aux actions des rotations et des translations près.

Les courbes de courbure constantes sont des cercles (la courbure est alors l'inverse du rayon). Une autre propriété de la courbure est que $\kappa = d\theta/ds$, θ étant l'angle de la tangente avec un axe de référence.

Avant de passer au calcul des autres fonctions courbures, nous allons exprimer les abscisses curvilignes calculées précédemment en fonction de la courbure euclidienne et de ses dérivées. Les calculs sont basés sur les identités: $z_1 = \tau$ et $z_2 = \kappa\nu$ qui impliquent

$$z_3 = \kappa'\nu - \kappa^2\tau = -\kappa^2 z_1 + (\kappa'/\kappa)z_2$$

d'où l'on déduit $\lambda_3 = -\kappa^2$ et $\mu_3 = \kappa'/\kappa$, que l'on peut remplacer dans les expressions des abscisses curvilignes pour $GL_2(\mathbb{R})$ et $PGL_2(\mathbb{R})$. Les expressions obtenues sont résumées dans le tableau 3.1:

Tableau 3.1. Expressions des abscisses curvilignes en fonction de la courbure euclidienne

Groupe G	Q_G pour une paramétrisation euclidienne
$SO_2(\mathbb{R})$	1
$Sim_2(\mathbb{R})$	κ
$SL_2(\mathbb{R})$	$|\kappa|^{1/3}$
$GL_2(\mathbb{R})$	$\left| 2\kappa''/\kappa - (10/3)\kappa'^2/\kappa^2 - 6\kappa^2 \right|^{1/2}$
$PGL_2(\mathbb{R})$	$\left| 9\kappa^{(3)}/\kappa + 36\kappa\kappa' - 36\kappa'\kappa''/\kappa^2 + 40\kappa'^3/\kappa^3 \right|^{1/3}$

3.10.3 Similitudes

Etudions à présent le cas du groupe des similitudes, lorsque

$$ds = Q(m'(u), m''(u))du \text{ avec } Q(z_1, z_2) = \frac{|z_1 \wedge z_2|}{|z_1|^2} \, .$$

Nous supposons que la courbe ne contient pas de portion linéaire.

Une matrice g est une similitude si et seulement si il existe $\lambda > 0$ tel que ${}^t g.g = \lambda I$. On pose, comme plus haut,

$$P_0(z) = \begin{pmatrix} x_1 & y_1 \\ -y_1 & x_1 \end{pmatrix}$$

ce qui donne

$$H(z_1, z_2) = \frac{1}{|z_1|^2} \begin{pmatrix} \langle z_1, z_2 \rangle & z_1 \wedge z_2 \\ -z_1 \wedge z_2 & \langle z_1, z_2 \rangle \end{pmatrix}$$

$$= \begin{pmatrix} a & \text{signe}(z_1 \wedge z_2) \\ -\text{signe}(z_1 \wedge z_2) & a \end{pmatrix}$$

avec $a = \dfrac{\langle z_1, z_2 \rangle}{|z_1|^2}$ (on a $z_1 \wedge z_2 = |z_1|^2$ puisque $Q(z_1, z_2) = 1$).

Ce qui donne, pour une courbe paramétrée par la longueur d'arc associée à G, la courbure

$$K_m(s) = \frac{\langle m'(s), m''(s) \rangle}{|m'(s)|^2}.$$

Notons σ l'abscisse curviligne euclidienne: on a

$$ds = Q(m'(\sigma), m''(\sigma))d\sigma = |\kappa_m(\sigma)|d\sigma$$

où κ est la courbure euclidienne. Plaçons nous sur un intervalle où κ ne s'annule pas, par exemple $\kappa > 0$; si θ est l'angle entre le vecteur tangent unitaire et l'axe $y = 0$, on a $\kappa = d\theta/d\sigma$, d'où l'on déduit que $s(\sigma) = \theta(\sigma)$ (si $\kappa < 0$, on a $s = -\theta$).

On obtient à partir de cette remarque

$$K_m = -\text{signe}(\kappa)\frac{\frac{d\kappa}{d\sigma}}{\kappa} = -\text{signe}(\kappa)\frac{\frac{d\kappa}{ds}}{\kappa^2} = -\text{signe}(\kappa)\frac{d1/\kappa}{ds}.$$

La fonction $s \mapsto -\dfrac{d1/\kappa}{ds}(s)$ caractérise donc toute portion de courbe sans point d'inflexion à similitude près.

3.10.4 Groupe affine spécial

Dans le cas du groupe affine spécial, $Q = |z_1 \wedge z_2|^{1/3}$. Cela implique que la matrice dont les colonnes sont z_1 et z_2 est de déterminant 1 ou -1, ce qui fournit notre repère mobile, en inversant au besoin ces colonnes. Le calcul fournit dans ce cas

$$\kappa_m(s) = m''(s) \wedge m^{(3)}(s),$$

lorsque m est paramétré par l'abscisse curviligne spéciale affine.

3.10.5 Groupe affine

Le repère $P(z) = [z_1, z_2]$ est un repère mobile, et, en écrivant $z_k = \lambda_k z_1 + \mu_k z_2$, on a

$$H(z_1, z_2, z_3) = \begin{pmatrix} 0 & \lambda_3 \\ 1 & \mu_3 \end{pmatrix}$$

Comme $Q_G = 1$, on a, en vertu de l'équation (3.20), $\lambda_3 = 1 - (2/9)\mu_3^2 + (1/3)D\mu_3$. L'invariant recherché est donc μ_3, qui donne la courbure, lorsque m est paramétré par la longueur d'arc affine:

$$\kappa_m(s) = \frac{m'(s) \wedge m^{(3)}(s)}{m'(s) \wedge m^{(2)}(s)},$$

Pour une paramétrisation quelconque, on pose $ds/dt = Q(t)$ où Q est donnée par (3.20), un calcul élémentaire permettant d'obtenir

$$\kappa_m(s) = \frac{1}{Q(t)} \frac{m'(t) \wedge m^{(3)}(t)}{m'(t) \wedge m^{(2)}(t)} - 3\frac{Q'(t)}{Q(t)},$$

3.10.6 Groupe projectif

Le cas du groupe projectif est plus délicat que ceux qui précèdent, parce que l'action n'est plus une transformation linéaire. La contrainte sur le repère mobile reste la même: on recherche une application P_0 à valeurs dans G telle que $P_0(g.z) = gP_0(z)$. La définition de H n'est par contre plus valide; remarquons qu'elle contenait dès le départ une incohérence formelle, puisque $\frac{\partial P_0}{\partial z_k}z_{k+1}$ est le dérivée de P_0 appliquée à z_{k+1} et est donc à valeurs dans l'espace tangent à G en $P_0(z)$: lui appliquer $P_0(z)^{-1}$ qui appartient à G n'a donc pas de sens, et la définition rigoureuse est

$$H(z) = d_{\mathrm{Id}}L_{P_0(z)})^{-1} \sum_{k=1}^{n} \frac{\partial P_0}{\partial z_k}z_{k+1}.$$

où $L_g : h \mapsto gh$ est l'opérateur de multiplication à gauche sur G. Bien-sûr, lorsque l'action est linéaire, dL_g peut être identifié à L_g, ce que nous avons fait précédemment. Mais dans le cas du groupe projectif, la distinction est nécessaire.

Passons à la construction de P_0. La démarche sera la suivante: notons (e_1, e_2) la base canonique de $\mathbb{R}^2$. Comme G est de dimension 8, on peut s'attendre à ce qu'il existe (au moins en situation générique) une unique transformation dans G qui transforme la famille $\omega = (0, e_1, e_2, e_1 + e_2)$ en un élément donné $z = (z_0, z_1, z_2, z_3) \in \tilde{J}^3$, puisque cela donne 8 équations. Notons cette transformation $P_0(z)$: si $g \in G$, on a $P_0(gz)\omega = gz$ et l'unicité impose $g^{-1}P_0(gz) = P_0(z)$ ce qui revient à dire que P_0 est un repère mobile.

Avant de calculer P_0, nous devons expliciter l'expression de gz lorsque $z \in \tilde{J}^3$. Nous le faisons fans le cas particulier où g est donné par

$$g.m = \frac{1}{1 + \langle w, m \rangle}(Am + b)$$

pour $m \in \mathbb{R}^2$, w et b étant deux vecteurs de $\mathbb{R}^2$ et A appartenant à $GL_2(\mathbb{R})$. Notons $g(\tilde{z}_0, \tilde{z}_1, \tilde{z}_2, \tilde{z}_3) = (z_0, z_1, z_2, z_3)$. De $(1 + \langle w, \tilde{z}_0 \rangle)z_0 = A\tilde{z}_0 + b$, on tire facilement le système

$$\begin{cases} (1 + \langle w, \tilde{z}_0 \rangle)z_0 = A\tilde{z}_0 + b \\ (1 + \langle w, \tilde{z}_0 \rangle)z_1 + \langle w, \tilde{z}_1 \rangle z_0 = A\tilde{z}_1 \\ (1 + \langle w, \tilde{z}_0 \rangle)z_2 + 2\langle w, \tilde{z}_1 \rangle z_1 + \langle w, \tilde{z}_2 \rangle z_0 = A\tilde{z}_2 \\ (1 + \langle w, \tilde{z}_0 \rangle)z_3 + 3\langle w, \tilde{z}_1 \rangle z_2 + 3\langle w, \tilde{z}_2 \rangle z_1 + \langle w, \tilde{z}_3 \rangle z_0 = A\tilde{z}_3 \end{cases} \quad (3.24)$$

Si on prend maintenant $\tilde{z} = \omega$, on obtient

$$\begin{cases} z_0 = b \\ z_1 + w_1 z_0 = a_1 \\ z_2 + 2w_1 z_1 + w_2 z_0 = a_2 \\ z_3 + 3w_1 z_2 + 3w_2 z_1 + (w_1 + w_2)z_0 = a_1 + a_2 \end{cases}$$

où on a noté $w = (w_1, w_2)$, $Ae_1 = a_1$ et $Ae_2 = a_2$. Si on remplace a_1 et a_2 dans la dernière équation par les expressions fournies par les deux précédentes, on obtient, après simplification des termes en z_0:

$$z_3 + 3w_1 z_2 + 3w_2 z_1 = z_1 + z_2 + 2w_1 z_1$$

soit

$$z_3 = (1 + 2w_1 - 3w_2)z_1 + (1 - 3w_1)z_2$$

Sous l'hypothèse (que nous faisons désormais) que (z_1, z_2) forme une famille libre, $w = (w_1, w_2)$ est uniquement déterminé par cette équation, ce qui permet de déduire $A = [a_1, a_2]$. On peut à nouveau introduire la décomposition de z_3 sur la base (z_1, z_2), donnée par $z_3 = \lambda_3 z_1 + \mu_3 z_2$, qui permet d'écrire

$$\begin{cases} -2w_1 + 3w_2 = 1 - \lambda_3 \\ 3w_1 = 1 - \mu_3 \end{cases}$$

soit

$$\begin{cases} w_1 = (1 - \mu_3)/3 \\ w_2 = (1 - \lambda_3)/3 + (2/9)(1 - \mu_3) \end{cases}$$

Passons maintenant au calcul de $\sum_{k=0}^{3} \frac{\partial P_0}{\partial z_k} z_{k+1}$, ou bien, en reprenant l'opérateur D de la définition 3.7 (étendu à des fonctions vectorielles), de DP_0. Comme P_0 est fonction de a_1, a_2, b, w, on a

$$DP_0 = \frac{\partial P_0}{\partial b} Db + \frac{\partial P_0}{\partial a_1} Da_1 + \frac{\partial P_0}{\partial a_2} Da_2 + \frac{\partial P_0}{\partial w} Dw$$

On a $b = z_0$, ce qui implique $Db = z_1$. D'autre part, de $a_1 = z_1 + w_1 z_0$, on tire

$$Da_1 = w_1 z_1 + z_2 + Dw_1 z_0,$$

et de $a_2 = z_2 + 2w_1 z_1 + w_2 z_0$, il vient

$$Da_2 = (1 + 2w_1 - 3w_2)z_1 + (1 - 3w_1)z_2 + 2w_1z_2 + (w_2 + 2Dw_1)z_1 + Dw_2z_0$$
$$= (1 + 2w_1 - 2w_2 + 2Dw_1)z_1 + (1 - w_1)z_2 + Dw_2z_0$$

Nous avons repéré les éléments de G par le triplet (A, b, w), au moins dans un voisinage de l'identité. Pour calculer la différentielle de L_{P_0}, il convient d'exprimer le produit sur G dans ce système de coordonnées locales. Considérons donc deux éléments $g' = (A', b', w')$ et $g'' = (A'', b'', w'')$ de cette carte. Pour tout $m \in \mathbb{R}^2$, on a

$$(g''g')m = g''(g'm) = g''\frac{A'm + b'}{1 + \langle w', m \rangle} = \frac{A''\frac{A'm+b'}{1+\langle w', m\rangle} + b''}{1 + \left\langle w'', \frac{A'm+b'}{1+\langle w', m\rangle} \right\rangle}$$

soit

$$(g''g')m = \frac{A''(A'm + b') + (1 + \langle w', m \rangle)b''}{1 + \langle w', m \rangle + \langle w'', A'm + b' \rangle} = \frac{(A''A' + b''\,{}^tw')m + A''b' + b''}{1 + \langle w'', b' \rangle + \langle w' + \,{}^tA'\,w'', m \rangle}$$

ce qui donne, dans la carte locale

$$g''g' = \left(\frac{A''A' + b''\,{}^tw'}{1 + \langle w'', b' \rangle}, \frac{A''b' + b''}{1 + \langle w'', b' \rangle}, \frac{w' + \,{}^tA'\,w''}{1 + \langle w'', b' \rangle} \right)$$

On prend maintenant $A' = \mathrm{Id} + \varepsilon H$, $b' = \varepsilon\beta$ et $w' = \varepsilon\gamma$, et on calcule la dérivée en ε de la formule précédente, qui donne l'expression, toujours dans la carte locale, de $d_{\mathrm{Id}}L_{g''}(H, \beta, \gamma)$. Cela donne

$$d_{\mathrm{Id}}L_{g''}(H, \beta, \gamma) = (A''H + b''\,{}^t\gamma$$
$$- \langle w'', \beta \rangle A'', A''\beta - \langle w'', \beta \rangle b'', \gamma + \,{}^tH\,w'' - \langle w'', \beta \rangle w'')$$

Nous aurons en fait besoin de l'inverse de cette application linéaire, ce qui donne à résoudre le système

$$\begin{cases} A''H + b''\,{}^t\gamma - \langle w'', \beta \rangle A'' = H' \\ A''\beta - \langle w'', \beta \rangle b'' = \beta' \\ \gamma + \,{}^tH\,w'' - \langle w'', \beta \rangle w'' = \gamma' \end{cases}$$

La seconde équation donne directement $\beta = (A'' - b''\,{}^tw'')^{-1}\beta'$. D'autre part, en combinant la première et la troisième équation, on obtient

$$H' = (A'' - b''\,{}^tw'')H + b''\,{}^t\gamma' + \langle w'', \beta \rangle b''\,{}^tw'' - \langle w'', \beta \rangle A''$$

d'où

$$H = (A'' - b''\,{}^tw'')^{-1}(H' - b''\,{}^t\gamma') + \langle w'', \beta \rangle \mathrm{Id}$$
$$= (A'' - b''\,{}^tw'')^{-1}(H' - b''\,{}^t\gamma') + \langle w'', (A'' - b''\,{}^tw'')^{-1}\beta' \rangle \mathrm{Id}$$

et on obtient enfin

$$\gamma = \gamma' - {}^t(H' - b''\ {}^t\gamma')\ {}^t(A'' - b''\ {}^tw'')^{-1}\,w''$$

Il nous reste à appliquer ces formules pour $g'' = P_0(z) = (A, b, w)$ (le repère mobile que l'on vient de construire), avec $H' = (h'_1, h'_2)$ où

$$\begin{cases} h'_1 = Da_1 = w_1 z_1 + z_2 + Dw_1 z_0 \\ h'_2 = Da_2 = z_3 + 2w_1 z_2 + (w_2 + 2Dw_1)\,z_1 + Dw_2 z_0 \\ \beta' = z_1 \\ \gamma' = Dw \end{cases}$$

Les remarques suivantes vont permettent de simplifier notablement les calculs. Comme $(A - b\ {}^tw)h = Ah - \langle w, h\rangle b$, l'identité $z_1 = a_1 - w_1 b$ implique

$$(A - b\ {}^tw)^{-1} z_1 = e_1\,.$$

On tire de même de $a_2 - w_2 b = z_2 + 2w_1 z_1$ l'égalité

$$(A - b\ {}^tw)^{-1} z_2 = e_2 - 2w_1 e_1\,.$$

Enfin, comme $b\ {}^t\gamma' = [r_1 b, r_2 b]$ et $b = z_0$, on a

$$H' - b\ {}^t\gamma' = [w_1 z_1 + z_2,\ (1 + 2w_1 - 2w_2 + 2Dw_1)z_1 + (1 - w_1)z_2]$$

On obtient donc

$$\beta = (A - b\ {}^tw)^{-1} z_1 = e_1\,,$$

$$h_1 = (A - b\ {}^tw)^{-1}(w_1 z_1 + z_2) + w_1 e_1 = w_1 e_1 + e_2 - 2w_1 e_1 + w_1 e_1 = e_2\,,$$

$$\begin{aligned} h_2 &= (A - b\ {}^tw)^{-1}((1 + 2w_1 - 2w_2 + 2Dw_1)z_1 + (1 - w_1)z_2) + w_1 e_2 \\ &= (1 + 2w_1 - 2w_2 + 2Dw_1)e_1 + (1 - w_1)(e_2 - 2w_1 e_1) + w_1 e_2 \\ &= (1 + 2w_1^2 - 2w_2 + 2Dw_1)e_1 + e_2\,. \end{aligned}$$

En notant $c = 1 + 2w_1^2 - 2w_2 + 2Dw_1$, on a donc $H = \begin{pmatrix} 0 & c \\ 1 & 1 \end{pmatrix}$

On en déduit

$$\gamma = Dw - {}^tH\,w + w_1 w = \begin{pmatrix} Dw_1 - w_2 + w_1^2 \\ Dw_2 - cw_1 - w_2 + w_1 w_2 \end{pmatrix}$$

L'invariant de plus bas degré que nous obtenons est donc $Dw_1 - w_2 + w_1^2$. La seconde coordonnée de γ s'écrit nécessairement en fonction de cet invariant et de ses dérivées (sous l'hypothèse $Q = 1$). En reprenant les expressions de w_1 et w_2 en fonction de λ_3 et μ_3, on a

$$\begin{aligned} Dw_1 - w_2 + w_1^2 &= -D\mu_3/3 - (1 - \lambda_3)/3 - (2/9)(1 - \mu_3) + (1 - \mu_3)^2/9 \\ &= -(4/9) - D\mu_3/3 + \lambda_3/3 + \mu_3^2/9 \end{aligned}$$

En oubliant le terme constant, on obtient l'expression de la courbure projective pour une courbe paramétrée par longueur d'arc projective

$$\kappa_m(s) = -\frac{d}{ds}\left(\frac{m'(s) \wedge m^{(3)}(s)}{m'(s) \wedge m^{(2)}(s)}\right) + \frac{1}{3}\left(\frac{m^{(3)}(s) \wedge m''(s)}{m'(s) \wedge m^{(2)}(s)}\right)$$
$$+ \frac{1}{9}\left(\frac{m'(s) \wedge m^{(3)}(s)}{m'(s) \wedge m^{(2)}(s)}\right)^2$$

Nous laissons au lecteur le plaisir d'effectuer le changement de variable pour obtenir l'expression de cette courbure en coordonnées quelconques.

3.11 Remarques

Nous avons ainsi défini, pour chacun des groupes G considérés, des fonctions courbures $s \mapsto \kappa_G(s)$ qui permettent de reconstruire la courbe à l'action de G près. Lorsqu'elles sont bien définies, *ces fonctions renferment toute l'information géométrique concernant une courbe m, indépendante de l'action de G.* Il s'agit donc de notions importantes pour la reconnaissance de formes. Parmi toutes ces courbures, la courbure euclidienne est primordiale, parce que, d'une part elle permet d'obtenir des représentations invariantes par rotation et translation, mais surtout – et c'est le plus important – parce que les autres courbures et abscisses curvilignes s'expriment en fonction d'elle-même et de ses dérivées.

Un des avantages de ces fonctions est leur caractère local. Une occultation partielle de la silhouette d'objet sur laquelle elles sont calculées n'a pas d'influence en dehors de la partie invisible, ce qui est très important pour la reconnaissance d'objets dans des scènes complexes. Le prix à payer est qu'elles sont définies sous certaines conditions de régularité. Elles font de plus intervenir des dérivées élevées de la courbe paramétrique, ce qui pose des problèmes numériques rapidement insurmontables.

D'autre part, (le cas des rotations/translations à part), le domaine de définition d'une courbe doit être restreint pour que la reconstruction soit unique. Pour l'invariance par le groupe spécial affine, par exemple, il s'agit d'intervalles sur lesquels la concavité de la courbe ne change pas; pour avoir une reconstruction bien posée, il faut fournir une fonction courbure par intervalle maximal de concavité de signe constant, accompagnée de contraintes supplémentaires de recollement de notions géométriques, comme la tangente unitaire.

Enfin, une classe importante de courbes ne peut être analysée par cette approche: il s'agit des courbes contenant des portions linéaires, dans le cas des similitudes et le cas affine, et les courbes polygonales dans tous les cas. Un simple tour d'horizon des objets couramment rencontrés dans le monde extérieur montre l'importance de ces classes de courbes.

3.12 Types particuliers de paramétrisation

Nous parcourons à présent quelques autres types de paramétrisation qu'il peut être utile d'avoir à sa disposition dans certains cas.

3.12.1 Paramétrisation polaire

C'est une paramétrisation du type $r = f(\theta)$, ou plus généralement $t \mapsto (r(t), \theta(t))$, où r est le rayon $|Om(t)|$ et θ est l'angle de $Om(t)$ avec l'axe Ox: si $m(t) = (x(t), y(t))$, on a $x = r\cos\theta$ et $y = r\sin\theta$.

Donnons l'expression de la courbure euclidienne pour une telle paramétrisation. Notons $T = (\cos\theta, \sin\theta)$ et $N = (-\sin\theta, \cos\theta)$. On a $m = r.T$,

$$m^{(1)} = r'.T + r\theta'.N\,,$$

$$m^{(2)} = (r" - r(\theta')^2)T + (r'\theta' + r\theta'')N$$

de sorte que

$$\kappa = \frac{m^{(1)} \wedge m^{(2)}}{|m^{(1)}|^3} = \frac{r^2(\theta')^3 - rr''\theta' + (r')^2\theta' + rr'\theta''}{((r')^2 + r^2\theta'^2)^{3/2}}$$

Si on est dans le cas $r = f(\theta)$, on a $\theta = t$, $\theta' = 1$ et $\theta'' = 0$, d'où

$$\kappa = \frac{r^2 - rr'' + r'^2}{(r'^2 + r^2)^{3/2}}$$

Cette représentation n'est pas invariante, mais se comporte très simplement lorsque l'on effectue une homothétie (de centre O) ou une rotation (de centre O): le premier cas revient à multiplier r par une constante et le second à ajouter une constante à θ. Par contre, l'effet d'une translation ne peut pas s'exprimer comme une opération simple sur r ou θ. On peut remédier à cela en fixant l'origine O, au centre de gravité de la courbe, ce qui donne l'invariance par translation. Toutefois, on perd, en procédant ainsi, le caractère local de l'invariance, puisqu'on a besoin de la courbe tout entière pour calculer son centre de gravité.

3.12.2 Représentation d'un convexe borné

Nous nous plaçons dans la situation suivante: m est une courbe fermée simple (ie. sans point double) dont l'intérieur délimite un ensemble *convexe* du plan, que nous noterons C_m[3].

---

[3] Un ensemble $C \subset \mathbb{R}^2$ est convexe si quels que soient les points α et β pris dans C, le segment de droite $[\alpha, \beta]$ est intégralement inclus dans C

La courbe m peut être représentée, sous forme paramétrique, en exprimant la dérivée de l'abscisse curviligne, ds en un point m en fonction de l'angle de la droite Om avec l'horizontale.

Pour tout $\theta \in \mathbb{R}$, définissons la hauteur maximale dans la direction θ par

$$h_m(\theta) = \sup\{\langle u_\theta \,,\, p\rangle, p \in C_m\}$$

où $u_\theta = (\cos\theta, \sin\theta)$. Comme C_m est convexe, le maximum de cette fonction linéaire est atteint sur la frontière de C_m, qui est, par hypothèse l'image de la courbe m. Toujours par convexité, si ce maximum est atteint en deux points distincts, il est également atteint sur le segment de droite dont ces deux points sont des extrémités, qui doit donc se trouver sur l'image de la courbe m. Pour simplifier l'exposition, nous supposerons que la courbe m ne contient pas de portion linéaire, ce qui implique que le maximum est unique. Nous supposerons également m suffisamment différentiable pour que les calculs qui vont suivre soient valables. Le lecteur intéressé par une étude du cas général (lorsque C_m est un convexe quelconque) pourra se référer à [139].

La fonction h_m ne dépend que de l'image de la courbe m, et donc en particulier pas de la paramétrisation choisie. Nous supposerons par la suite que la courbe m est paramétrée par longueur d'arc, autrement dit que $|m'(t)| = 1$. En vertu de ce qui précède, pour tout $\theta \in \mathbb{R}$, il existe un unique point $s_\theta \in [a, b]$ tel que

$$h_m(\theta) = \langle u_\theta \,,\, m(s_\theta)\rangle \tag{3.25}$$

Calculons la différentielle de h_m en θ. On a, en posant $v_\theta = (-\sin\theta, \cos\theta)$,

$$\frac{dh_m}{d\theta} = \langle v_\theta \,,\, m(s_\theta)\rangle + \frac{ds_\theta}{d\theta}\langle u_\theta \,,\, m'(s_\theta)\rangle$$

Mais, comme s_θ maximise la fonction $t \mapsto \langle u_\theta \,,\, m(t)\rangle$, on a $\langle u_\theta \,,\, m'(s_\theta)\rangle = 0$, d'où le fait que, pour tout $\theta \in \mathbb{R}$,

$$\frac{dh_m}{d\theta} = \langle v_\theta \,,\, m(s_\theta)\rangle. \tag{3.26}$$

On a également

$$\frac{d^2 h_m}{d\theta^2} = -\langle u_\theta \,,\, m(s_\theta)\rangle + \frac{ds_\theta}{d\theta}\langle v_\theta \,,\, m'(s_\theta)\rangle,$$

soit

$$\frac{d^2 h_m}{d\theta^2} + h_m = \frac{ds_\theta}{d\theta}\langle v_\theta \,,\, m'(s_\theta)\rangle$$

Le vecteur $m'(s_\theta)$ étant de norme 1 et orthogonal à u_θ, il est égal à $\pm v_\theta$, le signe dépendant de l'orientation de la courbe m, qui n'a pas été spécifiée. Nous supposerons par la suite que ce signe est positif, ce qui revient à dire que la courbe m est orientée dans le sens trigonométrique. On obtient donc

$$\frac{d^2 h_m}{d\theta^2} + h_m = \frac{ds_\theta}{d\theta}.$$ (3.27)

Nous avons le théorème suivant (voir [139] pour une formulation générale)

Théorème 3.14. *La fonction* $\theta \mapsto \frac{ds_\theta}{d\theta}$ *caractérise l'ensemble* C_m *à translation près.*
Pour toute fonction $\theta \mapsto \lambda(\theta)$*, strictement positive, continue, périodique, de période* 2π*, définie sur* $\mathbb{R}$*, telle que*

$$\int_0^1 e^{i\theta}\lambda(\theta)d\theta = 0,$$

il existe une courbe fermée m*, délimitant un ensemble convexe, unique à translation près, telle que*

$$\lambda(\theta) = \frac{ds_\theta}{d\theta}$$ (3.28)

Preuve. La fonction h_m caractérise C_m, puisque,

$$C_m = \bigcap_{\theta \in \mathbb{R}} \{p \in \mathbb{R}^2, \langle u_\theta, p \rangle \le h_m(\theta)\}$$ (3.29)

L'inclusion de C_m dans cette intersection découle de la définition de h_m. Réciproquement, si $p \neq C_m$, il existe une droite séparant p et C_m (c'est graphiquement évident, et une conséquence du théorème de Hahn-Banach), ce qui implique que p est au-dessus de la hauteur maximale de C_m relativement à cette droite.

La fonction $\frac{ds_\theta}{d\theta}$ caractérise, d'après (3.27), la fonction h_m à l'addition d'une solution de l'équation homogène $h'' + h = 0$ près, donc, à l'addition d'une fonction du type $a\cos\theta + b\sin\theta$, mais on vérifie facilement que ceci est exactement l'effet d'une translation par le vecteur (a, b) sur C_m.

Enfin, si λ est donnée, il suffit de résoudre (3.27) pour obtenir h_m. Une solution particulière de cette équation est

$$h(\theta) = \int_0^\theta \sin(\theta - \alpha)\lambda(\alpha)d\alpha$$

Les équations (3.25)) et (3.26) montrent que l'on doit poser

$$m(\theta) = h(\theta)u_\theta + h'(\theta)v_\theta$$

On vérifie qu'en raison de (3.28) m est périodique, de période 2π, et définit ainsi une courbe fermée. On a de plus $|m'(\theta)| = \lambda(\theta)$.

Posons

$$C = \bigcap_{\theta \in \mathbb{R}} \{p \in \mathbb{R}^2, \langle u_\theta, p \rangle \leq h(\theta)\}$$

(C est convexe car intersection d'ensembles convexes), et

$$h_C(\theta) = \sup\{\langle u_\theta, p \rangle, p \in C\}$$

Si $p \in C$, on a, pour tout θ, $\langle u_\theta, C \rangle \leq h(\theta)$ d'où $h_C(\theta) \leq h(\theta)$. Montrons que $h(\theta) \leq h_C(\theta)$. Comme $\langle u_\theta, m(\theta) \rangle = h(\theta)$, il suffit de montrer que $m(\theta) \in C$, soit que, pour tout α, $h(\alpha) - \langle u_\alpha, m(\theta) \rangle \geq 0$. Fixons α et notons $\rho(\xi) = \langle u_\alpha, m(\xi) \rangle$. m étant continue, périodique, ρ admet au moins un maximum, qui doit vérifier $\rho'(\xi) = 0$. Mais un calcul simple montre que $\rho'(\xi) = l(\xi)\langle u_\alpha, v_\xi \rangle$, ce qui implique que v_ξ est orthogonal à u_α, et donc que $\xi = \pm\alpha$. Comme $l(\xi) > 0$ et que $\langle u_\alpha, v_\xi \rangle$ est négatif au voisinage de $\xi = \alpha$, et positif au voisinage de $\xi = -\alpha$, la seule valeur pouvant fournir un maximum est $\xi = \alpha$. On a donc, pour tout θ et tout α, $\rho(\theta) = \langle u_\alpha, m(\theta) \rangle \leq \rho(\alpha) = h(\alpha)$. On en déduit le fait que $h_C = h$, et donc le fait que λ est associée au contour d'un ensemble convexe.

Les formules suivantes donnent les expressions du périmètre et de l'aire de C_m en fonction de h_m: on a

$$P := \text{perimètre}(C_m) = \int_0^{2\pi} h_m(\theta)d\theta$$

$$\text{aire}(C_m) = \int_0^P h_m(s)ds = \int_0^{2\pi} (h_m h_m'' + h_m^2)d\theta$$

La courbure euclidienne, enfin, est donnée par

$$\kappa = (h'' + h)^{-1/2}.$$

3.13 Invariants semi-locaux

Comme nous l'avons déjà remarqué, les invariants définis précédemment voient leur domaine d'applicabilité limité par le fait qu'ils nécessitent d'avoir recours à des dérivées d'ordre élevé sur la courbe. Ce qu'on appelle des invariants semi-locaux pour une courbe m sont des fonctions qui associent à tout point p de m une "signature" qui dépendent de caractéristiques de la courbe au voisinage de p (le voisinage n'étant plus, comme auparavant, infiniment petit), qui soit invariante sous l'action du groupe considéré.

Une première approche dans ce cadre, qui est à rapprocher de [42], est la suivante: en un point p donné, on sélectionne un certain nombre, disons k, de points situés dans un voisinage de p, que nous noterons $p_1, \ldots, p_k$, et on évalue ensuite une fonction $F(p_1, \ldots, p_k)$: on a donc le schéma suivant:

$$p \mapsto S_m(p) = (p_1, \ldots, p_k) \mapsto F \circ S(p)$$

La fonction S_m correspond donc au processus de sélection des points autour de p.

Pour obtenir une caractéristique invariante pour le groupe $G \subset GL_2(\mathbb{R}) \ltimes \mathbb{R}^2$, on imposera les contraintes suivantes:

1. Si $g \in G$, $S_{gm}(g.p) = (g.p_1, \ldots, g.p_k)$
2. F est invariante sous l'action de G: $F(g.p_1, \ldots, g.p_k) = F(p_1, \ldots, p_k)$

Il est assez facile de calculer géométriquement et analytiquement, sans passer par la caractérisation infinitésimale, les fonctions F qui sont invariantes pour le groupe considéré: il suffit de sélectionner une transformation de G qui place les premiers points $(p_1, \ldots, p_l)$ dans une position générique (appelons $g_{p_1,\ldots,p_l}$ cette transformation): les points $g_{p_1,\ldots,p_l}^{-1}.p_j$, pour $j > l$ sont alors invariants par l'action de G, et clairement, tout invariant ne dépend que de ces points.

Par exemple, si G est composé des rotations et des translations, on peut prendre $k = 2$ et définir $g_{p_1 p_2}$ comme l'unique transformation de G qui transforme p_1 en $O = (0,0) \in \mathbb{R}^2$, et le vecteur $p_2 - p_1$ en le vecteur $(\|p_2 - p_1\|, 0)$. Si p_3 est un troisième point, les coordonnées de $g_{p_1 p_2}^{-1}.p_3$ sont des fonctions invariantes de l'action de G sur les triplets de points de $\mathbb{R}^2$. Une analyse similaire peut se mener sans difficulté pour les autres groupes de transformations affines.

Analysons le point 1: supposons que les points $p_1, \ldots, p_k$ appartiennent à la courbe m: ils sont alors caractérisés par leur abscisse curviligne (relativement au groupe G) sur la courbe m, que nous noterons $s_m(p_1), \ldots, s_m(p_k)$. Notons $\delta_i = s_m(p_i) - s_m(p)$: se donner $p_1, \ldots, p_k$ revient à donner les valeurs de ces nombres. On peut décider de fixer une fois pour toutes les valeurs des δ_i, la façon la plus simple de les choisir étant de les répartir de façon symétrique et uniforme autour de 0: si $k = 3$, on prendre $(\delta_1, \delta_2, \delta_3) = (0, -\varepsilon, +\varepsilon)$, ε étant un petit nombre positif.

Une autre façon de fixer ces nombres est de les définir à l'aide de constructions géométriques invariantes par l'action du groupe considéré. Par exemple, dans le cas des rotations, on peut définir les points à sélectionner comme le point p lui-même et les intersections de la courbe m avec un cercle de centre p et de rayon ε, avec ε suffisamment petit. Cela coïncide avec la construction précédente au premier ordre en ε. Pour obtenir une construction invariante par le groupe affine spécial, une possibilité est de construire des p_0, p_1, p_2, p_3, p_4 tels que les segments $[p_1, p_2]$ et $[p_3, p_4]$ soient parallèles à la tangente à la courbe en p_0, et les aires des triangles p_0, p_1, p_2 et p_0, p_3, p_4 sont respectivement égales à ε et 2ε.

Ces constructions permettent de calculer des invariants de façon robuste sur des courbes discrétisées, le problème étant de sélectionner le nombre ε qui intervient à chaque fois: certaines constructions peuvent s'avérer impossibles si ε est trop grand; on perd également, dans ce cas, le caractère local des calculs; si ε est trop petit, on risque d'avoir des problèmes numériques. Lorsque

ε tend vers 0, ces invariants semi-locaux doivent nécessairement converger vers les invariants différentiels que nous avons déjà calculés, et sont donc nécessairement des fonctions de la courbure euclidienne et de ses dérivées.

4

Représentations implicites

4.1 Généralités

Les représentations implicites, par courbes de niveau, ont pris une place prépondérante dans l'analyse d'images, principalement en raison de leur simplicité, de leur flexibilité et des nombreux avantages numériques qui sont liés à la résolution d'un problème sous ce formalisme. Si f est une fonction de $\mathbb{R}^2$ dans $\mathbb{R}$, on peut considérer le lieu géométrique C des points p tels que $f(p) = 0$ (voir fig. 4.1). Cet ensemble est en général une variété composée d'une ou plusieurs composantes connexes, chacune d'entre elles étant le lieu d'une courbe (géométrique) telle que nous l'avons définie précédemment. De nombreuses propriétés géométriques de cet ensemble de niveau peuvent être déduites directement de cette fonction f.

Au voisinage d'un point régulier de f (c'est-à-dire tel que $\nabla_m f \neq 0$), on peut trouver une paramétrisation locale de C par exemple en exprimant une des coordonnées (x, y) en fonction de l'autre. Si l'on a exprimé y en fonction de x, on a, le long de m, $dy/dx = -(\partial f/\partial x)/(\partial f/\partial y)$.

Supposons fixée une telle paramétrisation, et soit une fonction m d'un intervalle $I =]-\varepsilon, \varepsilon[$ dans $\mathbb{R}^2$ telle que $m(0) = m_0$ et $f(m(u)) = 0$ pour $u \in I$. On a alors, en différentiant par rapport à u:

$$\left\langle \nabla_m f, \frac{\partial m}{\partial u} \right\rangle = 0$$

ce qui implique que $\nabla_m f$ est un vecteur normal à la courbe m.

Convention d'orientation
Par convention, nous supposerons que $\nabla_m f$ est orienté selon la normale ν à la courbe m, de sorte que $\nabla_m f = |\nabla_m f|\nu$ (rappelons que, le plan étant orienté, la tangente unitaire est $\tau = m'(u)/|m'(u)|$ et la normale ν est l'unique vecteur tel que (τ, ν) soit un système orthonormé direct).

Si f est donnée, il faudra au besoin remplacer $m(u)$ par $m(-u)$, et si on veut conserver l'orientation de m, on remplacera f par $-f$. Quand cette condition est satisfaite, le vecteur tangent τ à la courbe m est donné par

$$\tau = \frac{1}{|\nabla f|}\left(\frac{\partial f}{\partial y}, -\frac{\partial f}{\partial x}\right) = \frac{m'(u)}{|m'(u)|}\,.$$

Si on dérive deux fois l'équation $f(m(u)) = 0$ par rapport à la variable u (la dérivée seconde de f étant assimilée à une matrice), on obtient

$${}^t m'(u)\frac{d^2 f}{dp^2}\bigg|_{m(u)} m'(u) + \langle \nabla_m f, m''(u)\rangle = 0\,.$$

Comme $\nabla_m f = |\nabla_m f|\nu$ et $\langle m''(u), \nu\rangle = \kappa|m'(u)|^2$, l'équation précédente donne, après division par $|m'(u)|^2$,

$${}^t\tau\frac{d^2 f}{dp^2}\bigg|_{m(u)} \tau + \kappa|\nabla_m f| = 0\,.$$

d'où

$$\kappa = -{}^t\tau\frac{d^2 f}{dp^2}\tau/|\nabla_m f| = -\frac{f''_{xx}f'^2_y - 2f''_{xy}f'_x f'_y + f''_{yy}f'^2_x}{(f'^2_x + f'^2_y)^{3/2}}$$

Ce qui peut encore s'écrire

$$\kappa = -\mathrm{div}\frac{\nabla f}{|\nabla f|}\,.$$

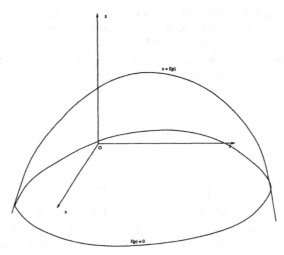

Fig. 4.1. Courbe définie implicitement à l'aide d'une fonction $f : \mathbb{R}^2 \mapsto \mathbb{R}$

Les courbures pour les autres groupes d'actions rigides s'exprimant à l'aide de la dérivée de la courbure euclidienne, on voit donc que l'on pourra exprimer les caractéristiques locales des courbes représentées de cette manière au moyen des caractéristiques locales de la fonction f aux points d'intersection avec le plan $z = 0$.

Un des avantages de ce type de représentation est de permettre de prendre en compte des ensembles ayant plusieurs composantes connexes, l'ensemble $f = 0$ n'ayant aucune raison d'être une courbe fermée simple. De plus, en agissant de manière continue sur la fonction f, on est en mesure de génerer des changements de topologie sur ses ensembles de niveau, ce qui n'est pas possible lorsque l'on déforme les contours d'une courbe fermée simple (voir le chapitre 8 de la partie III).

Une des ses principales utilisations est dans l'implémentation d'équations générant des évolutions de courbes. Nous illustrons ceci dans le paragraphe suivant.

4.2 Evolutions régularisantes

4.2.1 Evolution de courbes

On considère des courbes dépendant du temps, soit des fonctions à deux paramètres, du type

$$m : [0, T] \times [0, 1] \to \mathbb{R}^2$$
$$(t, u) \quad \mapsto m(t, u)$$

Ici, t est un paramètre temporel, et nous appellerons m^t l'état de la courbe à l'instant t, soit $m^t : u \mapsto m(t, u)$. Nous noterons également L^t la longueur de la courbe m^t, $s^t : [0, 1] \to [0, L^t]$ son abscisse curviligne. La courbure euclidienne en un point P de la courbe m^t sera notée $\kappa^t(P)$; de même, nous noterons $\tau^t(P)$ et $\nu^t(P)$ les tangente et normale unitaires en ce point.

Les équations d'évolution de courbes que nous considérerons sont du type

$$\frac{\partial m}{\partial t}(t, u) = A\tau^t(m(t, u)) + B\nu^t(m(t, u))$$

où A et B sont des fonctions dépendant du temps t, et des dérivées de la courbe m^t par rapport à la variable u.

Nous dirons que cette équation est de type géométrique si la fonction B est invariante par changement de paramètres. On a alors le lemme:

Lemme 4.1 ([75]). *Supposons que m soit régulière et tout temps $t \in [0, T]$ et solution de l'équation*

$$\frac{\partial m}{\partial t} = A\tau + B\nu$$

telle que B soit une quantité géométrique. Alors, pour toute fonction continue $\tilde{A}$, il existe un changement de paramétrisation de m, noté $m \to \tilde{m}$, telle que $\tilde{m}$ soit solution de

$$\frac{\partial \tilde{m}}{\partial t} = \tilde{A}\tau + \tilde{B}\nu$$

où B et $\tilde{B}$ coïncident lorsqu'elles sont calculées en un même point des courbes.

On peut en particulier faire en sorte que $A = 0$ sans changer l'évolution de la courbe d'un point de vue géométrique.

4.2.2 Evolution basée sur la courbure

Considérons à présent l'équation

$$\frac{\partial m}{\partial t} = -\kappa^t(m(t,u))\nu^t(m(t,u)) \tag{4.1}$$

On suppose que m^0, la courbe initiale, est une courbe fermée sans point double. On a alors le théorème

---

Théorème 4.2 ([81], [94]). *On suppose que $u \mapsto m_0(u)$ est un plongement de son intervalle de définition dans $\mathbb{R}^2$, et m_0 fermée (et suffisamment différentiable). Une solution $m(t,.)$ de l'équation précédente existe pour tout $t > 0$. De plus, la courbe $m(t,.)$ a le comportement qualitatif suivant: elle devient convexe puis, tend vers un cercle à mesure qu'elle se contracte*

Ce type de régularisation est invariant par transformation euclidienne (rotation, translation): il est équivalent de faire agir une rotation sur m_0 avant de la régulariser, ou de la régulariser avant d'opérer une rotation (il s'agit bien d'une régularisation agissant sur des formes). Cette opération n'est toutefois pas invariante par transformation affine. On peut définir, de la même manière que précédemment, un processus affine invariant, en remplaçant l'abscisse curviligne euclidienne par l'abscisse curviligne affine. En effet, le terme $\kappa\nu$ qui intervient dans l'équation précédente peut aussi s'écrire $\partial^2 m/\partial s^2$ où s est l'abscisse curviligne euclidienne. Si l'on recherche une invariance affine, on peut considérer l'équation

$$\frac{\partial m}{\partial t} = -\frac{\partial^2 m}{\partial \sigma^2}$$

σ étant l'abscisse curviligne affine.

Si on exprime les dérivées par rapport à σ en fonction des dérivées par rapport à s (on a $\frac{\partial \sigma}{\partial s} = \det(m', m'')^{1/3} = \kappa^{1/3}$), l'équation précédente s'écrit

$$\frac{\partial m}{\partial t} = \frac{1}{3}\frac{\partial \kappa}{\partial s}\kappa^{-4/3}\tau - \kappa^{1/3}\nu \tag{4.2}$$

où τ et ν sont les vecteurs tangent et normal unitaires à la courbe $m(t, .)$. En vertu du lemme 4.1, L'équation (4.2) est géométriquement équivalente à

$$\frac{\partial m}{\partial t} = -\kappa^{1/3}\nu .$$

ce qui fournit une expression très simple d'une évolution affine-invariante.

L'interprétation de ces équations dans une formulation implicite est extrêmement intéressante ([183]). Représentons la courbe à l'instant 0 (m_0) par une équation implicite sur $\mathbb{R}^2$, l'ensemble des points $C_0 = \{m_0(u), u \in [0,1]\}$ étant égal à l'ensemble des points $P = (x,y) \in \mathbb{R}^2$ tels que $f_0(P) = 0$.

En notant $f(0,x,y) = f_0(x,y)$, le principe est de définir une fonction dépendant du temps $f(t,x,y)$ comme solution d'une équation d'évolution, de sorte que l'ensemble $C_t = \{P = (x,y) \in \mathbb{R}^2, f(t,x,y) = 0\}$ coïncide avec la la courbe image des solution des équations (4.1) ou (4.2) à l'instant t.

Pour retrouver (4.1), la fonction f peut-être prise comme solution de

$$\frac{\partial f}{\partial t} = -|\nabla f| \operatorname{div} \frac{\nabla f}{|\nabla f|} , \qquad (4.3)$$

le gradient étant pris uniquement par rapport aux variables spatiales x et y.

Pour le vérifier, plaçons nous au voisinage d'un point m_0 tel que $f(t_0, m_0) = 0$ et $\nabla_{m_0} f \neq 0$: on pourra localement paramétrer la courbe: sur un intervalle $]t_0 - \varepsilon, t_0 + \varepsilon[\times] - \varepsilon, \varepsilon[$, on posera $m^t = m(t,u)$, tel que, pour t fixé, m^t soit un paramétrage d'un sous-arc de l'ensemble C^t, et $m(t_0, 0) = m_0$. Comme $f(t, m(t,u)) = 0$, on a

$$\left\langle \frac{\partial m}{\partial t}, \nabla_m f \right\rangle = -\frac{\partial f}{\partial t} = |\nabla f| \operatorname{div} \frac{\nabla f}{|\nabla f|}$$

et

$$\left\langle \frac{\partial m}{\partial u}, \nabla_m f \right\rangle = 0 .$$

On retrouve le fait que $\nabla_m f$ est un vecteur normal à m, et nous supposerons, comme plus haut, m orienté de sorte que $\nabla_m f = |\nabla_m f|\nu$. Dans ce cas, nous avons également vu que la courbure en un point m était donnée par

$$\kappa(m) = -\operatorname{div}(\nabla_m f / |\nabla_m f|) .$$

si bien que l'on peut écrire

$$\left\langle \frac{\partial m}{\partial t}, \nu \right\rangle = -\kappa .$$

Ce qui implique que l'évolution de la courbe géométrique C^t est la même que celle imposée par l'équation

$$\frac{\partial m}{\partial t} = -\kappa \nu .$$

Des exemples d'évolution de formes selon cette équation sont présentés dans la figure 4.2.

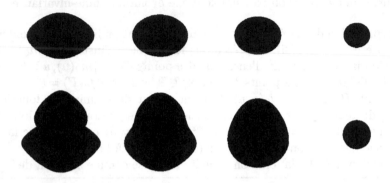

Fig. 4.2. Evolution régularisante de formes selon leur courbure

On peut faire la même construction avec l'équation affine invariante, ce qui mène à l'équation

$$\frac{\partial f}{\partial t} = -|\nabla f| \mathrm{div} \left(\frac{\nabla f}{|\nabla f|} \right)^{1/3} .$$

Plus généralement, l'équation

$$\frac{\partial m}{\partial t} = -F(\kappa)\nu, \tag{4.4}$$

avec F impaire, peut s'implémenter sous la forme

$$\frac{\partial f}{\partial t} = -|\nabla f| F \left(\mathrm{div} \frac{f}{|\nabla f|} \right) . \tag{4.5}$$

Le choix de la fonction f_0, état initial de l'équation précédente, peut être fait avec une certaine latitude, pourvu que l'ensemble $f_0 = 0$ coïncide avec la courbe m_0. Un choix naturel est de poser $f_0(P) = \pm d(P, m_0)$, selon que P se trouve à l'extérieur ou à l'intérieur de la courbe m_0. Il est à noter que l'équation (4.5) a été introduite pour la régulatisation anisotropique d'images, en particulier dans [5]. Le fait, en effet, que cette évolution régularise le contour implicite défini par $f = 0$ reste bien entendu valable pour les autres lignes de niveau de f, ce qui induit un lissage bien particulier de l'image (qui, dans le cas où $F(u) = u$, correspond à une diffusion dans la direction perpendiculaire au gradient, autrement dit à un lissage qui préserve les bords de régions).

4.2.3 Existence de solutions

L'existence et l'unicité de solutions de l'équation (4.5) est un problème théorique important, qui a aussi des conséquences fondamentales sur les aspects pratiques, par exemple pour orienter la mise en œuvre numérique. Lorsque F est une fonction croissante (ce qui est le cas dans les exemples rencontrés), ce problème s'aborde en contraignant les solutions à avoir des propriétés supplémentaires de stabilité qui en font ce que l'on appelle des *solutions de viscosité*. Le lecteur intéressé par ces aspects pourra se référer à [62] ou [76].

4.2.4 Mise en œuvre numérique

Il existe plusieurs façons d'implémenter l'équation (4.5). Le lecteur pourra se référer à [102], et aux différents travaux de J. Sethian sur la propagation de fronts (en particulier [182]). Dans le cas d'évolution régularisante ($F(u) = u$ ou $u^{1/3}$), on peut utiliser l'implémentation particulièrement simple qui suit:

1. Initialisation: f_0 est une fonction distance signée au bord de la forme considérée, négative à l'intérieur, positive à l'extérieur, discrétisée sur une grille (pas $n = 0$). En fait n'importe quelle fonction dont la forme est délimitée par l'ensemble de niveau 0 convient.

2. Au pas n, la fonction courante est f_n. On estime les dérivées successives de f_n par différences finies centrées: par exemple,

$$\left(\frac{\partial f_n}{\partial x}\right)_{ij} = \frac{1}{2}\left((f_n)_{i+1j} - (f_n)_{i-1j}\right)$$

ou

$$\left(\frac{\partial^2 f_n}{\partial x^2}\right)_{ij} = \left((f_n)_{i+1j} - 2(f_n)_{ij} + (f_n)_{i-1j}\right)$$

ce qui permet d'estimer $|\nabla f_n| F\left(div\frac{f_n}{|\nabla f_n|}\right)$ en tout point de la grille, et de poser

$$(f_{n+1})_{ij} = (f_n)_{ij} - \left(|\nabla f_n| F\left(\mathrm{div}\frac{f_n}{|\nabla f_n|}\right)\right)_{ij}$$

La forme, à l'instant n, est le bord de l'ensemble $\{x : f_n(x) \leq 0\}$.

Cet algorithme très simple n'est pas le plus efficace, en particulier parce qu'il effectue de nombreux calculs dans des points qui sont loins du voisinage de la courbe de niveau 0, et qui n'auront pas d'effet immédiat sur l'évolution de la forme. Les algorithmes les plus performants à l'heure actuelle sont ceux qui localisent les calculs sur une *bande étroite* autour de la courbe de niveau 0, quitte à réinitialiser les calculs à intervalles réguliers.

4.3 Polynômes implicites

Nous considérons, dans ce paragraphe, le cas où la fonction f précédente est un polynôme à deux variables.

Nous reprenons, pour ce faire, essentiellement les résultats développés dans [128] et d'autres articles des mêmes auteurs. Les fonctions considérées sont donc du type

$$f(x,y) = \sum_{p+q \leq n} a_{pq} x^p y^q \,.$$

Bien entendu, comme n'importe quelle fonction peut être approximé par un polynôme, on pourra également représenter n'importe quelle forme de cette manière, mais la théorie n'est intéressante, numériquement et conceptuellement, que si l'on n'emploie que des polynômes de petit degré, permettant ainsi de représenter une forme par un faible nombre de paramètres.

Comme précédemment, nous notons C_f l'ensemble des zéros de f, soit $C_f = \{z = (x,y), f(x,y) = 0\}$. Supposons donnée une forme, dont les contours définissent un ensemble $C \subset \mathbb{R}^2$. Pour représenter cette forme par un polynôme implicite, il est nécessaire de trouver un polynôme $\hat{f}$ tel que $C_{\hat{f}} \simeq C$.

Pour simplifier les expressions, nous supposerons que C est composé d'un nombre fini de points, ce qui est évidemment toujours le cas en pratique. Il est alors naturel de minimiser, parmi les polynômes f de degré fixé, la fonctionnelle

$$Q_0(f) = \sum_{z \in C} d(z, C_f)^2 \,,$$

où $d(z, C_f)$ est la distance euclidienne entre le point z du plan et l'ensemble C_f, soit

$$d(z, C_f) = \inf_{z' \in C_f} |z - z'| \,.$$

La minimisation effective de cette fonctionnelle est un problème difficile, qu'on ne peut aborder en pratique sans recourir à une approximation. Supposons, pour ce faire, que z soit déjà proche de C_f. Cela implique qu'il existe z' dans un petit voisinage de z tel que $f(z') = 0$. Mais, si z' est proche de z, on a

$$f(z') \simeq f(z) + \langle z' - z, \nabla_z f \rangle$$

donc, si $f(z') = 0$, on a, avec cette approximation au premier ordre:

$$\langle z - z', \nabla_z f \rangle = -f(z)$$

Soit v_z un vecteur unitaire perpendiculaire à $\frac{\nabla_z f}{|\nabla_z f|}$. Les points $z' \in C_f$ dans un voisinage de z sont tels que

$$z - z' = -\frac{f(z)}{|\nabla_z f|} \frac{\nabla_z f}{|\nabla_z f|} + \lambda v_z$$

(au premier ordre), le plus proche d'entre eux correspond à $\lambda = 0$, et on obtient, grâce à cette approximation

$$d(z, C_f) \simeq \frac{|f(z)|}{|\nabla_z f|}.$$

En vertu de cette analyse, le polynôme f sera cherché en minimisant

$$Q(f) = \sum_{z \in Z} \frac{f(z)^2}{|\nabla_z f|^2}$$

Toutefois, ce critère, s'il est petit, assure que les points de C sont proches de C_f, mais n'interdit pas l'existence de points supplémentaires dans C_f. En toute généralité l'ensemble C_f est une courbe algébrique, dont la structure peut être relativement complexe: existence de branches infinies, de points doubles, de plusieurs circuits... On peut en trouver une présentation à un niveau relativement élémentaire dans la première partie de [59]. Il est possible d'énoncer des conditions suffisantes pour que l'ensemble $f = 0$ soit une courbe fermée simple. L'absence de branche asymptotique est entraînée par le fait que la partie principale du polynôme n'a pas de racine réelle, ie. par la propriété

$$\sum_{k=0}^{n} a_{k,n-k} \lambda^k \neq 0$$

pour $\lambda \in \mathbb{R}$. Pour éviter les points doubles, il suffit de faire en sorte que $\nabla f \neq 0$ le long de la courbe. La mise en oeuvre algorithmique de ces conditions dans le cas où f est de degré 4 est menée à bien dans [128], référence à laquelle nous renvoyons pour plus de détails. La figure 4.3 fournit quelques exemples de formes représentées par des polynômes implicites

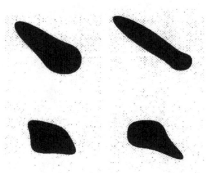

Fig. 4.3. Exemples de formes engendrées par des polynômes implicites de degré 4

5
Axe médian

5.1 Introduction

La transformation par axe médian, qui mène à la détermination d'un squelette associé à une forme, fournit une représentation souvent intuitive de la structure d'une forme. Cet axe est défini comme l'ensemble des centres des boules de rayon maximal inscrites dans une forme.

Plus précisément: représentons notre forme par un ouvert, connexe, borné dans $\mathbb{R}^2$, que nous noterons Ω. Notons $B(m, r)$ le disque ouvert de centre $m \in \mathbb{R}^2$ et de rayon $r > 0$. Un tel disque est maximal dans Ω si et seulement si tout autre disque ouvert qui le contient rencontre le complémentaire de Ω. Le squelette de Ω, que nous noterons $\Sigma(\Omega)$ est l'ensemble des m pour lesquels il existe $r > 0$ tels que $B(m, r)$ soit maximal dans Ω. Nous noterons également $\Sigma^*(\Omega)$ l'ensemble constitué des couples (m, r) tels que $B(m, r)$ soit maximale. L'ensemble $\Sigma^*(\Omega)$ permet de reconstruire exactement le domaine Ω, puisque

$$\bigcup_{(m,r) \in \Sigma^*(\Omega)} B(m, r) \subset \Omega$$

par définition, et que, comme Ω est ouvert, tout point $m \in \Omega$ est inclus dans une boule elle-même forcément incluse dans une boule maximale.

Nous commencerons par une analyse théorique de la structure et de la régularité de l'espace $\Sigma(\Omega)$. Nous nous attacherons ensuite à la présentation de quelques algorithmes d'estimation, étant bien entendu qu'il ne pourrait être question d'être exhaustif sur ce thème. Comme nous le verrons, le squelette, qui est à première vue une représentation tout à fait naturelle d'une forme, est extrêmement instable, au sens que de faibles variations sur les contours peuvent générer des modifications substantielles du squelette.

5.1.1 Structure de l'axe médian

Nous supposerons[1] que Ω est ouvert, connexe, et égal à l'intérieur de son adhérence. Sa frontière, $\partial\Omega$, est supposée constituée d'un nombre fini de courbes simples et disjointes, chacune de ces courbes étant supposée analytique par morceaux.[2] On suppose de plus qu'aux points de contact (les points de la frontière pour lesquels celle-ci n'est pas analytique), qui sont par hypothèse en nombre fini, il existe une tangente à gauche et à droite.

Sous ces hypothèses, on démontre ([51]) que tous les points du squelette, à l'exception d'un nombre fini, ont la propriété d'être générique, au sens de la définition suivante:

Définition 5.1. *Un point* m *de* $\Sigma(\Omega)$ *est générique si le disque maximal* $B(m,r)$ *inscrit dans* Ω *rencontre* $\partial\Omega$ *en exactement deux points.*

Les autres points peuvent être classés selon le nombre de composantes connexes $B(m,r) \cap \partial\Omega$, dont on peut démontrer qu'elles sont en nombre fini. Lorsque ce nombre est strictement supérieur à 2, m est *un point de bifurcaction* du squelette.

Les autres points sont tout d'abord ceux pour lesquels $B(m,r) \cap \partial\Omega$ a une unique composante connexe; il existe dans ce cas deux possibilités: soit m est le centre d'un cercle osculateur à $\partial\Omega$, ou bien $\partial\Omega$ fait un angle pointant vers son intérieur au point de contact. Il reste enfin les points pour lesquels il existe bien deux composantes connexes, mais au moins l'une des deux est un arc de la frontière, ce qui correspond au cas dégénéré où une partie de $\partial\Omega$ est un arc de cercle.

D'autre part, on montre que le squelette est *connexe* et qu'il hérite des propriétés de régularité de la frontière en tout point générique qui vérifie les propriétés suivantes:

- $B(m,r) \cap \partial\Omega = \{q_1, q_2\}$
- Chacun des q_i est tel que l'une des deux propriétés suivantes est vérifiées:
  i) $\partial\Omega$ est analytique au voisinage de q_i et m n'est pas le centre de courbure de $\partial\Omega$ en q_i
  ii) $\partial\Omega$ fait un angle vague (dirigé vers l'intérieur) en q_i et la droite $(q_i m)$ n'est pas l'une des demi-tangentes à Ω en q_i.

La façon dont l'axe médian spécifie $\partial\Omega$ peut être explicitée analytiquement. Supposons donnée une fonction γ de classe C^1 d'un intervalle $]a, b[$ dans $\Sigma^*(\Omega)$, et notons $\gamma(t) = (m(t), r(t))$: on définit donc une paramétrisation locale d'un sous arc du squelette. On va chercher à reconstruire les arcs de courbe associés.

---

[1] Nous reprenons dans ce paragraphe des résultats de [51]

[2] Une courbe continue est analytique par morceaux si on peut la partitionner en un nombre fini d'arcs, avec la propriété que chacun de ces arcs peut être paramétrée par une fonction $\gamma :]0, 1[\to \mathbb{R}^2$ qui est analytique, c'est-à-dire telle que chacune de ses coordonnées est égale en tout point à la limite de sa série de Taylor

On peut supposer que $t \mapsto m(t)$ est une paramétrisation par longueur d'arc ($|m(t)| = 1$), et que $B(m(t), r(t))$ a exactement deux composantes connexes en contact avec $\partial\Omega$ (on sait, d'après ce qui précède, que l'on peut recouvrir tout $\Sigma^*(\Omega)$ sauf un nombre fini de points par des arcs de ce type).

Si un point x de $\partial\Omega$ appartient à $B(m(t), r(t))$, on doit avoir d'une part $|x - m(t)| = r(t)$ et d'autre part, pour tout $\varepsilon > 0$: $|x - m(t + \varepsilon)| \geq r(t + \varepsilon)$ (sinon $B(m(t + \varepsilon), r(t + \varepsilon))$ ne serait pas inscrit dans Ω). Ceci implique que la fonction $f(\varepsilon) = |x - m(t + \varepsilon)|^2 - r(t + \varepsilon)^2$ est minimale en $\varepsilon = 0$. On a

$$f'(0) = 2\langle x - m(t), m'(t)\rangle + 2r(t)r'(t)$$

L'équation $f'(0) = 0$, couplée à $|x - m(t)| = r(t)$ fournit deux solutions, qui sont, en notant $q(t)$ le résultat d'une rotation d'angle $\pi/2$ appliquée à $m'(t)$

$$x_+(t) = m(t) + r(t)\left[-r'(t)m'(t) + \sqrt{1 - (r'(t))^2}q(t)\right]$$

$$x_-(t) = m(t) + r(t)\left[-r'(t)m'(t) - \sqrt{1 - (r'(t))^2}q(t)\right]$$

Notons que, comme par hypothèse ces solutions existent et sont distinctes, on a forcément $|r'(t)| < 1$. Ces formules permettent également de retrouver les caractéristiques géométriques d'une courbe à partir de celles de son axe médian.

5.2 Calcul du squelette

5.2.1 Analyse du squelette d'un polygone

Les formes discrètes étant souvent représentées sous forme de polygones, il est intéressant d'étudier la forme du squelette dans ce cas particulier. Supposons un polygone (fermé, sans croisement) défini par une famille de points $m_1, \ldots, m_N, m_{N+1} = m_1$, et notons s_i le segment de droite ouvert $]m_i, m_{i+1}[$, pour $i = 1, \ldots, N$. Si un disque $B(m, r)$ est maximal dans le polygone, il rencontre sa frontière en deux points, qui sont soit sur l'un des s_i, soit un des sommets m_i.

Dans le premier cas, cela impose que s_i est tangent à $B(m, r)$. Notons $\tau_i = (m_{i+1} - m_i)/|s_i|$ le vecteur unitaire directeur de s_i et ν_i la normale obtenue en faisant agir une rotation d'angle $\pi/2$ sur τ_i. Nous supposons le polygone orienté de manière que ν_i pointe vers son extérieur. Si p est le point de contact, on doit avoir

$$p = m + r\nu_i$$

et

$$p = m_i + t\tau_i$$

avec $0 \leq t \leq |m_{i+1} - m_i|$. Les équations imposent que

$$t = \langle m - m_i, \tau_i \rangle$$

On obtient donc le premier résultat: le disque $B(m, r)$ est tangent à s_i si et seulement si

$$m + r\nu_i = m_i + \langle m - m_i, \tau_i \rangle \tau_i$$

avec

$$0 \leq \langle m - m_i, \tau_i \rangle \leq |m_{i+1} - m_i|$$

Nous pouvons donc déjà prédire que les boules maximales sont forcément de trois types:

1. Bitangentes: telles qu'il existe $i \neq j$ avec

$$m = m_i + \langle m - m_i, \tau_i \rangle \tau_i - r\nu_i = m_j + \langle m - m_j, \tau_j \rangle \tau_j - r\nu_j$$

et

$$0 \leq \langle m - m_i, \tau_i \rangle \leq |m_{i+1} - m_i|, 0 \leq \langle m - m_j, \tau_j \rangle \leq |m_{j+1} - m_j|$$

2. Contact avec une tangente et un sommet: il existe $i \neq j$ tels que

$$m = m_i + \langle m - m_i, \tau_i \rangle \tau_i - r\nu_i$$

$$\langle m_i, \tau_i \rangle \leq \langle m, \tau_i \rangle \leq \langle m_{i+1}, \tau_i \rangle$$

et $|m - m_j| = r$.

3. Contact en deux sommets: il existe $i \neq j$ tels que $|m - m_i| = |m - m_j| = r$.

Notons que les seuls sommets éligibles pour des contacts (cas 2 et 3) sont les sommets concaves (qui pointent vers l'intérieur du polygone). En particulier, si le polygone est convexe, seul le premier cas peut se produire.

Analysons le type d'arc ainsi obtenu sur le squelette en fixant i et j dans les trois cas précédents. Dans le premier cas, on a nécessairement

$$-r = \langle m - m_i, \nu_i \rangle = \langle m - m_j, \nu_j \rangle$$

d'où la contrainte

$$\langle m - m_i, \nu_j - \nu_i \rangle = \langle m_j - m_i, \nu_j \rangle$$

Lorsque $\nu_i \neq \nu_j$, ceci est l'équation d'une droite, équivalente au fait qu'il existe α tel que

$$m - m_i = \alpha(\tau_j - \tau_i) + \frac{\langle m_j - m_i, \nu_j \rangle}{|\nu_i - \nu_j|^2}(\nu_j - \nu_i) \tag{5.1}$$

Pour les contacts du second type (segment et sommet), les équations sont

$$m - m_i = \langle m - m_i \,,\, \tau_i \rangle \tau_i - |m - m_j| \nu_i$$

soit

$$\langle m - m_i \,,\, \nu_i \rangle = -|m - m_j|$$

Si l'on recherche m sous la forme $m = m_i + \alpha \tau_i + \beta \nu_i$, l'équation précédente est équivalente à $\beta \le 0$ et

$$\beta^2 = (\alpha + \langle m_j - m_i \,,\, \tau_j \rangle)^2 + (\beta + \langle m_j - m_i \,,\, \nu_j \rangle)^2$$

soit

$$2 \langle m_j - m_i \,,\, \nu_j \rangle \beta = -(\alpha + \langle m_j - m_i \,,\, \tau_j \rangle)^2$$

fournissant ainsi un arc de parabole.

Enfin, le troisième type de contact, qui a lieu en deux sommets, donne m sur la médiatrice des deux sommets, qui est une droite.

Nous avons donc obtenu ce résultat important:

Proposition 5.2. *Le squelette d'une forme polygonale est composé de segments de droites et d'arcs de paraboles, ce dernier cas ne pouvant être obtenu que dans le cas de l'existence de sommets concaves*

5.2.2 Diagrammes de Voronoï

Les calculs précédents, et les algorithmes les plus efficaces de construction de squelette, sont liés à la théorie des diagrammes de Voronoï. Commençons par définir ces derniers:

Définition 5.3. *Soit $F_1, \ldots F_N$ des ensembles fermés du plan. Les cellules de Voronoï associées sont les ensembles $\Omega_1, \ldots, \Omega_N$ définis par*

$$x \in \Omega_i \Leftrightarrow d(x, \Omega_i) < \min_{j \ne i} d(x, \Omega_j)$$

La réunion des frontières $\bigcup_{i=1}^{N} \partial \Omega_i$ forme le diagramme de Voronoï associé aux F_i.

Dans le cas d'une courbe polygonale, le squelette est inclus dans le diagramme de Voronoï associé aux segments de droites qui la composent. En effet, un point du squelette est équidistant de deux segments, à une distance forcément inférieure ou égale à sa distance avec n'importe lequel des autres segments: on conçoit bien (au moins intuitivement, et une preuve rigoureuse n'est pas très difficile) qu'il se trouve à la frontière d'une des cellules. L'inclusion inverse est toutefois fausse: il existe, en général, des points du diagramme

de Voronoï qui ne sont pas inclus dans le squelette (par exemple, des points
extérieurs au polygone, si celui-ci n'est pas convexe). Le calcul numérique des
diagrammes de Voronoï pour des F_i constitués de segments de droites (et
éventuellement de portions de cercle) fait l'objet d'une littérature abondante
(voir [165, 152] pour des descriptions et des références).

Une question similaire peut être posée pour une courbe quelconque: existe-
t'il une décomposition de la courbe en arcs $F_1, \ldots, F_N$ dont le diagramme de
Voronoï associé en contienne le squelette ? Le raisonnement esquissé pour
les polygones s'applique, sauf si un disque maximal s'appuie sur deux points
appartenant au même segment. Le théorème suivant, extrait de [131], donne
un critère permettant de détecter qu'une telle chose est impossible. On a en
effet

Théorème 5.4. *Un sous-arc d'une courbe fermée m de classe C^2 dont les
deux extrémités appartiennent à un disque inscrit dans l'intérieur de m contient nécessairement un point de convexité maximale (ie. un point où la courbure est un minimum local négatif)*

Si la courbe est divisée par les points de convexité maximale, le diagramme
de Voronoï des segments extraits contiendra donc le squelette. Il contiendra
en fait un peu plus que le squelette: d'une part, comme pour les polygones,
des points extérieurs à la courbe, mais également des portions émanant des
points de convexité maximale (celles inscrites dans le le cercle osculateur en
ces points). L'élimination de ces points permet d'obtenir le squelette à partir
des diagrammes de Voronoï.

5.3 Implémentations par équations aux dérivées partielles

5.3.1 Feu de prairie

Une autre façon de concevoir le squelette passe par la notion de "feux de
prairie". Ceci correspond au modèle suivant: la frontière de Ω est la limite
d'une prairie; on suppose qu'à l'instant $t = 0$, on met le feu simultanément à
tous les points $\partial\Omega$. Le feu se propage alors à vitesse constante vers l'intérieur
de Ω suivant un front. Les points du squelette sont alors les points où deux
composantes du front se rencontrent.

La propagation du front se modélise mathématiquement par l'équation

$$\frac{\partial m}{\partial t} = -\nu$$

où ν est la normale sortante à la courbe m. La vitesse de propagation du feu
est ici normalisée à 1. Le front lui-même à l'instant t est la courbe $u \to m(t, u)$,
et ν est donc effectivement donnée par

$$\nu(t, x) = \frac{1}{\left|\frac{\partial m}{\partial u}\right|} R_{\frac{\pi}{2}} \left(\frac{\partial m}{\partial u}\right)$$

où $R_{\frac{\pi}{2}}$ est la rotation d'angle $\pi/2$. La condition initiale, $m(0,.)$ est une paramétrisation de $\partial \Omega$.

Même si la courbe initiale $m(0,.)$ est lisse (de classe C^2, par exemple), l'équation (sauf dans le cas particulier d'un cercle) formera des singularités en temps fini. C'est assez simple de s'en convaincre: supposons que la solution de cette équation est une courbe régulière de classe C^2 jusqu'à l'instant t. On peut déjà vérifier que $\nu(t, x) = \nu(0, x)$ (les normales sont constantes). En effet, ν étant un vecteur unitaire, on a nécessairement

$$\left\langle \frac{\partial \nu}{\partial t}, \nu \right\rangle = 0$$

D'autre part, on a

$$\frac{\partial}{\partial t} \frac{\partial m}{\partial u} = -\frac{\partial \nu}{\partial u} = -\left|\frac{\partial m}{\partial u}\right| \kappa \tau = \kappa \frac{\partial m}{\partial u}$$

On a donc

$$0 = \frac{\partial}{\partial t} \left\langle \frac{\partial m}{\partial u}, \nu \right\rangle = \left\langle \frac{\partial}{\partial t} \frac{\partial m}{\partial u}, \nu \right\rangle + \left\langle \frac{\partial m}{\partial u}, \frac{\partial \nu}{\partial t} \right\rangle = \left\langle \frac{\partial m}{\partial u}, \frac{\partial \nu}{\partial t} \right\rangle$$

Mais comme $\frac{\partial \nu}{\partial t}$ est un colinéaire à la tangente, on a forcément

$$\frac{\partial \nu}{\partial t} = 0$$

On en déduit donc que $m(t, u) = m(0, u) - t\nu(0, u)$. En particulier, en dérivant par rapport au temps, et en supposant que la paramétrisation initiale est faite par longueur d'arc:

$$\frac{\partial m}{\partial u}(t, u) = (1 - t\kappa(0, u))\tau(0, u)$$

En particulier, si $\kappa(0, u) > 0$ et $t = 1/\kappa(0, u)$, on a $\frac{dm}{du} = 0$ et la courbe n'est plus régulière et la discussion précédente n'est plus valide. Si l'on choisit le premier instant t_0 pour lequel cela survient, qui correspond à l'inverse du maximum de courbure, on peut calculer la courbure pour $t < t_0$, qui est donnée par l'équation

$$\frac{\partial \tau(t, u)}{\partial u} = \left|\frac{\partial m}{\partial u}\right| \kappa(t, u)\nu$$

mais, comme ν, τ est indépendant du temps, de sorte que

$$\frac{\partial \tau(t, u)}{\partial u} = \kappa(0, u)\nu$$

et donc

$$\kappa(t, u) = \frac{\kappa(0, u)}{1 - t\kappa(0, u)}$$

qui tend vers l'infini en au moins un point lorsque t tend vers t_0.

En $t = t_0$, on a $\frac{\partial m}{\partial u}(t_0, u) = 0$ en au moins un point: soit u_0 un tel point, qui est nécessairement un maximum global de la courbure. Au voisinage de u_0, on peut écrire, en calculant les dérivées de m en u (et en tenant compte du fait que $1 - t_0\kappa(0, u_0) = 0$:

$$m(t_0, u) = m(t_0, u_0) - \frac{t_0}{2}(u - u_0)^2\kappa'(0, u_0)\tau(0, u_0)+$$

$$\frac{t_0}{6}(u - u_0)^3(-\kappa''(0, u_0)\tau(0, u_0) + 2\kappa(0, u_0)\kappa'(0, u_0)\nu(0, u_0))$$

$$+ o[(u - u_0)^3]$$

Mais, t_0 étant le premier, on a $\kappa'(0, u_0) = 0$, $\kappa''(0, u_0) \leq 0$. Dans l'hypothèse générique où $\kappa''(0, u_0) \neq 0$, on voit que $m(t_0, u)$ est en $(u - u_0)^3$ au voisinage de u_0, ce qui implique bien l'existence d'une tangente, égale d'après le développement à $\tau(0, u_0)$. Toutefois, dès que $t > t_0$, de vraies singularités se créent. En effet, si t est petit, il existera deux valeurs u_1 et u_2 de part et d'autre de u_0 telle que

$$1 - t\kappa(0, u_1) = 1 - t\kappa(0, u_2) = 0$$

(parce que κ est quadratique au voisinage de u_0). En u_1 et u_2, on aura $\kappa' \neq 0$, si bien que l'on aura, par exemple en u_1:

$$m(t, u) = m(t, u_1) - \frac{t}{2}(u - u_1)^2\kappa'(0, u_1)\tau(0, u_1)+$$

$$\frac{t}{6}(u - u_1)^3(-\kappa''(0, u_1)\tau(0, u_1) + 2\kappa(0, u_1)\kappa'(0, u_1)\nu(0, u_1))$$

$$+ o[(u - u_1)^3]$$

Ceci implique que la courbe $m(t, .)$ admet un point de rebroussement au voisinage de u_1, et il en est de même au voisinage de u_2. On peut aller plus loin dans la description de cette singularité pour affirmer que les deux arcs se croisent au voisinage de u_1 et u_2 et que la courbe prend localement une forme de queue de poisson (queue d'aronde est le terme consacré).

Cette création de singularité, toutefois, ne correspond au phénomène physique modélisé: l'herbe brûlée ne rebrûle pas une seconde fois. Il faut donc couper cette queue d'aronde au delà du croisement, créant ainsi un point anguleux sur le contour restant. Cette singularité se déplace avec le temps, et le parcours qu'elle suit est justement un arc du squelette. La détection et le suivi de toutes les singularités ainsi créées[3] (les "chocs") est l'approche suivie dans [187, 186, 185, 190] pour construire un squelette.

5.3.2 Résolution implicite

L'équation

$$\frac{\partial m}{\partial t} = -\nu$$

peut également être représentée de manière implicite (comme au paragraphe 4.2.2), en suivant la ligne de niveau 0 de la solution de l'EDP

$$\frac{\partial f}{\partial t} = -|\nabla f|$$

Comme pour le problèmes de propagation de front, les solutions de cette équation ne sont pas nécessairement uniques. La mise en œuvre numérique de cette équation menant à une vraie simulation de feu de prairie peut être réalisée en suivant un schéma de discrétisation introduit dans [173], dont nous donnons ici une description rapide. Introduisons un pas de discrétisation temporelle δ et un pas de discrétisation spatiale h, et posons

$$f_{ij}^n = f(n\delta, ih, jh)$$

La solution de l'équation au temps $T = N\delta$, sera construite en itérant les pas, pour $n = 1, \ldots, N-1$:

$$f^{n+1} = f^n - \delta|\nabla f^n(i,j)|$$

mais il faut des précautions pour définir l'approximation de la norme du gradient. On introduit pour ce faire les opérateurs suivants:

$$\frac{\partial^+ f}{\partial x}(i,j) = (f_{ij} - f_{i-1j})/h$$

$$\frac{\partial^- f}{\partial x}(i,j) = (f_{i+1j} - f_{ij})/h$$

$$\frac{\partial^+ f}{\partial y}(i,j) = (f_{ij} - f_{ij-1})/h$$

$$\frac{\partial^- f}{\partial y}(i,j) = (f_{ij+1} - f_{ij})/h$$

puis

---

[3] Il est à remarquer que ces singularités ne se limitent pas aux queues d'aronde qui ont été discuté ici: des croisements peuvent survenir à partir de rencontres non-locales, pour un contour en forme de haricot, par exemple

$$\left| \frac{\partial f}{\partial x}(i,j) \right| = \max \left(\max(\frac{\partial^- f}{\partial x}(i,j), 0), -\min(\frac{\partial^+ f}{\partial x}(i,j), 0) \right)$$

$$\left| \frac{\partial f}{\partial y}(i,j) \right| = \max \left(\max(\frac{\partial^- f}{\partial y}(i,j), 0), -\min(\frac{\partial^+ f}{\partial y}(i,j), 0) \right)$$

et enfin, on pose

$$|\nabla f(i,j)| = \sqrt{\left| \frac{\partial f}{\partial x}(i,j) \right|^2 + \left| \frac{\partial f}{\partial y}(i,j) \right|^2}$$

Ce type d'algorithme génère également la carte de distances à la courbe initiale; cette carte, solution de

$$|\nabla f| = 1$$

est calculée en intégrant

$$\frac{\partial f}{\partial t} = 1 - |\nabla f|$$

suivant le même schéma (voir toutefois la partie 8.2.3 du chapitre 8 pour un algorithme bien plus efficace). La connaissance de cette carte de distance permet de reconstituer le squelette, soit par analyse des cercles maximaux (une analyse exacte sur une grille discrète n'est pas évidente, voir, par exemple [82]), soit en détectant les courbes médiatrices des segments du contour de la forme qui ne contiennent pas de maximum de courbure (cf. [131]). Le lecteur intéressé par plus d'explications sur la conception de ces schémas numériques, et par plus de détails sur leur implémentation pourra se référer en particulier à [182].

5.4 Amincissement

Les algorithmes réalisant des amincissements de formes sont reliés au squelette tel que nous l'avons défini (axe médian), bien qu'ils ne génèrent pas nécessairement le lieu des centres de boules maximales. Ces algorithmes réalisent une sorte d'"épluchage" des formes en retirant des pixels à la frontière jusqu'à obtenir en fin de compte la structure recherchée. Un des premiers algorithmes dans ce cadre est l'algorithme de Hilditch ([113]), dans lequel une série de tests simples sont définis pour décider si un pixel doit être effacé ou non. Un autre point de vue similaire est celui de l'érosion en morphologie mathématique (cf [181]). Dans cette théorie, on définit un élément structurant B symétrique (par exemple une petite sphère centrée en 0), et on définit un opérateur L_B qui extrait d'un ensemble discret les parties de taille inférieure à celle de B. Soit X un tel ensemble (considéré comme un sous-ensemble de $\mathbb{Z}^2$). On définit

$$E_B(X) = \{x : x + B \subset X\}$$
$$D_B(X) = \{x : x + B \cap X \neq \emptyset\}$$
$$O_B(X) = D_B \circ E_B(X)$$
$$L_B(X) = X \setminus O_B(X)$$

Les trois premières opérations s'appellent, dans l'ordre, une érosion, une dilatation et une ouverture. Cette dernière fait suivre une érosion par une dilatation avec le même élément structurant. La dilatation reconstitue essentiellement l'ensemble X initial, sauf les structures qui ont été complètement éliminées par l'érosion, parce qu'elles étaient trop petites, ou trop fines, relativement à l'élément structurant. L'opération L_B fournit donc exactement ces structures. Le squelette morphologique de X est alors défini pas

$$S(X) = \cup_{n=1}^{N} L_B(E_{nB}(X))$$

On réunit donc les différentes parties linéaires de l'ensemble X après des érosions successives.

Un algorithme d'amincissement par résolution d'une équation aux dérivés partielles a d'autre part été proposé dans [157], référence à laquelle nous renvoyons pour plus de détails.

5.5 Sensibilité au bruit

Un des obstacles essentiels au calcul effectif des axes médians, et à leur utilisation effective en reconnaissance de formes, est leur extrême sensibilité à de faibles variations sur le contour de la forme. Nous avons vu, dans le partie 5.2.1 comment des sommets convexes tournés vers l'extérieur génèrent des

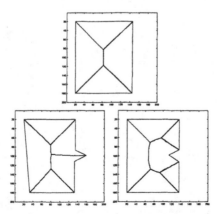

Fig. 5.1. Effet sur le squelette de l'adjonction d'une irrégularité convexe ou concave sur une forme rectangulaire

branches du squelette arbitrairement grandes. Ainsi, des points anguleux sur une forme, même s'ils sont imperceptibles à l'oeil, génèrent des variations macroscopiques sur l'axe médian. D'autres effets de ce type existent (où des variations infinitésimales sur la forme engendrent de fortes variations sur le squelette). Ces variations ont été mise en évidence et classées, tout au moins dans des situations génériques, dans [90]. La figure 5.1 présente les variations que produisent sur le squelette d'un rectangle des indentations convexes et concaves.

Il s'ensuit qu'un algorithme de "squelettisation" ne peut être utile que s'il comprend une phase de nettoyage (ou d'élagage) des branches superflues. Nous ne rentrerons pas dans les détails ici, en nous contentons de remarquer que l'on peut agir à deux niveaux:

- Lissage *a priori*: on lisse les courbes pour retirer les points anguleux: pour des polygones, cela consiste à retirer des sommets peu marqués (mais cela engendre souvent de fortes dégradations sur la forme), et pour des courbes générales, à appliquer un noyau régularisant, où à faire agir un algorithme d'évolution régularisante. Quelques pathologies (et des moyens d'y remédier) on été démontrées dans [18] avec ce genre d'approche (le lissage de la forme ne simplifie pas toujours le squelette).
- Elaguage *a posteriori*: après avoir calculé un squelette, on le nettoie en éliminant des branches. Plusieurs principes sont applicables: éliminer celles qui proviennent de petits accidents sur la frontière, tels que ceux caractérisés dans [90], éliminer les petites branches, etc..

6

Représentation par des moments

6.1 Introduction

Nous considérons, dans ce paragraphe, des représentations globales, exprimées sous formes d'intégrales le long du contour de la silhouette, ou bien sur l'intérieur du domaine délimité par celle-ci. Afin d'unifier les notations, nous supposerons associée à toute courbe m une mesure μ_m sur $\mathbb{R}^2$ (portée par le contour ou par son intérieur). Par exemple, si m est fermée (et est une courbe de Jordan), on notera Ω_m le domaine borné qui lui est intérieur, et on posera $d\mu_m = 1_{\Omega_m}(x, y)dxdy$. Si on choisit une paramétrisation intrinsèque (associée à un groupe de transformations donné), notée s_m, on a aussi le choix de définir μ_m comme la mesure portée par m avec $\int f(m)d\mu_m = \int f(m(s))ds_m$. Nous supposerons toujours que μ_m est bornée.

Si $\mathcal{F}$ est un ensemble de fonctions à valeurs réelles définies sur $\mathbb{R}^2$, nous pouvons associer à toute courbe m la famille

$$\mathcal{F}(m) = \left\{ \int f(P)d\mu_m(P), f \in \mathcal{F} \right\}.$$

Cette famille $\mathcal{F}(m)$ est la représentation de m par les moments des fonctions de $\mathcal{F}$. Comme précédemment, une bonne représentation doit, d'une part, être invariante par rapport à l'action de groupes de transformations rigides, être relativement stable par petites déformations, et d'autre part, être aussi exhaustive que possible, c'est à dire de caractériser au mieux la courbe aux invariances imposées près.

En général, on s'affranchit dès le départ de l'invariance par translation en considérant, pour chaque courbe m, le point $\overline{m}$, centre de gravité de m, défini par

$$\overline{m} = \frac{1}{\mu_m(\mathbb{R}^2)} \int_{\mathbb{R}^2} Pd\mu_m(P)$$

et en définissant

$$\mathcal{F}(m) = \left\{ \int f(P - \overline{m}) d\mu_m(P), f \in \mathcal{F} \right\}.$$

Nous omettrons toutefois de faire apparaître $\overline{m}$ dans la suite (afin d'alléger les notations), supposant implicitement que les courbes ont été recentrées à $\overline{m} = 0$.

Nous commencerons par le cas où $\mathcal{F}$ est composé de polynômes à deux variables, ce qui nous ramènera à la théorie des invariants algébriques.

6.2 Invariants algébriques et moments

Soit G un sous-groupe de $GL_2(\mathbb{R})$ (nous considérons uniquement des transformations linéaires, puisque nous avons déjà éliminé les translations). Si f est une fonction définie sur $\mathbb{R}^2$, on définit, pour $g \in G$ la fonction $g.f$ simplement par $(g.f)(P) = f(g^{-1}P)$, $P \in \mathbb{R}^2$.

Soit $\mathcal{P}$ l'ensemble des polynômes homogènes à deux variables. Un élément de $\mathcal{P}$ est du type

$$f(x, y) = \sum_{k=0}^{n} a_k x^k y^{n-k}.$$

Si $g \in G$, $g.f$ est également un polynôme homogène (de même degré). On dit qu'une fonction I définie sur $\mathcal{P}$ est un invariant algébrique s'il existe un réel ω tel que, pour tout $g \in G$, et tout $f \in \mathcal{P}$, $I(g.f) = \det(g)^\omega I(f)$ (si $\omega = 0$, on parle d'invariant absolu).

6.3 Lien avec les moments invariants

La fonction génératrice de μ_m (bien définie car μ_m est bornée) est

$$M_m(u, v) = \int_{\mathbb{R}^2} e^{ux+vy} d\mu_m(x, y)$$

Notons E_{kl}^m l'intégrale $\int x^k y^l d\mu_m(x, y)$. En développant l'exponentielle en série entière, on peut écrire

$$M_m(u, v) = \sum_{p \geq 0} \sum_{k=1}^{p} \frac{u^k v^{p-k}}{k!(p-k)!} E_{k,p-k}^m$$
$$= \sum_{p \geq 0} f_p^m(u, v)$$

où $f_p^m(u, v)$ est un polynôme homogène de coefficients $E_{k,p-k}^m / k!(p-k)!$.
Nous supposerons qu'il existe un réel α tel que, pour $g \in G$,

$$\mu_{gm} = \det(g)^\alpha \mu_m \circ g \,,$$

ce qui équivaut à, pour tout fonction f

$$\int f \circ g^{-1}(P) d\mu_{gm}(P) = \det(g)^\alpha \int f(P) d\mu_m(P)$$

Si μ_m est la mesure de Lebesgue restreinte à l'intérieur de m on a $\alpha = 1$, et s'il s'agit d'une intégrale de contour par rapport à une paramétrisation invariante par g, on a $\alpha = 0$.

Pour $P = (u, v)$, on a

$$
\begin{aligned}
M_{gm}(P) &= \int e^{\langle P, Q\rangle} d\mu_{gm}(Q) \\
&= \int e^{\langle {}^t g P, g^{-1} Q\rangle} d\mu_{gm}(Q) \\
&= \det(g)^\alpha \int e^{\langle {}^t g P, Q\rangle} d\mu_m(Q) \\
&= \det(g)^\alpha M_m({}^t g P)
\end{aligned}
$$

Cela implique que, pour tout p, $f_p^{gm}(u, v) = \det(g)^\alpha f_p^m({}^t g(u, v))$, ce qui s'écrit encore, en utilisant la définition de l'action du groupe,

$$f_p^{gm} = \det(g)^\alpha ({}^t g^{-1} \cdot f_p^m) \,.$$

Comme f_p^m est homogène de degré p, cela s'écrit également [1]

$$f_p^{gm} = (\det(g)^{\frac{\alpha}{p}} \, {}^t g)^{-1} \cdot f_p^m \,.$$

Si à présent I est un invariant algébrique (relatif) défini sur (un sous ensemble de) l'ensemble $\mathcal{P}_p$ des polynômes homogènes de degré p, avec $I(g.f) = \det(g)^\omega I(f)$, on a

$$I(f_p^{gm}) = \det(\det(g)^{\frac{\alpha}{p}} \, {}^t g)^{-\omega} I(f_p^m) = \det(g)^{-\omega(2\frac{\alpha}{p}+1)} I(f_p^m) \,.$$

Mais $I(f_p^m)$ est en fait une fonction $I(E_{k,p-k}^m, k = 1, \ldots, p)$ de tous les moments d'ordre k associés à m et fournit donc une fonction des moments qui est invariante par l'action de G.

Les invariants algébriques ont été caractérisés dans le paragraphe 2.5.2. Prenons, par exemple, le discriminant, pour un polynôme de degré 2, $f(x, y) =$

---

[1] Pour les groupes considérés, on a

$$g \in G \Rightarrow (\det g)^c \mathrm{Id} \in G \text{ pour tout } c \in \mathbb{R}$$

$ax^2 + bxy + cy^2$, qui est égal à $b^2 - 4ac$. Transcrit en termes de moments, cela donne

$$\left(\frac{E_{11}}{1!1!}\right)^2 - 4\frac{E_{20}}{2}\frac{E_{02}}{2} = E_{11}^2 - E_{20}E_{02}$$

soit encore

$$\int xy d\mu_m - \int x d\mu_m \int y d\mu_m$$

Si l'on se limite à l'invariance par rotation, on pourra utiliser la batterie d'invariants mise en évidence dans ce cadre (cf. paragraphe 2.5.2, chapitre 1).

6.4 Bases orthogonales

Une autre possibilité est de représenter la courbe par sa projection sur une base de polynômes orthogonaux. Nous ne reprendrons pas les décompositions classique (polynômes de Legendre, d'Hermitte...), et citons, pour mémoire, les moments de Zernicke, dont la définition est un peu moins répandue.

Posons $V_{nl}(r, \theta) = e^{il\theta}R_{nl}(r)$ ($0 \leq l \leq n$, $n - l$ pair), avec $R_{nl}(r) = \sum_{k=l}^{n} B_{nlk}r^k$, et

$$B_{nlk} = (-1)^{(n-k)/2}\frac{[(n + k)/2]!}{[(n - k)/2]![(k + l)/2]![(k - l)/2]!}$$

pour $n - k$ pair.

Les V_{nl} sont orthogonaux sur $[0, 1] \times [0, 2\pi[$. Le moment de Zernike associé à une courbe m inscrite dans le cercle unité est donné par l'intégrale

$$Z_{nl}(m) = \int_0^{2\pi} \int_0^1 V_{nl}(r, \theta)^* d\tilde{\mu}_m(r, \theta)$$

où $\tilde{\mu}_m$ est la mesure image de μ_m par l'application $(x, y) \mapsto (r, \theta)$.

7

Représentations relatives à un prototype

Les diverses représentations de formes que nous avons évoquées jusqu'à présent avaient une vocation généraliste, au sens qu'elles n'utilisaient aucun a priori sur le type de formes considérées. Nous nous plaçons dans ce chapitre dans la situation où ces formes appartiennent à une classe homogène, composée de certaines variations d'une forme "moyenne", que nous appellerons prototype. Nous présenterons trois points de vues dans ce cadre: une étude basée sur les petites déformations élastiques du prototype, une autre exploitant l'analyse en composantes principales d'une base de données, la dernière enfin choisissant la démarche de placer un modèle sur un groupe de déformations agissant sur l'objet plutôt que sur l'objet lui-même.

7.1 Représentation modale

7.1.1 Généralités

Cette approche représente un prototype comme un modèle élastique, susceptible de se déformer pour générer des formes observables. Le modèle est ensuite exploité pour construire une représentation des formes déformées exprimée dans une base orthogonale adéquate.

Les objets sont supposés représentés par un nuage de points. Ce nuage sert ensuite à définir une représentation de l'objet sous la forme d'une membrane élastique plus ou moins épaisse construite à l'aide d'une interpolation par une méthode d'éléments finis.

La première étape consiste donc à repérer un certain nombre de points "caractéristiques" sur la forme. De manière non-exhaustive, on peut distinguer divers types de points susceptibles d'être extraits:

- Points angulaires (ou de forte courbure) sur le contour de la forme
- Points d'inflexion (rupture de concavité) le long du contour externe
- Jonctions en T sur les contours internes de l'objet

- Segments de courbe quasi linéaires le long du contour externe
- etc...

Les critères de robustesse et d'invariance imposés aux représentations de courbes restent valables dans ce cadre: il est nécessaire que les positions relatives de ces points (et si possible les critères de détection) soient invariantes par l'action de groupes de transformation rigides.

Toutefois, ce type de représentation est limité par le fait qu'il est généralement impossible d'obtenir (autrement que manuellement) une détection des points caractéristiques qui serait identique quelles que soient les conditions d'observation de l'objet, le bruit de l'image, etc... Toutes les techniques qui l'utilisent sont ainsi confrontées à des problèmes très délicats de gestions de points absents, ou d'ambiguïtés entre des points voisins. Dans la méthode que nous considérons ici, le nuage de points est régularisé de manière à modéliser un matériau élastique continu, procurant ainsi une représentation plus robuste.

7.1.2 Modèle physique

On part d'un grand vecteur X_0 donnant la liste des positions des points extraits du prototype considéré. Si on se base sur les silhouettes des objets, X_0 peut être simplement une énumération des points du contour. D'une manière générale, X_0 peut contenir n'importe quel ensemble de points aisément repérables sur le bord ou l'intérieur de l'objet. Nous noterons $X_0 = (m_1, \ldots, m_N)$, où chaque m_i est un des points caractéristiques sélectionnés. Si on note $m_i = (x_i, y_i)$, on considérera également le vecteur colonne

$$^t(x_1, \ldots, x_N, y_1, \ldots, y_N)$$

que nous noterons aussi X_0, chacune des représentations étant claire à partir du contexte. Les différents points composants X_0 seront appelés des *nœuds*, en référence à l'approche par éléments finis qui va suivre.

Ce vecteur X_0 n'est pas la représentation du prototype mais va servir à la construire. Autour de chacun des points composant X_0, on étend symboliquement une couche d'un certain matériau élastique. L'accumulation de ces couches engendre ainsi une membrane élastique dont la structure dépend de l'objet représenté. C'est l'étude des petites déformations de cette structure qui va permettre de modéliser les formes voisines de ce prototype.

De façon plus précise, on suppose donnée une fonction $g : \mathbb{R}^2 \to \mathbb{R}^+$ qui détermine la quantité de matière qui sera étendue autour d'un point donné. On prend généralement $g(m) = h(|m|)$, où $h : \mathbb{R}^+ \to \mathbb{R}^+$ est une fonction strictement décroissante. L'objet élastique associé à X_0 a alors, en tout point m du plan, une épaisseur de matière donnée par

$$\rho(m) = \sum_{i=1}^{N} g(m - m_i).$$

Les déplacements dans la membrane sont considérés comme dépendant uniquement des déplacements des nœuds à l'aide d'une approximation par éléments finis. Dans une telle approche, on définit, pour chaque point m, et pour chaque $j \in \{1, \ldots, N\}$, une matrice $H^j(m)$ telle que, si l'on opère un déplacement $m_j \to m_j + u_j$ sur chacun des nœuds, une interpolation du déplacement de n'importe quel point m du plan soit donnée par

$$u(m) = \sum_{j=1}^{N} H^j(m)u_j \qquad (7.1)$$

Ce qui peut se représenter sous forme vectorielle par $u(m) = H(m)U$. En élasticité, on définit un vecteur appelé *déformation*, que nous noterons $\varepsilon(.)$, qui est un opérateur différentiel (du premier ordre) appliqué à u. Combiné avec la représentation (7.1), ε admet aussi une représentation linéarisée, du type $\varepsilon(m) = B(m)U$.

Si l'on opère une petite variation du déplacement $u \to u + \delta u$, et donc $\varepsilon \to \varepsilon + \delta\varepsilon$, la théorie de l'élasticité linéaire permet d'affirmer que le travail effectué (par élément de volume) est donné par

$$\delta W_m = {}^t(\delta\varepsilon)\sigma - {}^t(\delta u)b$$

où σ et b sont respectivement les contraintes et les charges réparties sur le matériau. Les contraintes σ dépendent de ε par la formule $\sigma(m) = \Sigma(m).\varepsilon(m) + \sigma_0(m)$, où σ_0 est la contrainte au repos, et Σ est une matrice symétrique qui caractérise les propriétés élastiques de la membrane au point m. Si l'on remplace ε et u par leur expression en fonction de U, et si l'on intègre sur la surface de la membrane, on obtient

$$\delta W = \int \delta W_m dm = {}^t U.Q$$

où $Q = \int ({}^t B.\sigma - {}^t H.b)dm$. Le vecteur Q est appelé vecteur des forces équivalentes aux nœuds. Cette force se réécrit $Q = K.U + f$, avec

$$K = \int {}^t B \Sigma B dm$$

et

$$f = \int ({}^t B.\sigma_0 - {}^t H.u)dm$$

Nous nous placerons dans le cas où $\sigma_0 = b = 0$, de sorte que $f = 0$.

Si l'on suppose maintenant qu'une force f_0 est appliquée aux nœuds, le système évolue selon l'équation différentielle (nous omettons les forces de frottement visqueux)

$$M\ddot{U} - KU = f_0 \qquad (7.2)$$

où M et K sont des matrices liées aux propriétés physiques du matériau considéré, M représente la masse et K, définie plus haut, la rigidité de la forme. Il s'agit de matrices symétriques de taille $2N$. La matrice M peut être déterminée à partir de la masse volumique du matériau par interpolation aux éléments finis, comme ci-dessus.

7.1.3 Modes de déformation

Dans l'équation précédente, les matrices M, K dépendent de l'objet déformé à l'instant considéré, et varient donc avec le temps. L'analyse suivante se place en temps petit au voisinage de l'objet prototype, et décompose les déformations infinitésimales en un certain nombre de modes.

Ces modes sont les vecteurs $\varphi_1, \ldots, \varphi_{2N}$ solutions du problème aux valeurs propres généralisé

$$K\varphi_i = \omega_i^2 M\varphi_i.$$

Autrement dit, les ω_i^2 et les $M^{1/2}\varphi_i$ sont les valeurs propres et vecteurs propres de la matrice symétrique $M^{-1/2}KM^{-1/2}$. Par convention, on ordonne les φ_i par ordre croissant des ω_i.

Si on note $\Phi = [\varphi_1, \ldots, \varphi_{2N}]$ la matrice de changement de base, et Ω la matrice diagonale formée par les ω_i, on peut représenter l'équation (7.2) dans la nouvelle base: celle ci se sépare alors en $2N$ équations indépendantes. Si on note $\tilde{U}$ le déplacement lu dans la base des φ_i, on a

$$U = \Phi\tilde{U}$$

Ainsi, un déplacement suivant φ_i fournit une liste de déplacements de chacun des noeuds dans les coordonnées originales. Pour un noeud donné, la liste des ses déplacements dans chacun des modes de déformation est fournie par deux vecteurs lignes de la matrice Φ (un pour les abscisses et un pour les ordonnées): ces déplacements modaux, associés à chacun des points particuliers, fournissent une "signature", qui en chaque point dépend de la forme globale de l'objet prototype.

De manière générale, pour obtenir une représentation dont la dimension est indépendante du prototype, un nombre fixe de modes est conservé. Typiquement, les premiers modes correspondent à des déformations rigides, et ne sont pas conservés. Les modes correspondants à des ω_i élevés sont généralement sensibles au bruit, si bien qu'on conserve un nombre donné de modes intermédiaires. Les signatures associées aux points particuliers de chacun des prototypes sont de même dimensions, ce qui permettra de rechercher leur éventuelle similarité.

Un des intérêts de cette représentation est sa robustesse vis à vis du choix des points particuliers servant à définir les nœuds. La décomposition modale, et en particulier les ω_i dépendent de propriétés physiques globales de l'objet élastique ainsi construit, qui sont faiblement altérées par l'omission de quelques points caractéristiques.

La représentation est invariante par translation, puisqu'on mesure des déplacements, elle n'est pas invariante par homothétie ou rotation, et une mise en correspondance ou une comparaison requière un recalage préalable.

7.2 Axes principaux de déformation

7.2.1 Analyse statistique de données

Nopus commençons cette partie par une rapide description de quelques méthodes d'analyse statistique de données. L'analyse en composantes principales en est l'une des plus simples et peut-être la plus importante.

Analyse en composantes principales

Cette technique est la méthode de base pour représenter avec parcimonie une certaine population d'individus. La formulation générale est la suivante. On suppose donnée une famille $X_1, \ldots, X_N$ de points d'un *espace vectoriel* noté H. Le but de l'analyse en composantes principales est de représenter les points X_k sous la forme:

$$X_k = \overline{X} + \sum_{i=1}^{p} \alpha_{ki} e_i + R_k$$

avec $\overline{X} \in H$, les vecteurs $e_1, \ldots, e_p$ formant une famille libre de H et les "erreurs" (que nous avons notées $R_1, \ldots, R_p$) étant aussi petites que possibles.

Si H est muni d'une structure hilbertienne, ce que nous supposerons, en notant $\langle ., . \rangle$ le produit scalaire, on peut imposer aux e_i de former une base orthonormale (on ne s'intéresse pas aux e_i eux-mêmes, mais au sous-espace vectoriel de dimension p qu'ils engendrent). Cette représentation est obtenue en minimisant l'erreur quadratique

$$S = \sum_{k=1}^{N} \|R_k\|^2, .$$

Si $\overline{X}$ et les e_i sont fixés, $\sum_{i=1}^{p} \alpha_{ki} e_i$ doit être la projection orthogonale de $X_k - \overline{X}$ sur l'espace vectoriel engendré par les e_i, autrement dit, on doit poser $\alpha_{ki} = \langle X_k - \overline{X}, e_i \rangle$. Toujours en fixant les e_i, un calcul élémentaire montre que l'on doit choisir $\overline{X} = \frac{1}{N} \sum_{k=1}^{N} X_k$, la moyenne des X_k. Pour alléger les formules qui suivront, nous remplaçons X_k par $X_k - \overline{X}$ (ie. nous recentrons le nuage de points), ce qui nous permet de poser $\overline{X} = 0$ dans la suite. Il reste donc à sélectionner les e_i, en minimisant

$$S = \sum_{k=1}^{N} \left\| X_k - \sum_{i=1}^{p} \langle X_k , e_i \rangle e_i \right\|^2$$

Nous avons

$$S = \sum_{k=1}^{N} \| X_k \|^2 - \sum_{i=1}^{p} \sum_{k=1}^{N} \langle X_k , e_i \rangle^2$$

Définissons, sur l'espace H, un produit scalaire associé au nuage de points, noté $\langle . , . \rangle_X$ et donné par

$$\langle x , y \rangle_X = \frac{1}{N} \sum_{k=1}^{N} \langle X_k , x \rangle \langle X_k , y \rangle$$

et $\| . \|_X$ la semi-norme associée (semi-norme, puisque on a $\|x\|_X = 0$ si x est orthogonal à tous les X_k). Les e_i doivent donc *maximiser* $\sum_{i=1}^{p} \|e_i\|_X^2$ sous la contrainte de former une famille orthonormée pour le produit scalaire de H.

La forme quadratique $Q_X = \| . \|_X^2$ est diagonalisable, dans une certaine base orthonormée de H, que nous noterons $(f_n, n \geq 0)$ (Q_X est nulle sur l'orthogonal de $X_1, \ldots, X_N$, de sorte qu'il s'agit d'un problème en dimension finie, même si l'espace ambiant H est de dimension infinie). Notons λ_n^2 la valeur propre associée à f_n, et supposons que la base est ordonnée de manière que les λ_n^2 forment une suite décroissante. Par un théorème classique d'algèbre linéaire, il vient qu'un choix optimal pour les e_i est de prendre $e_i = f_i$, pour $i = 1, \ldots, p$ (ce choix est unique s'il n'y a pas de valeur propre double).

Les premiers vecteurs propres de la forme Q_X sont appelées les *directions principales* du nuage de points. Elles sont indépendantes de p. Comme $\|X_k\|^2 = \sum_{i=1}^{\infty} \langle X_k , f_i \rangle^2$, on a, lorsque l'on prend $e_i = f_i$ pour $i \leq p$

$$S = N \sum_{i>p} \|f_i\|_X^2 = N \sum_{i>p} \lambda_i^2$$

On constate donc que l'erreur faite en représentant le nuage de points sur ses p premières directions principales se calcule en fonction des valeurs propres résiduelles de $\| . \|_X^2$.

Les valeurs propres $\lambda_1^2, \ldots, \lambda_p^2, \ldots$ associées à la diagonalisation de la norme $\| . \|_X$ portent une autre information essentielle: elles quantifient la variabilité du nuage de points dans la direction principale associée. C'est une mesure de variance: on a

$$\lambda_i^2 = \|e_i\|_X^2 = \frac{1}{N} \sum_{k=1}^{N} \langle e_i , X_k \rangle^2$$

qui est la *variance empirique* du coefficient des éléments du nuage par rapport à la $i$ème direction propre (la moyenne empirique est nulle parce que l'on a recentré le nuage).

En dimension finie, les points $X_1, \ldots, X_N$ sont donnés par leur coordonnées dans une certaine base de H. Si A est la matrice définie positive induisant le produit scalaire sur H (ie. $\langle x, y \rangle = {}^t xAy$), la semi-norme $\| . \|_X$ sera associée à la matrice $Q_X = \frac{1}{N} A.(\sum_{k=1}^{N} X_k {}^t X_k).A$, et le problème se ramène donc à la diagonalisation de Q_X, qui est une matrice de dimension égale à la dimension de H, dans une base orthonormée pour le produit scalaire associé à A. Cela se fait en diagonalisant la matrice

$$A.\left(\frac{1}{N} \sum_{k=1}^{N} X_k {}^t X_k \right)$$

obtenant ainsi les vecteurs propres f_i' et les valeurs propres λ_i: on obtient ensuite une base orthogonale pour A et Q_X simultanément en posant $e_i = A^{-1} f_i'$.

En dimension infinie (ou lorsque H est de très grande dimension), les choses sont un petit peu plus compliquées. De récents travaux ont étudié cette situation, qui est appelée *analyse de données fonctionnelle*. Nous n'aborderons pas cette théorie dans cet ouvrage (le lecteur intéressé pourra se référer à [169], qui procure de nombreux points d'entrée sur la littérature). D'un point de vue pratique, on pourra représenter le nuage de points dans une base de H, qu'on aura fixée *a priori*. Comme il n'y a pas de raison pour que les X_k aient une représentation finie dans cette base, il faudra en tronquer le développement pour pouvoir continuer les calculs. Il est intuitivement évident qu'une fois cette troncature opérée, il ne servira à rien de rechercher des composantes principales au-delà du seuil de l'erreur déjà commise par cette approximation.

Une autre approche (si le nombre de points dans le nuage n'est pas trop important), est de travailler dans l'espace vectoriel engendré par les X_k: on recherche donc les e_i sous la forme

$$e_i = \sum_{k=1}^{N} \lambda_{ik} X_k$$

Les e_i doivent alors diagonaliser simultanément les formes quadratiques associées aux matrices $N \times N$ A et B, avec $a_{ij} = \langle X_i, X_j \rangle$ et $b_{ij} = \langle X_i, X_j \rangle_X$.

Un autre élément important en pratique réside dans le choix de la norme définissant la structure hilbertienne de H. En dimension finie, on a souvent tendance à prendre $A = \mathrm{Id}$, ce qui n'est pas forcément le choix le plus judicieux. En dimension infinie, la sélection d'une norme parmi les normes L^p, ou les normes de Sobolev, ou des normes associées aux décompositions orthogonales (normes de Besov pour des représentations en ondelettes, par exemple) a une incidence déterminante sur le résultat de l'analyse.

Interprétation statistique

Les points $X_1, \ldots, X_N$ sont à présent des réalisations d'une variable aléatoire à valeurs dans H. De façon plus précise, on suppose qu'il existe un espace probabilisé Ω, et une fonction $\Xi : \Omega \to H$, telle que $X_1, \ldots, X_N$ soient N réalisations indépendantes de la loi de Ξ. La fonction de covariance Γ de la variable Ξ est une forme bilinéaire définie sur H par

$$\langle x, y \rangle_\Xi = E\left(\langle x, \Xi \rangle \langle y, \Xi \rangle\right)$$

où E représente l'espérance statistique. Ainsi, ce que nous avons noté

$$\langle x, y \rangle_X = \frac{1}{N} \sum_{k=1}^{N} \langle X_k, x \rangle \langle X_k, y \rangle$$

est une estimation empirique de ce produit scalaire sur la base de l'échantillon $(X_1, \ldots, X_N)$. Si V est un sous-espace vectoriel de dimension finie de H, on note Ξ_V la projection orthogonale de Ξ sur V: la meilleure représentation de Ξ par une variable de dimension p (au sens de l'erreur quadratique moyenne) est alors la variable Ξ_V pour laquelle $E\left(\|\Xi - \Xi_V\|^2\right)$ est minimale, parmi tous les V de dimension p. L'analyse en composante principale recherche un tel V, en remplaçant l'espérance par une moyenne empirique sur l'échantillon.

Il existe une autre façon équivalente pour caractériser cette analyse, cette fois-ci du point de vue du filtrage. Lorsqu'une base orthogonale $(e_1, \ldots, e_p, \ldots)$ de H est donnée, les coefficients de Ξ relativement à cette base (ie. les $c_j = \langle \Xi, e_j \rangle$) sont des variables à valeurs réelles. L'analyse en composante principale peut être interprétée comme la recherche d'une famille $(e_1, \ldots, e_p)$ telle que les coefficients $c_1, \ldots c_p$ soient non-corrélés (ie. $\mathbf{E}(c_i c_j) = 0$ si $i \neq j$, où $\mathbf{E}$ est l'espérance pour la loi de probabilité sur Ω), et telle que la variable Ξ projetée sur $V = \mathrm{vect}(e_1, \ldots, e_p)$, ie. la variable aléatoire $\Xi_V = \sum_{j=1}^{p} c_j.e_j$, rende compte au maximum de la variabilité de Ξ.

Si $(e_1, \ldots, e_p)$ est la base des p premières directions principales, les valeurs propres $(\lambda_1^2, \ldots, \lambda_p^2)$ calculées par l'analyse sont des estimations empiriques des variances des c_j. La variance de $\hat{\Xi}$ est $\lambda_1^2 + \cdots + \lambda_p^2$.

Un des intérêts du point de vue statistique est de permettre des simulations de réalisations plausibles de Ξ. Si $\gamma_1, \ldots, \gamma_p$ sont des variables aléatoires non-corrélées, de variances respectives $\lambda_1^2, \ldots, \lambda_p^2$, la variable aléatoire $\Delta = \sum_{i=1}^{p} \gamma_i e_i$ aura les mêmes caractéristiques, quant à sa variabilité, que la variable aléatoire Ξ_V. Par contre, l'analyse en composantes principales n'étant basée que sur les covariances, Δ pourra être distinguée de Ξ_V si l'on prend en compte des caractéristiques plus fines, comme les moments d'ordre supérieur à 3. Dans le même ordre d'idée, comme seule la variance des γ_i est spécifiée, il reste un très large choix quant à leur définition explicite. A titre d'exemple, citons deux lois de probabilité classiques ayant une variance λ^2 donnée:

- la loi gaussienne, de densité par rapport à la mesure de Lebesgue

$$p(x) = \frac{1}{\sqrt{2\pi}\lambda} \exp\left(-\frac{x^2}{2\lambda^2}\right)$$

- La mesure uniforme sur l'intervalle $[-\sqrt{3}\lambda, \sqrt{3}\lambda]$

ACP éparse

Il peut être intéressant de combiner la recherche de direction principales (et donc la réduction de dimensions) avec des contraintes de simplicité de décompositions, pour faire en sorte que chaque individu soit représenté avec un faible nombre de composantes. C'est le point de vue adopté par l'ACP éparse ([153]), pour laquelle on minimise, par rapport aux coefficients $(a_{ij}, i = 1, \ldots, N, j = 1, \ldots, p$ et aux vecteurs $e_1, \ldots, e_p$, la fonction

$$U_p(a, e) = \sum_{i=1}^{N} \|X_i - \sum_{j=1}^{p} a_{ij} e_j\|^2 + S[a_{i1}, \ldots, a_{ip}]$$

où $S(a_1, \ldots, a_p)$ favorise une répartition dispersée des coefficients a_i (c'est-à-dire avec peu de réponses positives), par exemple:

$$S(a_1, \ldots, a_p) = -\sum_{i=1}^{p} \exp(-\frac{a_i^2}{\sigma_i^2}).$$

La minimisation de U losque les e_j sont fixés peut se faire par descente de gradient. Lorsque les a_{ij} sont fixés, les e_i doivent maximiser $\sum_{j=1}^{p} \langle e_j, Y_j \rangle$ avec $Y_j = \sum_{i=1}^{N} a_{ij} X_i$ ce qui fournit un problème de maximisation sous contraintes qui peut là encore être résolu par remontée de gradient.

Analyse en composantes indépendantes

Nous conservons la formulation statistique. L'analyse en composantes principales revient à représenter une variable aléatoire Ξ sous une forme approchée

$$\Xi_V = \sum_{i=1}^{p} c_i.e_i$$

où les c_i sont non-corrélés. Le vecteur des coefficients $\mathbf{c} = (c_1, \ldots, c_p)$ est obtenu comme l'image de Ξ par une application linéaire $W : H \to \mathbb{R}^p$, puisque $c_i = \langle \Xi, e_i \rangle$. Réciproquement Ξ_V s'exprime clairement sous la forme $\Xi_V = W'.\mathbf{c}$, où W' est une application linéaire de $\mathbb{R}^p \to H$.

L'objectif de l'analyse en composantes indépendantes est de rechercher une décomposition de Ξ sous la forme

$$\mathbf{c} = W.\Xi$$

où W est une application linéaire de H dans $\mathbb{R}^p$, et $\mathbf{c}$ un vecteur aléatoire dont les composantes sont *indépendantes*. La variante présentée ici, tirée de [28], est probablement la plus simple, mais nous renvoyons également aux travaux fondateurs de [124] (voir également [58, 45, 6]). La méthode repose sur les remarques suivantes:

- Pour des variables aléatoires $Y_1, \ldots, Y_p$, définies sur $[0,1]$, la densité F^* : $[0,1]^p \to \mathbb{R}^+$ qui maximise l'entropie différentielle

$$I(Y) = -\mathbf{E}(\log F(Y)) = -\int_{[0,1]^p} F(\gamma_1, \ldots, \gamma_p) \log F(\gamma_1, \ldots, \gamma_p) d\gamma_1 \ldots d\gamma_p$$

  est $F^* = 1$, autrement dit celle pour laquelle les Y_j sont indépendantes et de loi uniforme.
- Pour toute variable aléatoire c_j de densité F_j sur $\mathbb{R}$, il existe une transformation croissante $\sigma_j : \mathbb{R} \to [0,1]$ telle que $\sigma_f(c_j)$ suive une loi uniforme sur $[0,1]$. Cette fonction est donnée par

$$\sigma_j(x) = \int_{-\infty}^{x} F_j(u) du$$

En toute généralité, la technique d'analyse en composantes indépendantes consiste alors à maximiser l'entropie de la variable $Y = \sigma[W.\varXi]$ parmi toutes les fonctions $\sigma : \mathbb{R}^p \mapsto [0,1]^p$ du type $\sigma(c_1, \ldots, c_p) = (\sigma_1(c_1), \ldots, \sigma_p(c_p))$, chacune des σ_j étant croissante, et parmi toutes les applications linéaires W de H dans $\mathbb{R}^p$.

D'un point de vue pratique on doit limiter la classe des fonctions σ_j sur laquelle on effectue la recherche. Le plus simple est de restreindre les σ_j à être des fonctions sigmoïdales, $\sigma_j(c) = q(\lambda c) := e^{\lambda c}/(e^{\lambda c} + e^{-\lambda c})$ (comme on peut incorporer λ dans W, on peut même prendre $\lambda = 1$). On se ramène ainsi à déterminer p formes linéaires, $w_1, \ldots, w_p$ définies sur H, telles que la variable aléatoire $Y = (q(w_1.\varXi), \ldots, q(w_p.\varXi))$ (que nous abrégerons par $Y = q(W.\varXi)$) maximise $I(Y)$.

Nous allons à présent décrire l'algorithme de calcul des composantes indépendantes, *dans le cas où W est une matrice carrée inversible*, et nous faisons donc l'hypothèse $H = \mathbb{R}^p$ (ou bien que l'on a restreint $\varXi$ à une variable de dimension p, par exemple par projection sur les premières directions principales). Soit $\varPhi$ un difféomorphisme de $\mathbb{R}^p$ dans $\mathbb{R}^p$. Si $\varXi$ a une densité $x \mapsto G(x)$ sur $\mathbb{R}^p$, la densité de $Y = \varPhi(\varXi)$ est

$$F(y) = G(\varPhi^{-1}(y))|d\varPhi(\varPhi^{-1}(y))|^{-1}$$

le second terme étant le Jacobien de la transformation évalué en $\varPhi^{-1}(y)$. On a alors

$$I(Y) = -\int_{\mathbb{R}^p} \log F(y) F(y) dy$$

$$= -\int_{\mathbb{R}^p} \log \left(G(\varPhi^{-1}(y))|d\varPhi(\varPhi^{-1}(y))|^{-1} \right) G(\varPhi^{-1}(y))|d\varPhi(\varPhi^{-1}(y))|^{-1} dy$$

$$= -\int_{\mathbb{R}^p} \log \left(G(x)|d\varPhi(x)|^{-1} \right) G(x) dx$$

$$= I(\varXi) + \mathbf{E} \log |d\varPhi(\varXi)|$$

Appliquant ce calcul à $\Phi(x) = q(W.x)$, on obtient le fait que la matrice W doit maximiser la fonction

$$L(W) = \mathbf{E} \log |\det J_W(\Xi)|$$

J_W étant la matrice des dérivées partielles la fonction $x \mapsto q(Wx)$.

Comme Ξ n'est pas observée, mais simplement un N échantillon $X^1, \ldots, X^N$, $L(W)$ est remplacée par une évaluation empirique,

$$L(W) = \frac{1}{N} \sum_{q=1}^{N} \log |\det J_W(X^q)|$$

Si $x = (x_1, \ldots, x_p)$, le coefficient d'indice k, l du Jacobien est donné par

$$J_W^{k,l}(x) = \frac{\partial y_k}{\partial x_l} = 2 w_{kl}(1 - y_k) y_k$$

où $y = (y_1, \ldots, y_p) = q(W.x)$ (on a $q'(t) = 2q(t)(1 - q(t))$). On a donc $J_W = 2\Delta_W.W$, où Δ_W est la matrice diagonale composée des $y_k(1 - y_k)$. On en déduit donc

$$L(W) = \log 2 + \log \det(W) + \frac{1}{N} \sum_{q=1}^{N} \sum_{k=1}^{p} \log(Y_k^q(1 - Y_k^q))$$

Pour maximiser la fonction $L(W)$, on utilise une méthode de gradient. En général les algorithmes de gradient sont basés sur l'analyse suivante: si une fonction L, définie sur $\mathbb{R}^k$ est différentiable, et si $\mathbb{R}^k$ est muni d'un produit scalaire $\langle . , . \rangle$, on écrit, pour tout $W \in \mathbb{R}^k$, et pour toute $H \in \mathbb{R}^p$:

$$L(W + H) = L(W) + \langle \nabla_W L, H \rangle + o(\|H\|)$$

de sorte que la meilleure direction pour maximiser L est celle qui est dans le sens du gradient. L'algorithme de remontée de gradient est donc donné par l'itération de

$$W(t + 1) = W(t) + \varepsilon \nabla_{W(t)} L,$$

ε étant un petit nombre positif.

Si le produit scalaire est le produit usuel sur $\mathbb{R}^k$, le gradient est simplement donné par le vecteur formé des dérivées partielles:

$$\nabla_W L = \frac{dL}{dW} = \left(\frac{\partial L}{\partial w_1}, \ldots, \frac{\partial L}{\partial w_p} \right)'$$

mais si le produit scalaire est associé à une matrice définie positive A, on a

$$\nabla_W L = A^{-1} \frac{dL}{dW}.$$

Par conséquent, comme le gradient dépend du produit scalaire choisi, il y a autant d'algorithmes de gradients que de matrices définies positives A sur $\mathbb{R}^k$.

On peut aller plus loin en faisant dépendre la matrice A définissant le produit scalaire du point W où le gradient est calculé: on entre alors dans le cadre de la géométrie riemannienne, où les variations infinitésimales au voisinage de $W \in \mathbb{R}^k$ sont mesurées avec une métrique qui dépend de W. Cette possibilité permet définir des algorithmes de gradient sur des ensembles qui ne sont pas plats (comme $\mathbb{R}^k$), et en particulier sur des variétés (nous reviendrons sur ces principes dans le cadre des groupes de difféomorphismes).

Revenons au problème de l'analyse en composantes indépendantes. Dans ce cadre, W est une matrice de taille $p \times p$, et appartient donc à $\mathbb{R}^k$ pour $k = p^2$; toutefois, comme on recherche une matrice inversible, on travaille en fait dans le groupe linéaire $GL_p(\mathbb{R})$. Nous somme donc bien dans le cas où l'on maximise une fonction définie sur une variété (et même un groupe de Lie). Dans ce groupe, une bonne manière de mesurer des écarts infinitésimaux au voisinage de W est d'utiliser une métrique invariante, c'est-à-dire telle que:

$$\|H\|_W = \|HW'\|_{WW'}$$

pour tout $W, W' \in GL_p(\mathbb{R})$. On a donc nécessairement

$$\|H\|_W = \|HW^{-1}\|_I$$

de sorte qu'il suffit de définir la métrique au voisinage de l'identité I. Posons $\|H\|_I^2 = \mathrm{trace}(^tH.H)$, et donc,

$$\|H\|_W^2 = \mathrm{trace}(^tW^{-1}\ {}^tH\ HW^{-1}).$$

L'une des propriétés remarquables de cette métrique est qu'elle contraint de plus en plus fortement les variations qui se dirigent vers le bord de $GL_p(\mathbb{R})$: plus W est proche d'une matrice non-inversible, plus le coût d'un déplacement sera grand, créant ainsi une sorte de barrière aux frontières du groupe. Si $\frac{dL}{dW}$ est la matrice formée des $\frac{\partial L}{\partial w_{kl}}$, le gradient de L relativement à cette métrique est la matrice D telle que, pour toute matrice H,

$$\mathrm{trace}(^t\frac{dL}{dW}.H) = \mathrm{trace}(^tW^{-1t}DHW^{-1})$$

d'où

$$D = \frac{dL}{dW}\,{}^tWW$$

Nous allons à présent calculer la dérivée de L par rapport à W. Fixons une matrice H. On a

$$\log \det(W + \varepsilon H) = \log \det(W) + \log \det(\mathrm{Id} + \varepsilon W^{-1}H)$$
$$= \log \det(W) + \varepsilon \mathrm{trace}(W^{-1}H) + o(\varepsilon)$$

en utilisant un résultat classique sur le développement du déterminant au voisinage de l'identité. Notons $\psi(t) = \log(q(t)(1 - q(t)))$. On a

$$\psi' = q'/q - q'/(1 - q) = 2(1 - q) - 2q = 2(1 - 2q)$$

d'où l'on déduit, en notant $Y_k^{q,\varepsilon} = Y_k(W + \varepsilon H)$

$$\log(Y_k^{q,\varepsilon}(1 - Y_k^{q,\varepsilon})) = \log(Y_k^q(1 - Y_k^q)) + 2\varepsilon(1 - 2Y_k^q)\sum_{l=1}^{p} X_l^q H_{kl} + o(\varepsilon)$$

On obtient donc

$$L(W + \varepsilon H) = L(W) + \varepsilon \text{trace}(W^{-1}H) + 2\varepsilon\frac{1}{N}\sum_{q=1}^{N}\sum_{k,l=1}^{p}(1 - 2Y_k^q)X_l^q H_{kl} + o(\varepsilon)$$

Pour calculer le gradient de L au voisinage de W, il suffit d'identifier cette expression à une expression de la forme

$$L(W + \varepsilon H) = L(W) + \varepsilon \text{trace}(\,^t W^{-1}\,^t\nabla_W LHW^{-1}) + o(\varepsilon)$$

ce qui conduit à poser $\nabla_W L = W + 2\Gamma_W\,^t W\,W$ avec

$$\Gamma_W = \frac{1}{N}\sum_{q=1}^{p}(1 - 2Y^q)\,^t X^q\,.$$

On peut donc expliciter l'algorithme de descente de gradient sous la forme

$$W(t + 1) = W(t) + \varepsilon(W(t) + 2\Gamma_{W(t)}\,^t W(t)W(t))\,.$$

Matching pursuit

Le matching pursuit est une technique permettant de représenter un signal ou une image comme une somme de composants élémentaires. Les composants sont supposés appartenir à un "dictionnaire" $\mathcal{D} = (g_\gamma, \gamma \in \Gamma)$. De manière formelle, l'objet à décomposer (que nous noterons f) ainsi que les éléments du dictionnaire sont supposés appartenir à un espace de Hilbert H. Nous supposerons de plus que tous les éléments du dictionnaire sont normés ($\|g_\gamma\| = 1$). Le but est d'obtenir une décomposition

$$f = \sum_{n \geq 0} \lambda_n g_{\gamma_n}$$

la suite $\gamma_0, \ldots, \gamma_n, \ldots$ étant à déterminer.

L'algorithme permettant de construire cette représentation est dans son principe extrêmement simple. Pour tout indice γ, on peut poser

$$R_\gamma.f = f - \langle f \, , \, g_\gamma \rangle.g_\gamma \, .$$

qui est l'erreur associée à la projection orthogonale sur la droite de direction g_γ. $R_\gamma.f$ est orthogonal à g_γ, et

$$\|f\|^2 = \langle f \, , \, g_\gamma \rangle^2 + \|R_\gamma.f\|^2 \, .$$

La prédiction de f par g_γ est d'autant meilleure que la norme de $R_\gamma.f$ est petite. Supposons donnée une suite $\gamma_0, \ldots, \gamma_n, \ldots$. Notons $R_0.f = f$ et $R_{n+1}.f = R_{\gamma_n}.(R_n.f)$. On a

$$\|R_{n+1}.f\|^2 = \|R_n.f\|^2 - \langle R_n.f \, , \, g_{\gamma_n} \rangle^2$$

d'où, en itérant

$$\|R_{n+1}.f\|^2 = \|f\|^2 - \sum_{i=0}^{n} \langle R_i.f \, , \, g_{\gamma_i} \rangle^2$$

A chaque pas, γ_n est choisi de manière à ce que g_{γ_n} soit optimal (ou presque optimal) pour l'approximation du résidu $R_n.f$, autrement dit, tel que $\|R_{n+1}.f\| = \inf\{\|R_\gamma.(R_n.f)\|, \gamma \in \Gamma\}$ (ou bien $\|R_{n+1}.f\| \leq (1 + a)\inf\{\|R_\gamma.(R_n.f)\|, \gamma \in \Gamma\}$, avec $a > 0$ donné). Si l'on note

$$\hat{f}_n = \sum_{i=0}^{n-1} \langle R_i.f \, , \, g_{\gamma_i} \rangle g_{\gamma_i} \, ,$$

on montre que $\hat{f}_n$ converge vers la projection orthogonale de f sur le sous espace de Hilbert de H engendré par les éléments du dictionnaire (voir [141] et les références citées). Il est à noter que $\hat{f}_n$ n'est pas nécessairement la meilleure approximation de f par une combinaison linéaire des $g_{\gamma_i}, i = 0, \ldots, n-1$. Les coefficients de cette dernière peuvent être calculés explicitement, et sont donné par $\Sigma_n^{-1}.Y_n$, où Σ_n est la matrice des produits scalaires $\langle g_{\gamma_i} \, , \, g_{\gamma_j} \rangle$, et Y_n le vecteur colonne formé par les $\langle f \, , \, g_{\gamma_i} \rangle$.

Illustration: éléments constitutifs des images naturelles

Dans ce paragraphe, nous présentons quelques exemples de méthodes de construction de représentations du type précédent, lorsque les signaux sont des zones rectangulaires extraites d'images naturelles.

On suppose construite une grande famille d'imagettes de taille $N \times N$, elles-même extraite d'un corpus suffisant d'images naturelles. Une imagette f (ou "micro-image") est donc une famille de N^2 nombres réels, et l'objet des études que nous présentons est de déterminer une série de fonctions $g_1, \ldots, g_p, \ldots$ qui permette de décomposer f sous la forme $f = \sum_p \lambda_p g_p$ selon différents critères.

L'analyse la plus simple à réaliser est la détermination des composantes principales du nuage de points dans un espace de 144 dimensions formé par

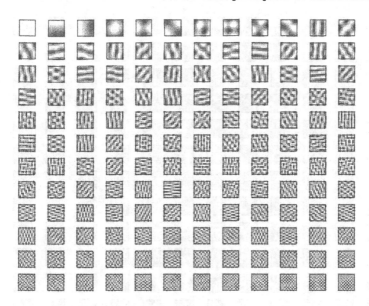

Fig. 7.1. Décomposition d'imagettes 12 × 12 par analyse en composantes principales d'une base d'images

des imagettes 12 × 12. La base des composantes principales est représentée à la figure 7.1. On obtient une décomposition fréquentielle, similaire à une analyse de Fourier.

L'analyse en composantes indépendantes a également été utilisée dans ce cadre. Le résultat, calculé sur des imagettes de taille 12 × 12, est donné dans la figure 7.2.

Une ACP éparse a aussi été réalisée dans [153], aves des résultats assez similaires à l'analyse en composantes indépendantes de la figure 7.2. Dans les deux cas, les filtres obtenus sont des récepteurs orientés spatialement, proches d'analyseurs fréquentiels telles les ondelettes de Gabor. Ce type d'analyseurs a d'ailleurs été mis en évidence au niveau de la vision humaine.

Après cet aparté méthodologique, nous décrivons comment ces techniques peuvent être appliquées à la modélisation de déformations.

7.2.2 Détermination d'axes de déformation

Nous allons appliquer l'analyse en composantes principales pour traiter des objets déformables. Supposons choisie une représentation des objets, l'une de celles proposées au chapitre II. Dans [60], dans laquelle est présentée originellement la méthode décrite ici, l'objet est représenté par la donnée d'un nombre fixe de points caractéristiques, sélectionnés manuellement, mais rien n'empêche d'envisager également des représentations fonctionnelles, comme

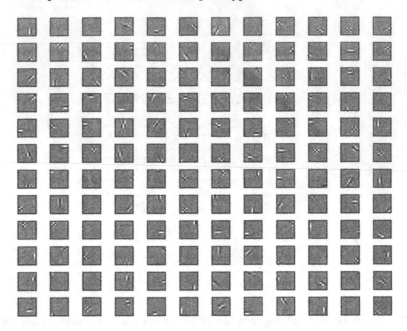

Fig. 7.2. Série de filtres fournie par une analyse en composantes indépendantes des images naturelles 12×12

des courbes paramétrées, ou des représentations intrinsèques par l'intermédiaire de la courbure.

Pour fixer les idées, supposons que l'on travaille avec des courbes paramétrées. La base de données sera composée d'un nombre N de variantes d'une courbe, que nous noterons $m^k(.)$, $k = 1, \ldots, n$. Nous les supposerons toutes définies sur un même intervalle I. Selon la technique du paragraphe précédent, la première opération à réaliser sera de recentrer ces données, et donc de poser

$$\overline{m}(u) = \frac{1}{n} \sum_{k=1^n} m^k(u)$$

Nous noterons $\delta^k(u)$ la déviation de la courbe m^k par rapport à $\overline{m}$, soit $\delta^k = m^k - \overline{m}$. Décomposons ces écarts sur une base orthonormée arbitraire

$$\delta^k(u) = \sum_{l=1}^{\infty} \beta_{kl} M^l(u) \simeq \sum_{l=1}^{K} \beta_{kl} M^l(u)$$

l'entier K étant supposée suffisamment grand pour qu'on puisse négliger l'erreur d'approximation.

Si l'on réalise une analyse en composantes principales du nuage des δ_k, $k = 1 \ldots, N$, on obtient une nouvelle expression

$$\delta^k(u) = \sum_{i=1}^{p} \alpha_{ki} e^i(u) \tag{7.3}$$

On aura ainsi obtenu une nouvelle représentation des courbes à l'aide d'un petit nombre de paramètres. L'algorithme de détection devra alors déterminer ces paramètres, ainsi que des paramètres permettant de positionner la courbe à l'intérieur d'une image donnée.

Avant de présenter cet algorithme, il est nécessaire de faire une mise en garde concernant la validité de ce type d'approche, mise en garde qui vaut en fait pour l'utilisation de l'analyse en composantes principales en général. Cela provient du fait que cette méthode est une méthode *vectorielle*, et il convient de toujours s'interroger sur la signification des combinaisons linéaires de représentations dans un contexte applicatif donné. Il est clair que lorsque les objets sont numériquement représentés par un vecteur de nombres, il est toujours possible de calculer des covariances, de faire des combinaisons linéaires, et d'en déduire une représentation sur des directions principales. La question qui se pose, est si l'espace engendré par les directions principales (ou au moins une portion de cet espace qui n'est pas minuscule) contient des représentations valides d'objets.

Si l'on travaille avec des courbes, on peut toujours dire qu'une courbe paramétrée est un élément de son espace fonctionnel favori, et y effectuer toutes les opérations vectorielles qui seront nécessaires. Maintenant supposons que l'on sache que les objets considérés ont une forme essentiellement triangulaire. Si on en calcule des représentations paramétriques, et si l'on fait par exemple la moyenne de deux d'entre elles, l'objet résultant n'aura pas quant à lui une forme triangulaire, sauf si, par hasard, les zones à forte courbure ont des coordonnées voisines dans les représentations paramétriques. Si l'on n'y prend pas garde, l'analyse en composantes principales fournira des résultats qui seront sans utilité, parce qu'impossibles à interpréter.

En fait, il apparaît qu'en reconnaissance de formes, les méthodes d'analyse en composantes principales doivent toujours être couplées à des méthodes de *mise en correspondance*. Dans [60], la mise en correspondance est réalisée par la sélection manuelle des points caractéristiques. Pour les courbes triangulaires, et pour les variations de silhouettes d'objets en général, il est essentiel d'avoir prétraité les paramétrisations pour les rendre *compatibles*. Soyons un peu plus explicites: fixons une courbe prototype, que nous noterons m_0, et fixons également une paramétrisation de m_0, par exemple par longueur d'arc. Nous voulons considérer les autres courbes $m^k, k = 1, \ldots, N$ comme des déformations de m_0: la façon la plus naturelle de modéliser ces déformations est de représenter le déplacement de chaque point $m_0(s)$, $s \in I$, et donc de poser $m^k(s) = m_0(s) + \delta^k(s)$ pour chaque $s \in I$. On construit ainsi sur m_k une paramétrisation qui est compatible avec une déformation de m_0, et avec une expression vectorielle des déformations. Si, par exemple, les courbes utilisées représentent des silhouettes d'avions, il faudra que les extrémités des ailes soient situées à des abscisses qui varient faiblement.

Bien entendu, lorsque les courbes sont données, en pratique, ces relations de mise en correspondance sont inconnues. Ces paramétrisations compatibles doivent donc être recherchées à l'aide d'algorithmes convenables, et certaines des méthodes disponibles seront présentées dans la partie IV.

Un autre type de traitement préalable dans le cas de la reconnaissance de formes, toujours lié à la nécessité de faire en sorte que les opérations vectorielles aient un sens, est le *recalage* des représentations relativement aux transformations rigides du plan (rotations, translations, homothéties). Si les courbes sont représentées d'une manière qui est déjà invariante par l'action de ces transformations, ce recalage n'est pas nécessaire, mais dans le cas général, il faut aussi rechercher, pour chaque m_k, les transformations rigides permettant de positionner au mieux la courbe sur le prototype m_0. Toutes ces opérations effectuées, on aura en quelque sorte représenté la famille de formes "dans un même repère", au sens de l'invariance par rotation, changement d'échelle, et changement de paramétrisation. La figure 7.3 donne un exemple de combinaisons linéaires de silhouettes d'avions, *une fois ce recalage effectué.*

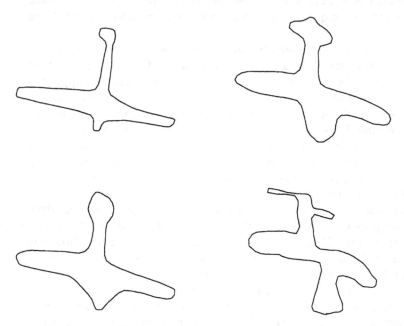

Fig. 7.3. Interpolation, après mise en correspondance, de deux silhouettes d'avion: en haut, silhouettes originales; en bas: combinaisons linéaire après mise en correspondance: coefficients $1/2, 1/2$ à gauche, et coefficients $-1, 2$ à droite

7.3 Modélisation de déformations

7.3.1 Généralités

Au lieu de modéliser, comme précédemment, les variations des formes autour d'un prototype par une technique d'apprentissage sur une famille de variantes de la forme, nous allons étudier, dans cette partie, des modèles de processus de déformation de courbes autour d'un prototype quelconque.

Nous nous limiterons au cas où les formes à déformer sont approximées par des polygones. Le prototype sera ainsi représenté comme une suite de segments de droites contigus, et une déformation sera un processus susceptible de faire déplacer ou d'allonger ces segments de droites, avec la contrainte de préserver la continuité des contours. D'autres modèles de formes et de déformation peuvent être développés, mais cette représentation relativement simple permet déjà de percevoir l'essentiel des possibilités de ce type d'approche. Nous renvoyons à [96], et aux références qui y sont citées, pour un complément d'informations.

Les principes de l'approche sont les suivants: on construit un objet par un assemblage de composants élémentaires ("générateurs"), avec des règles de composition spécifiées. Ci-dessous, les générateurs sont des segments de droites, et les règles d'assemblage imposent de ne pouvoir connecter ces segments que par leur extrémités, chaque connexion n'impliquant que deux segments. On définit ensuite un groupe susceptible d'agir sur les générateurs, et qui va déformer ces composants élémentaires, avec la contrainte de respecter les connexions. Dans l'exemple ci-dessous, ce groupe est l'ensemble des similitudes planes.

7.3.2 Représentation et déformations de formes planes polygonales

Il sera avantageux d'adopter des notations dans le plan complexe, un point $p = (x, y)$ étant identifié au nombre complexe $x + iy$, également noté p. Pour définir un polygone, on peut soit se donner la suite de ses sommets, $s_0, \ldots, s_N \in \mathbb{C}$ soit, de manière équivalente, donner les valeurs de s_0, et de $v_k = s_{k+1} - s_k$ pour $k = 0, \ldots, N - 1$. Si l'on omet de préciser la valeur s_0, on définit le polygone à translation près, ce qui est justifié si l'on recherche des invariances. Nous représenterons donc un polynôme π par une suite $\pi = (v_0, \ldots, v_{N-1})$. Le polygone est fermé si et seulement si $v_0 + \cdots + v_{N-1} = 0$. Lorsque nous voudrons munir le polynôme d'une origine s_0, nous utiliserons la notation (s_0, π).

Une déformation d'un polygone π est modélisée par une suite de rotations et d'élongations appliquées sur chaque segment v_k. La composition d'une rotation et d'une homothétie se représente simplement, dans $\mathbb{C}$, par une multiplication complexe. Une déformation est donc associée à un N-uplet de nombre complexes non nuls, noté $\mathbf{z} = (z_0, \ldots, z_{N-1})$, et on associe à tout couple $(\mathbf{z}, \pi)$ le polygone déformé, noté $\mathbf{z}.\pi$, avec

$$\mathbf{z}.\pi = (z_0 v_0, \dots, z_{N-1} v_{N-1}).$$

on définit ainsi une action du groupe $G = (\mathbb{C} \setminus \{0\})^N$ sur l'ensemble des polygones à N sommets.

Dans ce groupe, certaines transformations $\mathbf{z}$ jouent un rôle particulier: ce sont celles qui sont sur la diagonale, c'est-à-dire celles qui appartiennent à l'ensemble

$$\Delta = \{\mathbf{z} \in G, z_0 = \cdots = z_{N-1}\}.$$

En effet, un élément de Δ correspond à l'action d'une similitude globale sur le polygone. Un autre ensemble intéressant est Δ_0 composé des éléments de Δ pour lesquels $|z_0| = 1$, qui fournit les rotations planes. Les groupes quotients G/Δ et G/Δ_0 agissent cette fois-ci sur les courbes définies, soit à similitude près, soit à rotation près.

Un autre sous-ensemble important de G est celui qui laisse fermé un polynôme fermé donné: $\pi = (v_0, \dots, v_{N-1})$. C'est l'ensemble

$$F(\pi) = \{\mathbf{z} \in G, z_0 v_0 + \cdots + z_{N-1} v_{N-1} = 0\}. \tag{7.4}$$

On voudra généralement restreindre les déformations acceptables à celles qui appartiennent à cet ensemble (qui n'est pas un sous-groupe de G).

Un prototype π_0 étant donné, on construit ainsi la famille $G.\pi_0$ (ou $F(\pi_0).\pi_0$) contenant tous les résultats de l'action de G sur π_0, avec éventuellement une contrainte de fermeture. Pour cet exemple, un polygone π aura ainsi une représentation relativement à π_0 donnée par l'unique $\mathbf{z}$ tel que $\mathbf{z}.\pi_0 = \pi$.

7.4 Simulation de formes

Les deux approches précédentes mènent naturellement à des algorithmes de génération de formes aléatoires. Dans le paragraphe 7.2, nous avons modélisé les variations d'une forme m autour d'un prototype $\overline{m}$ par l'équation

$$m(u) = \overline{m}(u) + \sum_{i=1}^{p} \alpha_i(m) K^i(u)$$

où les K^i sont des fonctions orthogonales et normées, et les α^i sont des coefficients de moyenne nulle et de variances décroissantes données par σ_i^2, que l'on peut estimer à l'aide d'une base d'apprentissage. L'interprétation statistique de l'ACP, donnée au paragraphe 7.2.1, permet de considérer les α^i sont des variables aléatoires. En simulant de nouvelles valeurs pour les α_i, nous pourrons générer de nouvelles formes.

D'après le paragraphe 7.2.1, les fonctions $\alpha^i : \Omega \to \mathbb{R}$, doivent être centrées, non corrélées et de variance σ_i^2. Un choix simple est de prendre des α_i indépendants, avec α_i de loi uniforme sur l'intervalle

$$J_i = [-\sqrt{3}\sigma_i, \sqrt{3}\sigma_i].$$

Dans ces modèles, les α^i étant indépendants, la simulation se fait séparément sur chaque coordonnée, en utilisant le lemme suivant (les variables aléatoires de loi uniforme sur $[0,1]$ étant fournies par les générateurs de nombres aléatoires classiques):

Lemme 7.1. *Soit X est une variable aléatoire telle que $F(x) = P(X \leq x)$ est une fonction continue de x. Si U est une variable aléatoire de loi uniforme sur $[0,1]$, la variable aléatoire $F^{-1}(U)$ a même loi que X.*

A partir de l'approche du paragraphe 7.3, on peut construire de nouvelles formes à partir d'un modèle probabiliste sur le groupe des générateurs. Reprenons l'exemple de formes polygonales, et la représentation

$$\pi = (v_0, \ldots, v_{N-1})$$

(nous reprenons les notations de ce paragraphe). Pour générer des polygones, il suffit de générer des éléments $\mathbf{z} = (z_0, \ldots, z_{N-1}) \in G$, et de calculer $\mathbf{z}.\pi_0$ à partir d'un prototype fixé.

Nous allons ainsi construire un modèle probabiliste sur l'ensemble des N-uplets de nombres complexes. Comme l'objectif est de construire des formes relativement voisines du prototype π_0, le modèle probabiliste va privilégier les petites déformations, c'est-à-dire celles qui sont proches de l'identité. Nous supposons que l'on déforme des courbes fermées (c'est le cas le plus intéressant), si bien que nous allons devoir restreindre les réalisations de notre modèle aux éléments de $F(\pi_0)$, donné par (7.4).

Nous partons pour ce faire de la définition d'une fonction de coût:

$$E(\mathbf{z}) = \alpha \sum_{k=0}^{N-1} |z_k - 1|^2 + \beta \sum_{k=0}^{N-1} |z_k - z_{k-1}|^2$$

Le premier terme est grand lorsque $\mathbf{z}$ s'éloigne de l'application identique, et les second limite la variabilité des z_i voisins. Prenons, ici et dans la suite, la convention $z_{-1} = z_{N-1}$. Si l'on cherche à modéliser les déformations de manière à ce que les plus fortes soient les moins probables, on pourra définir une probabilité P qui sera d'autant plus faible que E est grande.

Nous choisirons alors une probabilité sur $\mathbb{C}^N$ de densité (par rapport à la mesure de Lebesgue) proportionnelle à $\exp(-E(\mathbf{z})/2)$. Ce choix n'est pas tout-à-fait justifié, puiqu'il ne s'agit pas d'une loi sur G (qui exclut les coordonnées nulles). Toutefois, cette option simplifie grandement les algorithmes de simulation.[1]

---

[1] On pourrait argumenter que l'ensemble des $\mathbf{z}$ pour lesquels un au moins des z_i est nul forme un ensemble de probabilité nulle pour la loi considérée. On remarquera toutefois qu'en pratique, les valeurs plus petites que la précision des ordinateurs sont à considérer comme nulles, si bien que l'ensemble considéré à une probabilité positive, bien que très petite. D'autre part, cela étant plus fondamental, on s'attendrait à ce que les coordonnées nulles soient considérées comme des points singuliers, et que E tende vers $+\infty$ lorsque l'un des z_i s'en rapproche.

En notant $\pi_0 = (v_0, \ldots, v_{N-1})$, la contrainte de fermeture exprimée par (7.4) s'exprime par

$$\sum_k v_k z_k = 0$$

La simulation d'une déformation aléatoire de π devra donc se faire conditionnellement à cette contrainte.

Nous ne pourrons pas nous servir ici directement du lemme 7.1, puisque les z_k ne sont pas indépendants, et ne peuvent donc pas être simulés séparément. Toutefois, la forme particulière de la fonction E fait que les choses se simplifient notablement lorsque l'on applique une transformation de Fourier discrète.

Posons en effet

$$u_l = \hat{z}_l = \frac{1}{\sqrt{N}} \sum_{k=0}^{N-1} z_k e^{-2i\pi \frac{kl}{N}} \, .$$

Un calcul simple montre que E s'écrit alors

$$E(\mathbf{z}) = \alpha |u_0 - \sqrt{N}|^2 + \sum_{l=1}^{N-1} \left(\alpha + 2\beta(1 - \cos\frac{2\pi l}{N}) \right) |u_l|^2 \, ,$$

la contrainte s'écrivant simplement

$$\sum_{l=0}^{N-1} \hat{v}_l u_l = 0$$

où $\hat{v}_l = \frac{1}{\sqrt{N}} \sum_{k=0}^{N-1} v_k e^{-2i\pi \frac{kl}{N}}$. De plus, le polygone π étant fermé on a $\hat{v}_0 = 0$.

Notons $w_0 = \sqrt{\alpha}(u_0 - \sqrt{N})$ et pour $l \geq 1$, $w_l = \sqrt{\alpha + 2\beta(1 - \cos\frac{2\pi l}{N})} u_l$. On a alors

$$E(\mathbf{z}) = \sum_{l=0}^{N-1} |w_l|^2$$

ce qui implique que, s'il n'y avait pas de contrainte, le vecteur composé des parties réelles et imaginaires des w_l serait composé de $2N$ variables aléatoires gaussiennes indépendantes, centrées et de variance 1 (lois centrées réduites): on pourrait ainsi toutes les simuler séparément, et en déduire les valeurs des z_k par transformée de Fourier inverse. Toutefois, la contrainte ne complique que très peu les choses. En explicitant les u_l en fonction des w_l, et en remarquant que $\hat{v}_0 = 0$, cette contrainte s'exprime sous la forme

$$\sum_{l=0}^{N-1} c_l w_l = 0 \, .$$

avec $c_0 = 0$. La théorie des vecteurs gaussiens nous fournit le lemme suivant, qui résout notre problème:

Lemme 7.2. *Soit* **w** *est un vecteur de loi normale centrée réduite dans* $\mathbb{R}^{2N}$, *et soit* V *est un sous-espace vectoriel de* $\mathbb{R}^{2N}$. *Soit* Π_V *la projection orthogonale sur* V. *Alors la loi de la variable aléatoire* $\Pi_V(\mathbf{w})$ *est la loi de* **w** *conditionnelle à* $\mathbf{w} \in V$.

Donc, pour notre problème de simulation sous contrainte, il suffit de simuler $\mathbf{w}^*$ selon une loi normale centrée réduite ($2N$ tirages indépendants), puis de poser

$$\mathbf{w} = \mathbf{w}^* - \left(\sum_{l=0}^{N-1} c_l w_l^*\right).\mathbf{c}$$

avec $\mathbf{c} = (c_0, \ldots, c_{N-1})$, supposé normé ($\sum |c_i|^2 = 1$). Des exemples de formes simulées par cette technique sont présentées par la figure 7.4.

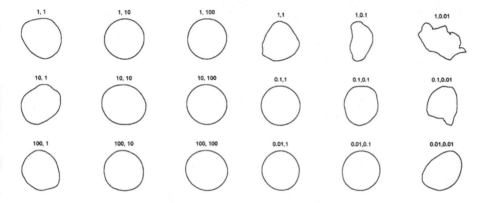

Fig. 7.4. Différentes déformations de cercle selon les valeurs de α et β

Partie III

Les formes dans les images

8

Contours actifs

8.1 Première formulation

8.1.1 Introduction

La technique des contours actifs a pour objectif est de détecter une forme lisse dans une image, à l'aide d'une courbe, généralement fermée, évoluant dans le plan de l'image. Nous commençons par reprendre la formulation "historique" de la méthode, telle que présentée en particulier dans [125]. L'évolution des courbes est contrôlée par une fonction potentiel $P \mapsto V(P)$ définie sur le plan de l'image, avec $V(P) > 0$, et petite dans les zones où la présence d'une discontinuité est probable: on fait alors évoluer un contour dans le plan de l'image vers des zones où V est minimale, tout en cherchant à voir satisfaites des contraintes de régularité.

On a ainsi un certain *a priori* sur les formes (leur régularité), et un objectif, la fonction V. La démarche adoptée par la théorie des contours actifs (*snakes* en anglais) est de type variationnel: on minimise une *fonction de coût*. Soit m une courbe paramétrée définie sur l'intervalle $I = [0, 1]$. On pose

$$E(m) = \alpha \int_0^1 |m''(u)|^2 du + \beta \int_0^1 |m'(u)|^2 du + \gamma \int_0^1 V(m(u)) du. \qquad (8.1)$$

On cherche un m tel que $E(m)$ soit petite. On obtient alors un compromis entre les contraintes de régularité de la courbe, qui sont reliées aux deux premières intégrales (faibles valeurs des dérivées secondes et premières), et celles relatives au positionnement de la courbe de long des lignes de contour de l'image, imposées par la dernière intégrale.

On restreint généralement la recherche de la courbe m par des contraintes. Dans certains cas, on peut imposer que la paramétrisation de la courbe soit proportionnelle à la longueur d'arc ($|m'| = $ const). On fixe également des conditions aux extrémités de la courbe, soit en donnant les valeurs, $m(0)$

et $m(1)$, soit, dans le cas de courbes fermées, en imposant simplement que $m(0) = m(1)$. *Dans la suite, nous supposerons toujours que l'une de ces deux dernières conditions aux limites est imposée, ainsi que le même type de contrainte portant sur les dérivées $m'(0)$ et $m'(1)$.*

8.1.2 Première variation et descente de gradient

Pour une courbe $m(u), u \in [0,1]$, calculons l'impact sur la fonction de coût E d'une petite variation $m \to m + \varepsilon h$, où h est une fonction de classe C^2 et ε est petit. Comme on impose $m(0) = m(1)$, cette contrainte doit également être respectée par $m + \varepsilon h$, et on doit donc avoir $h(0) = h(1)$. En négligeant les termes d'ordre 2 en ε, on a $|m'' + \varepsilon h''|^2 \simeq |m''| + 2\varepsilon\langle m'', h''\rangle$ et $|m' + \varepsilon h'|^2 \simeq |m'|^2 + 2\varepsilon\langle m', h'\rangle$. D'autre part, $V(m + \varepsilon h) \simeq V(m) + \varepsilon\langle \nabla_m V, h\rangle$ (le dernier symbole désigne le gradient de V en m).

On peut donc écrire, toujours à l'ordre 1 en ε

$$E(m + \varepsilon h) - E(m) \simeq 2\varepsilon\alpha \int_0^1 \langle m''(u), h''(u)\rangle du + 2\varepsilon\beta \int_0^1 \langle m'(u), h'(u)\rangle du$$

$$+ \varepsilon\gamma \int_0^1 \langle \nabla_{m(u)} V, h(u)\rangle du$$

Nous pouvons à présent intégrer deux fois par parties la première intégrale et une fois la deuxième pour écrire l'équation précédente sous la forme

$$E(m + \varepsilon h) - E(m) \simeq 2\varepsilon\alpha \int_0^1 \langle m^{(4)}(u), h(u)\rangle du \qquad (8.2)$$

$$-2\varepsilon\beta \int_0^1 \langle m''(u), h(u)\rangle du$$

$$+\varepsilon\gamma \int_0^1 \langle \nabla_{m(u)} V, h(u)\rangle du$$

(les conditions au bord font qu'il ne reste que des termes intégraux). Nous posons en conséquence:

$$\nabla_m E = 2\alpha m^{(4)} - 2\beta m'' + \gamma \nabla_m V,$$

qui est une fonction définie sur $[0,1]$, telle que

$$E(m + h) - E(m) \simeq \int_0^1 \langle \nabla_m E, h\rangle du. \qquad (8.3)$$

L'algorithme de descente de gradient pour E, exprimé en temps continu, correspond à l'équation d'évolution (introduisant une courbe dépendant du temps, $m(t,.)$):

$$\frac{\partial m}{\partial t} = -2\alpha \frac{\partial^4 m}{\partial u^4} + 2\beta \frac{\partial^2 m}{\partial u^2} - \gamma \nabla_m V. \qquad (8.4)$$

8.1.3 Résolution numérique de la descente de gradient

On discrétise m en une suite de points $(x_1, y_1), \ldots (x_n, y_n)$, que nous écrirons sous la forme d'une matrice M à n lignes et 2 colonnes. Le temps, que nous continuerons à noter t, est aussi discrétisé, $t = 0, 1, 2, \ldots$, la dérivée temporelle étant donnée par $(M_{t+1} - M_t)/\delta t$, δt étant le pas de discrétisation temporelle.

Les opérateurs de dérivées spatiales s'écrivent comme des opérateurs linéaires sur le matrice M: la dérivée seconde, par exemple, est une matrice tridiagonale, avec des 2 sur la diagonale, et des -1 au-dessus et en-dessous. La dérivée quatrième est une matrice pentadiagonale, les coefficients sur une ligne étant $1, -4, 6, -4, 1$ (les premières et dernières lignes de ces matrices doivent être modifiées pour tenir compte des conditions aux limites, nulles ou périodiques). Ces deux matrices doivent être renormalisée respectivement par $1/\delta x^2$ et $1/\delta x^4$, δx étant le pas de discrétisation spatiale. Ainsi, la partie

$$-2\alpha \frac{\partial^4 m}{\partial u^4} + 2\beta \frac{\partial^2 m}{\partial u^2}$$

sera représentée sous la forme $A.M_t$ où A est une matrice pentadiagonale qui ne dépend que de α et β.

Le potentiel V est lui aussi généralement donné sous forme discrétisée, $V = V(X_i, Y_i)$, les points (X_i, Y_i) étant uniformément répartis sur le plan (ils correspondent, par exemple, aux pixels d'une image). Le terme $\nabla_m V$ demande d'estimer les dérivées partielles de V aux points (x_i, y_i) qui ne sont pas nécessairement sur la grille où V est connu. Il est donc nécessaire *d'interpoler* ∇V en ces points, ce qui engendre une petite imprécision sur la direction de descente. Nous noterons cette interpolation $\nabla V(M_t)$, qui est donc, à priori, une opération non-linéaire.

La discrétisation de (8.4) donne donc

$$M_{t+1} = (I + \delta t\, A)M_t + \delta t\, \nabla V(M_t)$$

Ce qui donne un algorithme convergeant vers un minimum local de E lorsque δt est assez petit.

Il est toutefois préférable (car plus stable d'un point de vue numérique) de choisir le schéma semi-implicite (le schéma précédent étant qualifié d'explicite) donné par

$$(I - \delta t\, A)^{-1} M_{t+1} = M_t + \delta t\, \nabla V(M_t) \tag{8.5}$$

qui demande de calculer l'inverse de $(I - \delta t A)$, cette opération n'ayant à être effectuée qu'une seule fois.

Quelques péripéties peuvent survenir durant cet algorithme, la plus fréquente étant l'éloignement de deux points consécutifs de M_t, ce qui rend les évaluations de différentielles extrêmement imprécises. Dans ce cas là, il est conseillé d'effectuer une nouvelle discrétisation de la courbe (pour remplir les trous), ce qui demandera, par ailleurs, de recalculer $(I - \delta t A)^{-1}$. On peut aussi en profiter pour retirer des points là où on observe une accumulation, afin de gagner en temps de calcul.

8.1.4 Choix du potentiel

Le choix de V est la partie la plus importante pour la mise en œuvre pratique de cette méthode. Parmi les exemples les plus répandus dans la littérature, citons:

- L'intensité I des niveaux de gris: $V(m) = I(m)$, le contour étant attiré par les zones sombres.
- L'opposé de la norme du gradient de I, $V(m) = -\nabla_m I$, le contour actif étant attiré par les zones de fort gradient.
- La distance à un certain sous-ensemble du plan de l'image (par exemple le résultat d'une procédure classique de détection de bords): si Ω est ce sous-ensemble, on pose $V(m) = d(m, \Omega)$.

8.1.5 Initialisation

La donnée du premier contour M_0, initialisant l'itération (8.5), est également une opération essentielle. Le minimum global de l'energie (8.1) est le plus souvent dégénéré (une ligne droite, ou un point, selon le type de conditions aux limites qui est imposé). La solution recherchée est donc en général un minimum local de l'énergie, ce qui fait que l'on doit initialiser l'algorithme avec une courbe suffisamment proche de la solution recherchée (dans le domaine d'attraction du minimum local).

Très souvent, cela est fait à la main: l'utilisateur détoure grossièrement un objet à l'aide d'une souris, et lance l'évolution. L'algorithme ayant tendance à contracter le contour (dans le cas d'un contour fermé), il convient en général de dessiner le contour initial à l'extérieur de la forme à détecter. Ces techniques, utiles en graphisme, sont toutefois bien éloignées du problème de détection de formes qui nous intéresse ici.

Dans [54], une technique permettant une plus grande robustesse aux conditions initiales est développée. Il s'agit d'introduire, dans l'équation d'évolution (8.4), une force de poussée orientée selon la normale à la courbe. En l'absence de toute force extérieure (c'est-à-dire lorsque V est constant), la courbe évolue ainsi comme un ballon qui se gonfle. Cela donne beaucoup plus de lattitude quant à l'initialisation de l'algorithme, puisqu'on peut généralement se contenter d'un petit cercle *à l'intérieur de l'objet à détecter*. Des algorithmes de détection automatique peuvent alors être mis en œuvre, lorsqu'il existe un moyen de caractériser les zones internes des objets recherchés, en utilisant, par exemple, les niveaux de gris, ou des indices texturels.

8.1.6 Régularisation implicite

Au lieu d'introduire directement une contrainte de régularité dans l'énergie (8.1), plusieurs auteurs ont choisi de minimiser $E(m) = \int_0^1 V(m(u))du$ pour des courbes m qui appartiennent à un espace de fonctions dont on sait *a priori* qu'elles sont régulières. La façon la plus simple de rendre cette régularité est d'exprimer la courbe $m(u) = (x(u), y(u))$ comme combinaison linéaire finie de certaines fonctions lisses (splines, ondelettes, base de Fourier), et de rechercher les coefficients optimaux. De manière plus précise, on écrit $m(u) = \sum_{k=1}^{n} \lambda_k \Phi_k(u)$ où les Φ_k sont des fonctions définies sur $[0,1]$ et à valeurs dans $\mathbb{R}^2$. La fonctionnelle $E(m)$ sera alors uniquement fonction des n paramètres $\lambda_1, \ldots, \lambda_n$, et on a

$$\frac{\partial E}{\partial \lambda_k} = \int_0^1 \langle \nabla_{m(u)} V, \Phi_k(u) \rangle du,$$

ce qui permet d'estimer $(\lambda_1, \ldots, \lambda_n)$ à l'aide, par exemple, d'un algorithme de descente de gradient dans $\mathbb{R}^n$.

8.2 Analyse intrinsèque

8.2.1 Cas général: analyse qualitative

Jusqu'à présent, nous n'avons considéré que des courbes paramétriques, autrement dit des fonctions de $[0,1]$ dans $\mathbb{R}^2$. Il est également instructif de mener une analyse géométrique des contours actifs, en mettant en valeur le rôle particulier de la paramétrisation, ce que nous allons faire dans ce paragraphe.

Nous nous référons dans ce qui suit à l'abscisse curviligne euclidienne, reliée à une paramétrisation quelconque par $ds = |m'(u)|du$. A une courbe paramétrique $m : [0,1] \to \mathbb{R}^2$, nous associons donc un difféomorphisme $\varphi : [0,1] \to [0,L]$ de dérivée $\dot{\varphi}(u) = |m'(u)|$. Notons $\psi = \varphi^{-1}$, et $m_0(s) = m(\psi(s))$: m_0 est la courbe géométrique paramétrée par longueur d'arc, et L est sa longueur. On a $m' \circ \psi = m_0'/\dot{\psi}$ d'où

$$\dot{\psi}\, m'' \circ \psi = \frac{m_0''}{\dot{\psi}} - \frac{\ddot{\psi}}{\dot{\psi}^2} m_0'.$$

Par définition $|m_0'| = 1$, ce qui entraîne que m_0'' est orthogonal à m_0'. Sa norme est égale à la courbure euclidienne de m, $\kappa(s)$. On obtient donc

$$|m' \circ \psi|^2 = \frac{1}{\dot{\psi}^2}, \quad |m'' \circ \psi|^2 = \frac{\kappa^2}{\dot{\psi}^4} + \frac{\ddot{\psi}^2}{\dot{\psi}^6}.$$

Après changement de variables, $E(m)$ peut se réécrire

$$E(m) = \int_0^L \left(\alpha \frac{\ddot{\psi}^2}{\dot{\psi}^5} + \alpha \frac{\kappa^2}{\dot{\psi}^3} + \frac{\beta}{\dot{\psi}} + \gamma V(m_0)\dot{\psi} \right) ds \tag{8.6}$$

Cette expression révèle une interaction complexe entre trois types de critères: un critère géométrique (représenté par la courbure κ et la longueur L), un critère paramétrique (représenté par ψ) et un critère de plongement dans l'image représenté par le potentiel V calculé le long de la courbe. Séparons à présent la longueur du reste des quantités en renormalisant κ et ψ. Nous posons donc $\tilde{\kappa}(s) = L\kappa(Ls)$ (soit la courbure après action d'une homothétie de facteur $1/L$) et $\chi(s) = \psi(Ls)$. Pour abréger les formules, nous posons également $\tilde{V}(s) = V(m_0(Ls))$. Toutes ces fonctions sont définies sur $[0, 1]$. On a $\dot{\chi}(s) = L\dot{\psi}(Ls)$ et $\ddot{\chi}(s) = L^2\ddot{\psi}(Ls)$. On en déduit, après changement de variables,

$$E(m) = L^2 \int_0^1 \left(\alpha \frac{\ddot{\chi}^2}{\dot{\chi}^5} + \alpha \frac{\tilde{\kappa}^2}{\dot{\chi}^3} + \frac{\beta}{\dot{\chi}} \right) ds + \gamma \int_0^1 \dot{\chi}\tilde{V} ds$$

On constate donc qu'en l'absence du terme de plongement dans l'image, la fonction E est d'autant plus petite que L est petite (les critères de régularisation tendent à réduire les courbes). Si on fixe L, le seul critère de forme restant est la courbure renormalisée $\tilde{\kappa}$. A paramétrisation donnée (ie. à χ fixé), le terme $\tilde{\kappa}^2/\dot{\chi}^3$ tend à minimiser la courbure (lissage).

On peut enfin fixer la courbe géométrique, (autrement dit $\tilde{\kappa}$ et L), et rechercher la paramétrisation optimale, dont on voit qu'elle est solution d'un problème variationnel complexe (dont la paramétrisation par longueur d'arc, $\dot{\chi} = 1$, n'est en particulier pas solution). Rappelons que $1/\dot{\chi}$ est proportionnelle à ds/du, et s'interprète donc comme la vitesse instantanée de parcours de la courbe geométrique m_0 au point d'abscisse curviligne s, pour la paramétrisation choisie. L'existence du terme $\tilde{\kappa}^2/\dot{\chi}^3$ (qui est le seul terme d'intéraction entre la géométrie et la paramétrisation) montre qu'on a tendance à parcourir plus lentement les zones a forte courbure; le terme $\dot{\chi}\tilde{V}$, quant à lui, impose que les zones à fort potentiel soient parcourues plus rapidement si la paramétrisation est optimale. D'un point de vue numérique, la paramétrisation s'interprète comme la densité des points de la courbe discrétisée: on voit ainsi qu'il y a plus de points aux zones à forte courbure (coins), ce qui est certainement une bonne chose, et moins dans les zones à fort potentiel.

Si l'on retire dans l'expression de E, le terme en $m''(u)$ (ie. si l'on fait $\alpha = 0$), les expressions précédentes se simplifient et on peut poursuivre des calculs.

8.2.2 Analyse quantitative dans le cas où $\alpha = 0$

Lorsque $\alpha = 0$, l'équation (8.6) devient

$$E(m) = \int_0^L \left(\frac{\beta}{\dot{\psi}} + \gamma V(m_0)\dot{\psi} \right) ds \,.$$

Si on fixe la courbe géométrique, L et $V(m_0)$ sont donnés, et on peut chercher le meilleur choix de la fonction $\dot{\psi} > 0$, sous la contrainte $\int_0^L \dot{\psi} = 1$ (rappelons qu'on a défini m sur $I = [0,1]$). Nous nous limiterons à une présentation heuristique du raisonnement permettant de calculer le ψ optimal. Notons que E est une fonction convexe de ψ que l'on minimise sur un ensemble convexe. Pour minimiser $E(m)$, on peut adopter la méthode des multiplicateurs de Lagrange et calculer le gradient de

$$\int_0^L \left(\frac{\beta}{\dot{\psi}} + \gamma V(m_0)\dot{\psi} \right) ds + \lambda \int_0^L \dot{\psi} ds .$$

Si on dérive par rapport à $\dot{\psi}$, on obtient

$$\frac{\beta}{\dot{\psi}^2} = \gamma V(m_0) + \lambda .$$

On pose donc $\dot{\psi}(s) = \dfrac{\sqrt{\beta}}{\sqrt{\lambda + \gamma V(m_0(s))}}$, λ devant être choisi tel que $\dot{\psi}(s) > 0$ pour tout s et $\displaystyle\int_0^L \dot{\psi}(s) ds = 1$.

Considérons donc la fonction

$$\lambda \mapsto \int_0^L \frac{\sqrt{\beta}}{\sqrt{\lambda + \gamma V(m_0(s))}} ds$$

définie pour $\lambda \in] - \sup_s \{\gamma V(m_0(s))\}, +\infty[$. C'est une fonction décroissante, qui tend vers 0 en $+\infty$. Pour savoir si cette fonction peut prendre la valeur 1, nous en étudions la limite en $-\sup_s \gamma V(m_0(s))$.

Nous allons faire les hypothèses suivantes: nous supposerons que le supremum de $V(m_0(s))$ est atteint en un $s_0 \in [0,L]$ et qu'au voisinage de s_0, $V(m_0(s)) - V(m_0(s_0))$ est de l'ordre de $(s - s_0)^k$ avec $k \geq 2$. Ce sera en particulier le cas si V et m_0 sont suffisamment dérivables, et si l'infimum est atteint en un point intérieur de $[0, L]$ (ou si la courbe recherchée m_0 fermée). Sous une telle hypothèse, il est clair que

$$\int_0^1 \frac{\sqrt{\beta}}{\sqrt{\lambda + \gamma V(m_0(s))}} ds$$

tend vers une integrale divergente lorsque λ tend vers $-\gamma \inf_s V(m_0(s))$. On obtient donc le fait qu'il existe un λ dans l'intervalle recherché tel que cette intégrale soit égale à 1.

Comme on peut écrire, l'infimum étant calculé sur des courbes suffisamment dérivables,

$$\inf_m E(m) = \inf_{[m],\varphi} E(m_0 \circ \varphi) = \inf_{[m]} \left(\inf_\varphi E(m_0 \circ \varphi) \right)$$

où $[m]$ est la courbe géométrique associée à m, et m_0 sa paramétrisation par longueur d'arc, on voit qu'on peut exprimer le problème variationnel sous forme exclusivement géométrique, en posant $U([m]) = \inf_\varphi E(m_0 \circ \varphi)$. D'après le calcul précédent, ce minimum est atteint pour

$$\psi(s) = \varphi^{-1}(s) = \int_0^s \frac{\sqrt{\beta}}{\sqrt{\lambda + \gamma V(m_0(u))}} du$$

avec un choix de $\lambda = \lambda(m_0, \beta, \gamma)$ convenable (λ dépend de la courbe géométrique considérée). Autrement dit, pour qu'une courbe paramétrée soit optimale pour le problème posé, il faut que l'on ait la relation

$$\dot{\psi}^2(.) - \gamma V(m_0(.)) = \text{const}.$$

$\dot{\psi}$ est la vitesse optimale de parcours de la courbe. Cette relation pouvait également être déduite de l'équation (8.3), qui s'écrivait

$$2m''(u) - \nabla_{m(u)} V = 0$$

en faisant le produit scalaire avec $m'(u)$ et en intégrant (on a $\dot{\psi}(\varphi(u)) = |m'(u)|$).

En toute généralité, l'expression de U est donnée par

$$U([m]) = \sqrt{\beta} \int_0^L \frac{\lambda(m_0) + 2\gamma V(m_0(s))}{\sqrt{\lambda(m_0) + \gamma V(m_0(s))}} ds$$
$$= -\lambda(m_0) + 2\sqrt{\beta} \int_0^L \sqrt{\lambda(m_0) + \gamma V(m_0(s))} ds$$

où $\lambda(m_0)$ est une fonction de la courbe géométrique $[m]$ définie par l'équation implicite

$$\int_0^L \frac{\sqrt{\beta}}{\sqrt{\lambda + \gamma V(m_0(s))}} ds = 1$$

ou bien, en revenant à la paramétrisation initiale:

$$\int_0^L \frac{\sqrt{\beta}|m'(u)|}{\sqrt{\lambda + \gamma V(m(u))}} du = 1$$

Supposons que l'on fixe la constante λ et donc que l'on décide de minimiser E sous la contrainte:

$$|m'(u)|^2 - \gamma V(m(u)) = \lambda.$$

(on sait qu'une telle relation est satisfaite par toutes les extrémales du problème, avec un λ inconnu). Le problème se ramène alors à la minimisation de

$$\int_0^L \sqrt{\lambda + \gamma V(m_0(s))}\,ds \qquad (8.7)$$

Le terme $\sqrt{\lambda + \gamma V(.)}$, défini sur le plan, s'interprète alors comme une métrique riemannienne dans $\mathbb{R}^2$ (cf. paragraphe 1.6, chapitre 1), les minima obtenus étant les courbes de longueur minimale pour cette métrique particulière. Les contours actifs décrits par ce type de formulation sont appelés *contours actifs géodésiques*, et ont été introduits dans [50], [56] (voir aussi [17] pour une analyse complémentaire de ces résultats). Comme la fonction à minimiser est croissante en λ, il est naturel de le choisir aussi petit que possible: le choix $\lambda = -\gamma \min V$ (qui est généralement nul) permet de s'assurer que la fonctionnelle est bien définie pour tout courbe m_0.

En petite dimension, il est possible de calculer des géodésiques de manière efficace en utilisant des techniques de programmation dynamique. Nous saisissons cette occasion pour donner une brève présentation de ces dernières.

8.2.3 Approximation discrète et programmation dynamique

Nous nous contenterons de présenter les principes de base de la technique, dans deux contextes généraux essentiels: la minimisation d'une fonctionnelle d'un certain type sur un arbre, et la recherche du plus court chemin dans un graphe.

Minimisation de fonctionnelle sur un arbre

Supposons donnée une fonction $E(x)$, définie pour tout x du type $x = (x_s, s \in S)$, dans le contexte suivant:

- S est un ensemble fini, sur lequel est posée une structure d'arbre, autrement dit, une famille de relations $s \to t$, pour certaines paires (s, t) dans S, telles qu'il ne puisse y avoir de croisement: s'il existe un chemin menant de s à s' (tel que $s = s_0 \to s_1 \to \cdots \to s_N = s'$), celui-ci est unique. Pour $s \in S$, nous noterons $\mathcal{V}_s$ l'ensemble des descendants directs de s, c'est-à-dire, l'ensemble des t tels que $s \to t$.
- Pour tout $s \in S$, x_s prend ses valeurs dans un ensemble fini A_s. Nous noterons A l'ensemble produit des A_s, c'est-à-dire l'ensemble des valeurs prises par x.
- E est de la forme $E(x) = \displaystyle\sum_{s,t \in S, s \to t} E_{st}(x_s, x_t)$.

La donnée d'une structure d'arbre sur S y définit également un ordre partiel: on dira que $s < t$ s'il existe une suite de flèches $s = s_0 \to s_1 \to \cdots \to s_p = t$. Pour tout $s \in S$, définissons

$$E_s^+(x) = \sum_{t \in \mathcal{V}_s} E_{st}(x_s, x_t) + \sum_{t > s, u > s, t \to u} E_{tu}(x_t, x_u)\,.$$

Clairement, $E_s^+(x)$ ne dépend que de x_s, et des x_t pour $t > s$, et il n'est pas très difficile de se convaincre de la relation de récurrence:

$$E_s^+(x) = \sum_{t \in \mathcal{V}_s} E_{st}(x_s, x_t) + \sum_{t \in \mathcal{V}_s} E_t^+(x) \tag{8.8}$$

Notons $F_s^+(x_s) = \min\{E_s^+(y), y \in A, y_s = x_s\}$. L'équation suivante, qui est une conséquence évidente de (8.8), est à la base de la méthode:

$$F_s^+(x_s) = \min_{x_t, t \in \mathcal{V}_s} \left[\sum_{t \in \mathcal{V}_s} E_{st}(x_s, x_t) + \sum_{t \in \mathcal{V}_s} F_t^+(x_t) \right] \tag{8.9}$$

On peut donc calculer, pour tout x_s, la valeur de $F^+(x_s)$, sur la base du calcul préalable, pour tout $t \in \mathcal{V}_s$, et pour tout x_t, de $F^+(x_t)$. On en déduit un algorithme de minimisation itérative calculant les fonctions F_s^+ depuis les feuilles de l'arbre (ie. l'ensemble des s qui n'ont pas de descendants), vers les racines (les s qui n'ont pas d'ascendants). Si $\mathcal{R}$ est l'ensemble des racines, on a bien entendu

$$\min_{x \in A} E(x) = \sum_{s \in \mathcal{R}} \min_{x_s \in A_s} [F_s^+(x_s)]$$

de sorte que la connaissance des F_s^+ pour les racines permet immédiatement de calculer le minimum de E.

D'un point de vue pratique, il y a quelques limitations à cette approche. La première est que la minimisation impliquée dans (8.9) ne doit pas être trop massive, et donc que l'ensemble produit des A_t pour $t \in \mathcal{V}_s$ soit de taille raisonnable. La seconde limitation est le coût en place mémoire: pour un s fixé, tant que l'on n'a pas calculé le minimum de F_t^+, pour l'ascendant direct, t, de s, on doit garder en mémoire les valeurs de $F_s^+(x_s)$ pour tout $x_s \in A_s$, ainsi que la configuration $x_t, t > s$ qui réalise le minimum (et ceci encore pour toute valeur de x_s). On peut s'affranchir du stockage des configurations optimales, en gardant en mémoire toutes les valeurs de $F_s^+(x_s)$: une fois ce calcul effectué, le chemin optimal peut alors être récupéré en remontant des racines de l'arbre vers les feuilles et en prenant le meilleur x_s à chaque pas.

Des algorithmes plus évolués de programmation dynamique permettent de gérer ces limitations, essentiellement en *élaguant* les valeurs et les solutions $F^+(x_s)$, dont on peut prévoir (à coup sûr, à l'aide d'évaluations *a priori*, ou bien avec un petit risque de rater l'optimum) qu'elles ne mèneront pas au minimum de E.

Recherche de plus court chemin dans un graphe: 1ère solution

Dans ce paragraphe, S porte une structure de graphe générale. Pour chaque flèche $s \to t$, un coût $\Gamma(s, t)$ est défini, et le coût global d'un chemin $\mathbf{s} = (s_0 \to \cdots \to s_N)$ est défini par

$$E(\mathbf{s}) = \sum_{k=1}^{N} \Gamma(s,t)$$

Le problème de la recherche du plus court chemin, ou chemin de moindre coût, est de chercher, pour s et t fixés dans S, le chemin $\mathbf{s} = (s = s_0 \to \cdots \to s_N = t)$ minimisant E. Les inconnues sont donc $s_1, \ldots, s_{N-1}$, ainsi que l'entier N. Le coût du chemin optimal sera noté $d(s,t)$. Pour qu'une telle minimisation ait une solution non-triviale, il faut qu'il existe au moins un chemin reliant s et t, ce que nous supposerons désormais pour toute valeur de s et de t, autrement dit, nous supposerons que la graphe est connexe.

Fixons $t \in S$. Pour $s \in S$, notons encore $\mathcal{V}_s$ l'ensemble des u tels que $s \to u$. On a alors la formule qui tient le même rôle que (8.9) dans ce cadre

$$d(s,t) = \min_{u \in \mathcal{V}_s}[d(u,t) + \Gamma(s,u)] \qquad (8.10)$$

Cette équation permet de calculer $d(s,t)$ pour tout $t \in S$. Définissons, pour tout $N \geq 0$:

$d_N(s,t) = \min\{E(\mathbf{s}) : \mathbf{s}$ chemin reliant s et t et comportant au plus N points$\}$

On a alors

$$d_{N+1}(s,t) = \min_{u \in \mathcal{V}_s}[d_N(u,t) + \Gamma(s,u)]$$

Par définition $d_0(s,t) = +\infty$ si $s \neq t$ et 0 si $s = t$. L'équation précédente permet, par récurrence de calculer $d_N(u,t)$ pour tout u, et pour tout N. On a $d(s,t) = \lim_{N \to \infty} d_N(s,t)$, et on montre facilement que si $d_N(s,t) = d_{N+1}(s,t)$ pour tout s, alors $d_N(s,t) = d(s,t)$ pour tout s, ce qui indique que l'algorithme de calcul de la carte de distances est terminé.

Si l'on recherche le plus court chemin de s à t, il suffit de suivre de proche en proche les vallées de plus courtes distances vers t. On prendra $s_0 = s$, et si s_k est connu, s_{k+1} sera le point u qui réalise le minimum de $d(u,t)$ parmi tous les éléments de $\mathcal{V}_{s_k}$.

Algorithme de Djikstra

Il existe en fait une solution significativement plus efficace pour le problème précédent: il s'agit de l'algorithme de Djikstra. Cet algorithme permet de calculer, pour s_0 fixé dans S, le chemin optimal entre s_0 et t pour tout t dans S, en un nombre d'opérations qui est de l'ordre de $|S|\log|S|$.

A chaque pas de l'algorithme, on gère deux sous ensembles de S: celui des sommets à visiter, noté C, et celui des sommets pour lequel la distance à s_0 est connue, noté D; initialement, $D = \{s_0\}$ et $C = S \setminus \{s_0\}$. On supposera qu'à chaque pas de l'algorithme, on a

$$\max\{d(s_0, t) : t \in D\} \leq \min\{d(s_0, t), t \in C\}$$

ce qui est bien vérifié au départ.

On introduit la fonction F définie sur S par

- $F(t) = d(s_0, t)$ si $t \in D$
- $F(t) = \inf\{d(s, u) + \Gamma(u, t), u \in D\}$ si $t \in C$, avec la convention inf $\emptyset = +\infty$.

A l'initialisation de l'algorithme, on a donc $F(s_0) = 0$, $F(t) = \Gamma(s, t)$ pour tout t voisin de s_0 et $F(t) = +\infty$ pour les autres t.

L'algorithme repose sur une remarque simple: à chaque pas, l'élément $t \in C$ tel que $F(t)$ est minimal est tel que $d(s_0, t) = F(t)$: on a en effet

$$d(s_0, t) = \inf\{d(s_0, u) + \Gamma(u, t) : u \in S\} \leq F(t).$$

Si $d(s_0, t) < F(t)$, il existe un $u \in C$, tel que $d(s_0, u) + \Gamma(u, t) < F(t)$. Fixons un chemin optimal allant de s_0 à u, et notons u' le premier point où ce chemin sort de D: on a bien pour ce point $F(u') = d(s_0, u') \leq d(s_0, u) < F(t)$ ce qui contredit le fait que $F(t)$ est minimal. D'autre part, pour tout $u \in C$, on a $d(s_0, u) \geq F(t)$, puisque, là encore, il suffirait de considérer le point de sortie de D d'un chemin optimal allant de s_0 à u pour avoir une contradiction. On peut donc déplacer t de C vers D, à condition de mettre également à jour la fonction F: cette dernière doit être modifiée aux points t' voisins de t, et pour de tels points, il suffit de remplacer $F(t')$ par

$$\min(F(t'), F(t) + \Gamma(t, t'))$$

L'algorithme s'arrête lorsque $C = \emptyset$. Comme précédemment, la fonction F permet de reconstituer les chemins optimaux.

Application aux contours actifs

Revenons au problème de la minimisation de

$$\int_0^L \sqrt{\lambda + \gamma V(m_0(s))}\, ds\,.$$

Notons $W = \sqrt{\lambda + \gamma V}$. Nous repassons à une paramétrisation arbitraire: $m = m(t), t \in [0, 1]$, et nous minimisons donc

$$E(m) = \int_0^1 W(m(t))|m'(t)|dt\,.$$

Fixons une discrétisation $t_0 = 0 < t_1 < \cdots < t_N = 1$ de l'intervalle $[0, 1]$ et notons $m_i = m(t_i)$. La fonctionnelle E s'écrit, sous forme discrétisée:

$$E(m_0, \ldots, m_N) = \sum_{k=1}^N W(m_k)|m_k - m_{k-1}|(t_k - t_{k-1})$$

Cette expression peut être minimisée par programmation dynamique, puisque, si on pose $S = \{0, 1, \ldots, N\}$, avec la structure d'arbre linéaire $0 \to 1 \to \cdots \to N$, l'énergie s'écrit exactement sous la forme

$$E = \sum_{k=0}^{N} E_{k-1,k}(m_{k-1}, m_k)$$

L'application directe de la récurrence (8.9) n'est toutefois pas réaliste, puisque m_k varie dans un ensemble très grand (tous les points de l'image digitalisée). On peut toutefois élaguer la recherche en imposant que m_k soit suffisamment proche de m_{k-1} (on interdit les sauts).

On peut aussi minimiser E par une approche de plus court chemin. Dans ce cas S est la grille de l'image digitalisée, avec, comme structure de graphe, les relations de voisinage entre pixels, ie. $s \to t$ si s est voisin de t au sens d'une certaine structure de voisinage sur la grille (connectivité d'ordre 4, ou 8). On aura alors $\Gamma_{st} = W(s)|t - s|$ (ou $|t - s|(W(s) + W(t))/2$), et on pourra calculer, pour tout t, la carte des distances entre tous les points s à t.

Il faut remarquer, toutefois, que la discrétisation de l'énergie sur une grille peut introduire de nouveaux minima locaux d'énergie, selon la connectivité du graphe. Ainsi, sur un graphe de connectivité 4, la longueur de l'hypothénuse d'un triangle rectangle est égale à la somme des longueurs de ses cotés !

Les algorithmes de type *Fast Marching Method*, décrits dans [182] (voir aussi [130, 56]) ont une formulation similaire à l'algorithme de Djikstra, mais avec des approximations numériques correctes. La carte des distances géodésiques au point s_0, définie donc par $F(t) = d(s_0, t)$, vérifie l'équation dite eikonale:

$$|\nabla F| = W .$$

La technique consiste à résoudre cette équation de proche en proche, en partant de $F(s_0) = 0$, mais en utilisant les approximations du gradient données par les formules suivantes (cf. paragraphe 5.3.2 du chapitre 5); on pose, pour un pas de discrétisation spatiale h

$$\frac{\partial^+ F}{\partial x}(i, j) = (F_{ij} - F_{i-1j})/h$$

$$\frac{\partial^- F}{\partial x}(i, j) = (F_{i+1j} - F_{ij})/h$$

$$\frac{\partial^+ F}{\partial y}(i, j) = (F_{ij} - F_{ij-1})/h$$

$$\frac{\partial^- F}{\partial y}(i, j) = (F_{ij+1} - F_{ij})/h$$

et

$$|\nabla_{ij}F| = \left(\max\left(\max(\frac{\partial^- F}{\partial x}(i,j),0), -\min(\frac{\partial^+ F}{\partial x}(i,j),0) \right)^2 \right.$$

$$\left. + \max\left(\max(\frac{\partial^- F}{\partial y}(i,j),0), -\min(\frac{\partial^+ F}{\partial y}(i,j),0) \right) \right)$$

L'équation $|\nabla_{ij}F| = W$ s'écrit alors, en posant $U_{ij} = \min(F_{ij-1}, F_{ij+1})$ et $V_{ij} = \min(F_{i-1j}, F_{i+1j})$:

$$max(F_{ij} - U_{ij}, 0)^2 + max(F_{ij} - V_{ij}, 0)^2 = W_{ij}$$

Lorsque $W_{ij} > 0$, cette équation a une unique solution, donnée par

$$\begin{cases} F_{ij} = \sqrt{W_{ij}} + \min(U_{ij}, V_{ij}) \text{ si } W_{ij} \leq 2(U_{ij} - V_{ij})^2 \\ F_{ij} = \left(\sqrt{W_{ij} - (U_{ij} - V_{ij})^2} + U_{ij} + V_{ij} \right) / 2 \text{ si } W_{ij} \geq 2(U_{ij} - V_{ij})^2 \end{cases}$$

$$(8.11)$$

Comme pour l'algorithme de Djikstra, on on gère deux sous-ensembles de la grille S: celui des sommets à visiter, noté C, et celui des sommets pour lequel la distance à s_0 est connue, noté D. Là encore, on initialise avec $D = \{s_0\}$ et $C = S \setminus \{s_0\}$, et on pose $F(s_0) = 0$ et $F(t) = +\infty$ lorsque t n'est pas voisin de s_0, et $F(t) = W_t$ pour t voisin de s_0. Le calcul de $d(s_0, t)$ se fait alors en itérant les étapes suivantes:

1. On sélectionne un $t \in C$ pour lequel $F(t)$ est minimal et on le rajoute à D

2. On recalcule $F(t')$ pour t' voisin de t à l'aide des formule (8.11) (qui ont des prolongements évidents lorsque l'un des U_{ij} est infini)

L'algorithme s'achève lorsque C est épuisé. Il s'étend (ainsi que l'algorithme de Djikstra) au calcul de la distance $d(t, S_0)$, lorsque S_0 est un sous-ensemble de S (plus nécessairement un singleton) en modifiant uniquement la phase d'initialisation: on pose $F(t) = 0$ pour tout t dans S_0, et on applique (8.11) pour t voisin de S_0.

8.3 Contours actifs et évolution régularisante

8.3.1 Stabilisation d'une évolution régularisante

Une autre façon d'induire des contraintes de régularité ([69]) est d'utiliser une EDP régularisante du type (4.4). Pour faire en sorte que l'évolution se stabilise au voisinage de points de faible potentiel, on introduit un facteur supplémentaire pour en stopper la progression au voisinage d'un contour. Pour détecter des contours, on peut ainsi introduire une fonction $V > 0$ définie sur le plan de l'image, qui soit très petite dans les zones de fort gradient, et admet une valeur suffisamment grande dans les zones régulières de l'image. On pourra, par exemple, poser

$$V(m) = \frac{1}{1 + C.|\nabla_m I|} \tag{8.12}$$

Considérons l'équation

$$\frac{\partial m}{\partial t} = -V(m)F(\kappa)\nu \tag{8.13}$$

Là où V est constant, elle se comporte comme (4.4), ce qui induit l'effet régularisant recherché. La présence du facteur $V(m)$ va ralentir, et pratiquement stopper, l'évolution du contour au voisinage des lignes de fort gradient d'intensité, si on a choisi un potentiel du type (8.12).

Comme pour (4.4), on peut reformuler (8.13) en termes d'évolution de lignes de niveaux. On définira alors une équation du type

$$\frac{\partial f}{\partial t} = -\hat{V}(t,m)|\nabla f|F\left(\mathrm{div}\frac{\nabla f}{|\nabla f|}\right).$$

où $\hat{V}(t,m)$ est une fonction qui coïncide avec $V(m)$ sur l'ensemble $f(t,m) = 0$. En effet, le même calcul qui a permis de justifier (4.3) permet d'écrire, si $m(t,.)$ est une paramétrisation (locale) de $\{f(t,m) = 0\}$, que

$$\left\langle \frac{\partial m}{\partial t}, \nu \right\rangle (t,u) = \hat{V}(t,m(t,u)).F(\kappa(t,u)).$$

ce qui induit l'évolution souhaitée. La construction de $\hat{V}$ en dehors de l'ensemble $\{f = 0\}$ peut se faire en remarquant qu'elle induit l'évolution des autres lignes de niveau de f. Pour que l'évolution de f se stabilise de manière uniforme sur les différentes lignes de niveau, on peut utiliser la technique suivante: le potentiel à l'instant t est fixé à la valeur $V(m)$ lorsque $f(m) = 0$. On laisse alors agir un opérateur de diffusion à l'intérieur et à l'extérieur du domaine délimité par $\{f = 0\}$ pour calculer les autres valeurs (comme cette opération, relativement coûteuse en temps de calcul, on ne l'effectue pas à chaque pas, mais de temps en temps).

8.4 Utilisation de prototypes déformables

8.4.1 Introduction

Les contours actifs décrits précédemment utilisent un *a priori* minimal sur les formes qu'ils sont censés détecter: leur régularité. Il arrive toutefois souvent que l'on puisse avoir une idée plus précise de ces formes, à de petites déformations près, par exemple pour des formes biologiques (feuilles d'arbres, cellules, petits organismes vivants, ...), ou des organes d'animaux (cœur, estomac, ...). On peut alors dresser une image précise (un prototype) de la forme considérée, en conservant une marge de variabilité pour tenir compte des différences entre les individus.

Il s'agit de modéliser de petites déformations autour d'un patron donné (ou appris), et les techniques associées peuvent être regroupées sous le terme de prototypes déformables (déformable templates, en anglais). Par rapport au cas des snakes, une nouvelle étape vient se rajouter à l'algorithmique de détection: celle de la modélisation des déformations du prototype qui sont susceptibles d'être rencontrées dans une scène réelle. Cette modélisation se fera ainsi en utilisant une des techniques du chapitre 7, de représentation par rapport à un prototype. Nous présentons deux techniques de détection, une reliée à la modélisation du paragraphe 7.2, chapitre 7, l'autre à celle du paragraphe 7.3 du même chapitre.

8.4.2 Détection des formes: approche par modes de déformation

Nous nous plaçons dans le cas où un modèle de forme a été défini, à la suite d'un apprentissage, selon la technique du paragraphe 7.2, chapitre 7. On dispose donc d'une représentation de la forme à détecter du type, notant $\alpha = (\alpha_1, \ldots \alpha_{p_0})$ et

$$m^\alpha = \overline{m} + \sum_{i=1}^{p_0} \alpha_i K^i,$$

Cette représentation s'accompagne d'une information statistique de la variabilité acceptable des α_i, par l'intermédiaire de sa variance λ_i (cf. paragraphe 7.2.1, chapitre 7).

La position de la forme à l'intérieur d'une image est bien entendu inconnue. Le problème qui se pose est de déterminer un opérateur de transformation rigide g, et des coefficients α_i compatibles avec leur mesure de magnitude λ_i, tels que $g.m^\alpha$ se positionne sur des contours détectés sur l'image.

Une approche variationnelle similaire à celle des contours actifs est possible. On commence à définir un potentiel V sur l'image, comme au paragraphe 8.1.4. On définira la fonctionnelle

$$E(g, \alpha) = \sum_{i=1}^{n} \frac{\alpha_i^2}{\lambda_i} + \beta \int_I V(g.m^\alpha(u)) du$$

(on peut également ne minimiser que le dernier terme avec des contraintes de bornitude des α_i, typiquement $|\alpha_i| < \sqrt{3\lambda_i}$). Les dérivées de E sont donnés par

$$\frac{\partial E}{\partial \alpha_i} = 2 \frac{\alpha_i}{\lambda_i} + \beta \int_I \langle \nabla_{g.m^\alpha(u)} V , g.K^i(u) \rangle du$$

et

$$\frac{\partial E}{\partial g} = \int_I {}^t m^\alpha(u) \nabla_{g.m^\alpha(u)} V du$$

(c'est une matrice). On pourra également, pour éviter de rechercher des formes trop petites ou trop grandes, ajouter une contrainte sur le déterminant de g.

Contrairement au cas des contours actifs, il est probable que le minimum global de E corresponde à une détection acceptable de la forme recherchée. Toutefois, d'un point de vue pratique, la minimisation de cette fonctionnelle est délicate, essentiellement parce qu'il est impossible de faire figurer dans le potentiel V une information permettant d'affirmer que la courbe est loin ou proche de son but. La fonctionnelle E admet ainsi de nombreux minima locaux, et la détection de la courbe nécessite généralement une excellente initialisation. Pour ce faire, le prise en compte d'autres caractéristiques de cette forme (couleur, texture, ...) peut être nécessaire.

Il est également possible d'utiliser des algorithmes d'optimisation massive (recuit simulé, algorithmes génétiques, ...), mais ceux-ci restent très coûteux en temps de calcul.

8.4.3 Détection de formes sous l'action d'un groupe de déformations

Nous reprenons ici la représentation du paragraphe 7.3, chapitre 7, dont nous rappelons les notations.

Une forme est modélisée par un polygone π à N côtés, et nous notons $v_i \in \mathbb{C}$ le ième segment de ce polygone, ceci étant résumé par la notation $\pi = (v_0, \ldots, v_{N-1})$.

Une déformation est représentée par un N-uplet de nombres complexes non nuls, et notée $\mathbf{z} = (z_0, \ldots, z_{N-1})$. Nous avons l'action

$$\mathbf{z}.\pi = (z_0 v_0, \ldots, z_{N-1} v_{N-1})$$

Nous avons noté Δ (resp. Δ_0) les $\mathbf{z}$ dont toutes les composantes sont égales (resp. égales et de module 1), ces ensembles correspondant aux similitudes planes (resp. aux rotations planes).

Nous noterons $[\mathbf{z}]$ et $[\mathbf{z}]_0$ les classes de $\mathbf{z}$ modulo Δ et Δ_0 respectivement. De même, π étant un polygone, nous noterons $[\pi]$ et $[\pi]_0$ les classes de π modulo Δ et Δ_0. Par exemple, on aura

$$[\mathbf{z}] = \{c.\mathbf{z}, c \in \Delta\}$$

et

$$[\pi] = \{\mathbf{z}.\pi, \mathbf{z} \in \Delta\}.$$

Une forme prototype doit être considérée comme un polygone modulo Δ ou Δ_0 (selon que l'on recherche l'invariance par changement d'échelle ou non). Par contre, une forme plongée dans une image est un polygone avec une origine. Notons $\overline{\pi}$ notre prototype (on devrait en fait noter $[\overline{\pi}]$ ou $[\overline{\pi}]_0$). Comme précédemment, introduisons un potentiel $V(m)$ défini sur l'image, donnant par exemple la distance d'un point m aux contours dans l'image. On cherchera alors à minimiser, en $s_0 \in \mathbb{C}$ et en $\mathbf{z} \in G$ une expression du type

$$E([\mathbf{z}]) + \int_{(s_0 + g.\bar{\pi})} V(m)dm$$

où $E([\mathbf{z}])$ est une fonction définie sur G/Δ, permettant de mesurer la distance entre $\mathbf{z}$ et une similitude. Par exemple, si $\mathbf{z} = (z_0, \ldots, z_{N-1})$, avec $z_k = r_k e^{i\theta_k}$, on pourra poser

$$E([\mathbf{z}]) = \sum_{k=1}^{N-1} (\log r_k - \log r_{k-1})^2 + \sum_{k=1}^{N-1} \arg(e^{i\theta_k - i\theta_{k-1}})^2,$$

l'argument $\arg z$ d'un nombre complexe $z \neq 0$ étant défini par convention comme l'unique $\theta \in]-\pi, \pi]$ tel que $z = re^{i\theta}$ avec $r > 0$.

Si l'on se limite à l'invariance par rotation (par exemple si la taille des objets à détecter est connue, a priori, ou pour le moins calibrée), on pourra choisir

$$E([\mathbf{z}]_0) = \sum_{k=1}^{N-1} |z_k - z_{k-1}|^2$$

Lorsque les courbes que l'on manipule sont fermées, il est naturel de rajouter un terme supplémentaire, bouclant les sommes qui comparent z_k à z_{k-1}. La dernière somme ci-dessus devra, par exemple être complétée, donnant

$$\sum_{k=1}^{N-1} |z_k - z_{k-1}|^2 + |z_{N-1} - z_0|^2$$

ce que nous noterons

$$\sum_{k=0}^{N-1} |z_k - z_{k-1}|^2$$

en prenant les indices modulo N.

Toujours si l'on considère des courbes fermées, une restriction supplémentaire doit être ajoutée, qui est que la courbe déformée doit toujours être fermée. Dans le contexte où nous nous sommes placés, si la courbe originale est $\pi = (v_0, \ldots, v_{N-1})$, la condition est

$$\sum_{k=0}^{N-1} z_k v_k = 0.$$

Il est intéressant de calculer l'équivalent continu de ce modèle, lorsque le nombre de points de l'approximation polygonale tend vers 0. Nous conservons la formulation complexe, et considérons une courbe $m : I \to \mathbb{C}$, où $I = [0, L]$ est un intervalle, et la paramétrisation est prise par longueur d'arc. Pour un N donné, on posera alors $\pi = (v_0, \ldots, v_{N-1})$, avec

$$v_k = m(\frac{kL}{N}) - m(\frac{(k-1)L}{N}) \simeq \frac{L}{N} m'(\frac{(k-1)L}{N}).$$

Une déformation, représentée par $\mathbf{z} = (z_0, \ldots, z_{N-1})$ sera également supposée tirée d'une courbe ζ définie sur $[0,1]$, avec $z_k = \zeta(k/N)$. L'action $\pi \mapsto \pi.\mathbf{z}$ trouve alors l'équivalent continu

$$m'(s) \mapsto \zeta(s/L)m'(s)$$

si bien que l'on peut définir l'action qui à une courbe m associe la courbe $\zeta.m$ définie par

$$(\zeta.m)(s) = \int_0^s \zeta(u/L)m'(u)du\,.$$

Le coût d'une telle action, si on se limite au cas invariant par rotation, sera alors donné par la limite de

$$\sum_{k=1}^{N-1} |z_k - z_{k-1}|^2$$

soit, en remarquant que $z_k - z_{k-1} \simeq \zeta'((k-1)/N)/N$,

$$\frac{1}{N}\int_0^1 |\zeta'(s)|^2 ds\,.$$

Les remarques faites au paragraphe précédent concernant les difficultés liés à la minimisation de E restent valables également dans ce cadre.

9

Analyse statistique d'indices concordants

9.1 Introduction

La méthode des contours actifs, en particulier dans la version où l'on analyse des déformations d'un prototype recherche une forme dans sa globalité en tachant de l'ajuster au mieux aux discontinuités de l'image. Les techniques présentées dans ce chapitre adoptent un point de vue sensiblement différent. Elles se basent sur le raisonnement suivant: il existe des caractéristiques simples qui sont fréquemment observables lorsqu'une forme d'un type type donné est présente dans une image. En raison de sa simplicité, chaque caractéristique prise isolément n'est qu'une très faible indication de la présence de la forme: toutefois, si elles sont observables en un nombre suffisamment grand, cette concordance pourra permettre de conclure avec une faible marge d'erreur. Toute la difficulté est bien sûr de déterminer les caractéristiques qui conviennent pour un type de forme donné.

9.2 Transformée de Hough

9.2.1 Description

La transformée de Hough est une opération formellement très simple, mais possédant un large potentiel d'applications. Le principe est de recueillir, dans un certain espace de *paramètres*, des scores, issus de mesures provenant de diverses positions sur une image, permettant ensuite de décider de la présence éventuelle d'une forme. La description que nous en faisons ici est assez rapide (il y a de toutes manières peu à dire sur les fondements de la méthode), mais le lecteur intéressé par des développements et des variantes pourra se référer à la littérature (notamment [116, 166, 136, 119]).

Voici une présentation abstraite de la méthode. Fixons un entier p positif. On suppose définie une famille paramétrée $(\mathcal{P}_\theta, \theta \in \Theta)$ de propriétés observables en chaque p-uplet de points de l'image. Notant $\mathcal{D}$ le domaine (discret) sur lequel est définie l'image (ie. l'ensemble des pixels), on pose, pour $x_1, \ldots, x_p \in \mathcal{D}$, $F_\theta(x_1, \ldots, x_p) = 1$ si $\mathcal{P}_\theta$ est vraie en $(x_1, \ldots, x_p)$ et 0 sinon.

La transformée de Hough consiste à construire la *fonction de comptage*, définie sur l'ensemble Θ, par la formule

$$N_\theta = \sum_{x_1, \ldots, x_p \in \mathcal{D}} F_\theta(x_1, \ldots, x_p)$$

Lorsque N_θ est grand, on observe de nombreuses occurrences de la propriété $\mathcal{P}_\theta$ sur l'image. Si cette propriété peut être corrélée à la présence d'une forme donnée, on obtient ainsi une indication importante. Voyons quelques exemples.

9.2.2 Exemples

Segments de droite

Soit I une image digitalisée. Un détecteur de bords est un opérateur L, qui appliqué à I, fournit une nouvelle image $L.I$ qui marque les discontinuités. Les méthodes sont nombreuses, citons, par exemple, [44], [66] pour deux algorithmes parmi les plus utilisés. Dans la version la plus simple, le résultat est binaire $L.I(x) = 1$ si un bord est présent, et 0 sinon. L'information peut être plus riche, donnant, par exemple, l'orientation de la ligne de discontinuité au point considéré.

Plaçons nous dans le cas d'une détection de bord binaire, et définissons la propriété $P_\theta(x)$, pour $\theta = (m, a) \in \mathbb{R}^2$ et $x \in \mathbb{R}^2$ par: *un bord est présent en $x = (u, v)$ et la droite d'équation $v = mu + a$ passe par x.*

Une grande quantité de votes pour un paramètre θ indique la présence de beaucoup de points de discontinuités sur une même droite. En récoltant tous les θ ainsi mis en évidence, on détecte les portions linéaires des discontinuités sur l'image.

Notons que pour un x donné, l'ensemble des θ tels que $F_\theta(x) = 1$ est également une droite dans l'espace des paramètres, et peut donc être calculée rapidement.

Arcs de cercles et courbes implicites

De manière similaire, on peut, en posant $\theta = (c_1, c_2, r)$, détecter les bords cocycliques sur l'image, en définissant la propriété: *un bord est présent en $x = (u, v)$ et $(u - c_1)^2 + (v - c_2)^2 = r^2$.*

Autrement dit, pour chaque x où l'on observe un bord, on tracera la nappe

$$(c_1 - x_1)^2 + (c_2 - x_2)^2 - R^2 = 0$$

(qui est un demi hyperboloïde) dans l'espace des paramètres.

Plus généralement, on peut rechercher des éléments d'une famille quelconque de courbes du type $\{f(x, \theta) = 0, \theta \in \Theta\}$.

Pour x donné, l'esemble des θ pour lesquels $\mathcal{P}_\theta$ est vraie en x est (en général) une hypersurface de l'ensemble des paramètres. Il est clair, toutefois, qu'aller au-delà de trois paramètres avec cette approche devient trop lourd en calcul et en mémoire nécessaire.

Courbe paramétrée

Si une courbe paramétrée, représentant, par exemple, la silhouette d'un objet recherché sur l'image, est donnée (sous la forme $t \mapsto m(t), t \in [0, 1]$), et Θ est une partie du groupe des transformations affines du plan, on pourra utiliser la propriété $\mathcal{P}_\theta$, définie, en $x \in \mathcal{D}$:

"Un bord est présent en x, et il existe un $t \in [0, 1]$ tel que $\theta.m(t) = x$"

Pour x fixé, l'ensemble des θ satisfaisant cette propriété forme cette fois-ci un volume de l'espace des paramètres.

9.2.3 Configurations caractéristiques

La transformée de Hough peut être également employée pour mettre en évidence des configurations caractéristiques, ou combinaisons de détecteurs. Appelons détecteur n'importe quelle fonction booléenne D calculée sur l'image I, et notons, pour un pixel y, D_y ce détecteur appliqué à l'image translatée de $-y$. Le détecteur répond au pixel y si et seulement si $D_y = 1$; typiquement, D_y ne dépend que des pixels dans un petit voisinage de y.

Supposons que l'on ait démontré que la présence d'un certain objet du type recherché centré dans un pixel x de l'image est fortement corrélée à la réponse de certains détecteurs $D^1, \ldots, D^N$ au voisinage de x: il existe des ensembles $V_0^1, \ldots, V_0^N$ tels que, lorsque l'objet recherché est présent en x, le détecteur D^k répond avec une forte probabilité en un $y \in V_x^k = x + V_0^k$, pour $k = 1, \ldots, N$. Cette corrélation peut être caractérisée par le fait que le détecteur répond nettement plus souvent en présence de l'objet qu'en son absence. Par exemple, si l'on cherche des rectangles pas trop aplatis (proches de carrés), et de taille à peu près calibrée, on pourra détecter des angles droits orientés dans une certaine zone autour du centre du rectangle (cf. figure 9.1).

En conséquence, la réponse d'un détecteur D^k en un pixel y de l'image est une indication de la présence possible de l'objet cherché centré en x tel que $y \in x + V_0^k$, autrement dit en $x \in y - V_0^k$. Chaque détecteur définit ainsi une transformée de Hough, paramétrée par les pixels x de l'image, telle que $F_x^k(y) = 1$ si et seulement si $D_y = 1$ et $x \in y - V_0^k$.

Si l'on accumule les résultats de toutes ces transformées, pour k allant de 1 à N, les points x qui auront été marqués par un maximum de détecteurs auront une forte probabilité de se trouver au centre de l'objet cherché.

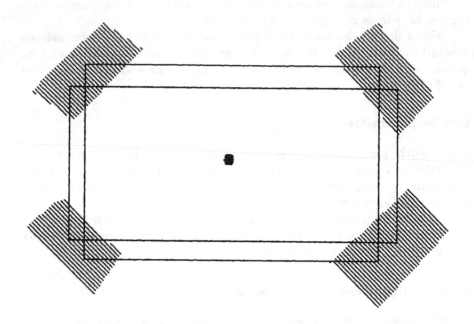

Fig. 9.1. En grisé: zones de confiance pour la position des sommets d'un rectangle relativement à son centre

Cette approche a été développée en particulier dans [8][1]

9.2.4 Discrétisation et détection

L'implémentation pratique de la transformée de Hough (lorsque l'ensemble des paramètres est continu) pose de nombreux problèmes, que nous n'aborderons que superficiellement ici. La mise en œuvre de la méthode demande de au moins trois choix algorithmiques essentiels:

- Le mode de discrétisation de l'espace des paramètres Θ
- La définition de cellules d'incrémentation des compteurs pour chacun des paramètres: cette cellule d'incrémentation est un voisinage C_θ de $\theta \in \Theta$: le compteur N_θ sera alors définit comme le nombre de pixels x pour lesquels il existe un paramètre $\theta' \in C_\theta$ tel que $F_{\theta'}(x) = 1$.

---

[1] Nous occultons ici un aspect essentiel de la méthodologie: celui de la construction des détecteurs. Dans [8], par exemple, Ceux-ci sont basés sur certaines combinaisons de contours détectés (zones de fort gradient).

- Une règle de sélection des paramètres ayant recueilli suffisamment de réponses

Pour le premier point, le choix le plus simple est de fixer une grille régulière, avec un pas de discrétisation fixé. Le choix de ce pas de discrétisation est lié au second problème. Une solution souvent adoptée est d'utiliser des cellules C_θ rectangulaires, sans intersection, centrées aux différents points de la grille discrétisée. Ce choix risque toutefois d'être mis en défaut lorsque le "vrai" paramètre θ est proche de l'interface entre deux cellules. Il est donc sensé de laisser les cellules se chevaucher, et donc de choisir un pas de discrétisation plus petit que la taille des cellules. Rien n'empêche non-plus de choisir des cellules "lisses", sous la forme de noyaux $K(\theta, \theta')$, qui tendent vers 0 lorsque θ' s'éloigne de θ (par exemple à support compact autour de θ) et dont l'intégrale par rapport à θ' est égale à 1. On pose alors

$$N_\theta = \sum_x \sum_{\theta' : F_{\theta'}(x)=1} K(\theta, \theta')$$

(plus rigoureusement, la seconde somme doit être remplacée par une intégrale restreinte à la surface $\{\theta : F_{\theta'}(x) = 1\}$). Dans tous les cas, les paramètres fixant le pas de discrétisation et la taille des cellules sont délicats à fixer bien qu'essentiels.

Pour le troisième point, on détecte généralement les maxima locaux des détections, pour lesquels N_θ est supérieur à un certain seuil. Le choix de prendre un maximum local est dû au phénomène inévitable d'étalement des détections autour de la vraie valeur, causé à la fois par le bruit sur l'image, par la faible résolution des détecteurs, et par les lissages qui sont implicitement effectués sur N_θ au cours de la discrétisation. Notons que ceci implique une perte en précision (on ne distingue pas deux "vrais" θ si ceux-ci sont trop proches). La nécessité de choisir un seuil est nécessaire pour éviter les fausses alarmes qui pourraient être causés par le bruit et les erreurs, toujours présents lors de la réalisation pratique du test des propriétés $\mathcal{P}_\theta$. Un choix idéal consisterait à fixer un seuil n_0 tel que la probabilité pour que N_θ soit supérieur à n_0 soit petite lorsque la structure cherchée n'est pas présente... sauf que cette probabilité est _a priori_ inconnue. On peut éventuellement l'estimer, pour chacun des détecteurs, sur un échantillon d'images, mais cela est fastidieux. Un autre choix possible est de modéliser cette loi, le modèle le plus simple étant de supposer que les $F_\theta(x)$ sont indépendants (lorsque θ est fixé et x varie dans l'image) et suivent une loi de Bernoulli dont le paramètre p peut être directement estimé sur l'image. Une estimation explicite du nombre n_0 a été réalisée dans ce contexte, et appliquée en particulier à la détection de droites, dans [68, 67]. L'approche suivie dans [8], ou [80], revient à sélectionner, parmi une famille de propriétés calculables, celles qui sont le plus probable sur une base de données contenant les structures ou objets à rechercher, en espérant (ce qui est empiriquement le cas, si les propriétés sont suffisament complexes) qu'elles sont improbables en l'absence de ces structures.

9.3 Détection adaptative optimale

9.3.1 Présentation générale

Compter et seuiller les indices de présence d'objets qui sont observables sur une image est probablement la règle de décision la plus simple possible. Il existe bien entendu des techniques de décision statistique bien plus élaborées, comme les techniques de régression, de réseaux neuronaux ou les *support vector machines*, mais leur présentation sort largement du cadre de cette ouvrage. Nous invitons le lecteur intéressé à se référer à l'un des nombreux ouvrages de référence sur le sujet, parmi lesquels nous pouvons citer [108, 31, 37, 204]. Parmi ces techniques, nous nous contenterons de donner un bref aperçu des méthodes basées sur des *arbres de décision*, d'une part parce qu'ils fournissent des algorithmes de détection très performants (nécessitant un petit nombre de calculs), et d'autre part parce qu'ils ont été utilisés avec succès sur de nombreux problèmes de reconnaissance de formes.

Nous aborderons ainsi le problème suivant: on dispose d'un certain nombre de formes connues, une sorte de dictionnaire. Le problème est alors de définir une méthodologie permettant, lorsqu'une nouvelle forme est présentée, de la reconnaître comme une des formes déjà apprises, et éventuellement de constater qu'elle est inconnue.

Nous présentons une approche qui construit une stratégie pas à pas de reconnaissance. D'un point de vue formel, cette approche peut être décrite de la manière suivante.

Nous supposons défini un ensemble $S = \{S_1, \ldots, S_n\}$, composé d'un nombre (fini) d'*évènements* possibles. Supposons par ailleurs donné un ensemble $\mathcal{O} = \{Y_i; i \in I\}$ de quantités observables. Nous supposerons, pour simplifier, que les Y_i prennent leurs valeurs dans des ensembles finis, $F_i, i \in I$. Ces quantités doivent avoir un comportement distinct selon l'évènement sousjacent. Ce comportement ne pouvant pas toujours être connu de façon exacte, nous traduisons ceci de manière probabiliste, en supposant que l'on connaît, pour chaque évènement S_k, pour chaque sous ensemble fini, $J = \{i_1, \ldots, i_p\}$ de l'ensemble I, la *loi conditionnelle*, que nous noterons $P_J(Y_i, i \in J \mid S_k)$, autrement dit, que nous connaissons le comportement (qui peut-être aléatoire), d'un nombre quelconque de variables Y_i dans une situation donnée. Toutes ces variables aléatoires seront supposées définies sur un même espace probabilisé, que nous noterons Ω.

L'observation de variables $(Y_i, i \in J)$ nous fournit en retour des indications sur l'évènement inconnu. Pour abréger les notations, nous poserons $Y_J = (Y_j, j \in J)$. Supposons que l'on ait une certaine connaissance *a priori* concernant les évènements, que nous traduisons par une probabilité $(q(S_k), k = 1, \ldots, n)$ associée à chaque situation en l'absence de toute autre information; si l'on ne veut faire aucun *a priori*, on prendra $q(S_k) = 1/n$, mais il est des cas où les évènements sont intrinsèquement susceptibles de se produire avec des fréquences différentes. La règle de Bayes nous permet d'écrire que la probabilité de S_k connaissant les observations $Y_i, i \in J$, est donnée par

$$\mathbf{P}(S_k \,|\, Y_J = y_J) = \frac{P_J(y_J \,|\, S_k)q(S_k)}{Q_J(y_J)}$$

avec $Q_J(y_J) = \sum_{l=1}^{n} P_J(y_J \,|\, S_l)q(S_l)$.

Le principe de la méthode est d'essayer de sélectionner le jeu d'observations qui permettra au mieux de différentier les évènements. On peut utiliser, pour évaluer cette capacité de différenciation, un critère issu de la théorie de l'information, qui mesure l'incertitude inhérente à une probabilité donnée: l'entropie; pour une loi de probabilité Q sur une ensemble quelconque (fini) K, elle est donnée par

$$H(Q) = -\sum_{x \in \Omega} Q(x) \log Q(x)$$

Cette quantité est maximale lorsque tous les $Q(h_k)$ sont tous égaux à $1/n$, et minimale lorsque Q donne une seule réponse possible: $Q(x_0) = 1$ pour un $x_0 \in K$.

On se place dans un cadre dynamique: supposons que l'on ait observé les variables Y_J pour un certain sous-ensemble de I, et cherchons à déterminer quelle nouvelle variable Y_i réduirait le plus l'incertitude. Cela mène à la définition suivante: pour $J \subset I$, fini, on note

$$L_J(i; y_J) = \sum_{y_i \in F_i} H[\mathbf{P}(\,.\,|\, Y_i = y_i, Y_J = y_J)]Q_{i|J}(y_i \,|\, y_J)\,;$$

où $Q_{i|J}(\,.\,|\, y_J)$ désigne la loi conditionnelle de y_i sachant $Y_J = y_J$, soit

$$Q_{i|J}(y_i \,|\, y_J) = Q_{J \cup \{i\}}(y_J, y_i)/Q_J(y_i)\,.$$

L_J mesure l'incertitude moyenne (sur toutes les valeurs de Y_i) de la loi de S, conditionnelle aux valeurs de Y_J déjà observées, et à l'observation éventuelle de Y_i. On cherchera ainsi à déterminer i de sorte que cette expression soit minimale.

Une manipulation simple des lois conditionnelles permet de montrer que

$$L_J(i; y_J) = \sum_{k=1}^{n} H(Q_{i|J,S_k}(\,.\,|y_j, S_k))\mathbf{P}(S_k \,|\, y_J) - H(Q_{i|J}(\,.\,|y_J))$$
$$+ H(\mathbf{P}(\,.\,|Y_J = y_J)) \quad (9.1)$$

où l'on a noté $Q_{i|J,S_k}(\,.\,|y_j, S_k)$ la loi conditionnelle de Y_i sachant $Y_J = y_j$ et

S_k. On peut noter que le dernier terme est indépendant de i.

Ces expressions permettent de construire des stratégies *adaptatives* de re-connaissance: on commence à exploiter l'observation Y_{i_0}, i_0 minimisant $L_\emptyset(.)$, avec

$$L_\emptyset(j) = \sum_{y_j \in F_j} H[\mathbf{P}(.\,|\,Y_j = y_j]Q(Y_j = y_j)\,.$$

On pose $J_0 = \{i_0\}$. On construit ensuite de manière incrémentale des ensem-bles aléatoires $\omega \in \Omega \mapsto J_n(\omega) \subset I$ par la formule

$$J_{n+1}(\omega) = J_n(\omega) \cup \{i_{n+1}(\omega)\}$$

où i_{n+1} minimise $i \mapsto L_{J_n(\omega)}(i; Y_{J_n(\omega)}(\omega))$ (i_{n+1} est aléatoire parce que les Y_i le sont).

Pour un $\omega \in \Omega$ donné, on arrête la construction de la suite I_n lorsque l'observation de $Y_{J_n(\omega)}(\omega)$ permet de trancher quant à la situation sous-jacente, c'est-à-dire s'il existe un k_0 tel que $P(S_{k_0}\,|\,Y_{J_n(\omega)}(\omega)) > 1 - \varepsilon$.

En pratique, les calculs des fonctions L_J pouvant être relativement coûteux, on pré-calcule les ensembles J_n pour tous les cas possibles: les variables $Y_i, i \in I$ pouvant prendre un nombre fini de valeurs, il est possible de lis-ter toutes les trajectoires possibles de longueur n. On construit ainsi un *arbre de décision*, qui fournit, à chaque nœud, en fonction des observations passées des Y_i, la nouvelle variable qu'il faudra utiliser, chaque valeur prise par cette nouvelle variable menant à un nouveau nœud. Une fois cet arbre construit, son exploration est extrêmement rapide.

9.3.2 Un exemple de construction des Y_i

Cette approche a été utilisée, en particulier, pour reconnaître des chiffres manuscrits, et pour détecter des visages dans une image. Les principales références sont [7], [88] and [9].

Dans ces articles, la construction des variables Y_i est particulièrement intéressante, et suffisamment générique pour être utilisée dans différents contextes. L'élément essentiel pour construire ces variables est la création *d'étiquettes* qui désignent certains arrangements locaux des objets à re-connaître.

Construction d'étiquettes

Considérons nos objets comme des fonctions d'un certain ensemble $\mathcal{D}$ dans $\mathbb{R}^k$: pour des courbes paramétrées, $\mathcal{D}$ est un intervalle, et $k = 2$ ($k = 1$ si l'on adopte une représentation intrinsèque, courbure en fonction de l'abscisse curviligne. Si les objets sont portés par des images en niveau de gris, $\mathcal{D}$ est un rectangle, et $k = 1$.

On suppose donnée une famille de sous-ensembles de $\mathcal{D}$, de préférence de petite taille (quelques points consécutifs sur les courbes, des fenêtres de petit côté (quelques pixels) sur les images, ...), que nous noterons $\mathcal{B} = (B_u, u \in U)$. Nous noterons également I_u la *restriction* d'une fonction $I : \mathcal{D} \to \mathbb{R}^k$ (autrement dit, d'un objet) à l'ensemble B_u.

On associe ainsi à un objet I une famille (généralement de grande taille) d'observations brutes locales. Ces observations locales ne sont pas suffisamment discriminantes pour pouvoir composer une famille $Y_i, i \in I$ capable de reconnaître des formes. Il est nécessaire de considérer des combinaisons de telles informations (des configurations).

Même pour des fonctions I très simples (eg. binaires), le nombre de valeurs différentes que peut prendre une fonction localisée I_u peut être énorme ($2^{16} \simeq$ 250.000 pour une image binaire 4×4). Si l'on considère·des configurations à deux, trois, voire plus éléments, ce nombre devient astronomique. Le processus de création d'étiquettes revient à définir des *catégories* pour les valeurs prises par les fonctions I_u.

Dans [88], les auteurs proposent de définir ces catégories à partir précisément d'un arbre de décision construit selon la méthodologie du paragraphe 9.3.1.

Pour ce faire, on récolte, à partir d'un ensemble d'apprentissage composé de N objets, les fonctions $I_u^n, u \in U, n = 1, \ldots, N$. On définit des variables de test Y_i', qui peuvent être diverses variables d'analyse de fonctions (basée sur des valeurs prises en un point, sur des transformées de Fourier, des évaluations statistiques – moyennes, variances, quantiles – comparées à des seuils pour obtenir des variables binaires). L'arbre ne prend pas de décision (il ne crée que des catégories), de sorte que $\mathcal{S} = \emptyset$. Dans ce cas, la fonction à minimiser à chaque pas est

$$L_J(i; y_J') = -H(Q_{i|J}(\,.\,|\,Y_J' = y_J')) \,.$$

Ici, les Y_i étant binaires, on cherche à chaque pas l'indice i qui sépare les I_u^n pour lesquels $Y_J' = y_j'$ en deux groupes égaux.

Cet arbre est construit simplement sur quelques niveaux, disons p: on s'arrête lorsque les ensembles J ont p éléments. Une étiquette est associée à chacun des tests effectués lorsqu'un objet parcourt l'arbre: chaque objet aura ainsi p étiquettes, et le nombre total d'étiquettes différentes est donné par $K = 2^p - 2$. Nous noterons $(T_j, j = 1 \ldots, K)$ l'ensemble des étiquettes répertoriées de cette manière. On remplace ainsi une fonction I_u par une série de p étiquettes que nous noterons $t_u = \{t_u^1, \ldots, t_u^p\}$. A un objet $I : \mathcal{D} \to \mathbb{R}^k$, on associe donc la famille $\{t_u^l, u \in U, l = 1, \ldots, p\}$.

Les variables $Y_i, i \in I$ qui vont servir à construire l'arbre de décision final sont formées de conjonctions d'étiquettes: de façon plus formelle, on définit, pour un entier a donné le test $Y_{u_1 \ldots u_a}^{j_1 \ldots j_a}(I)$ égal à 1 si $T_{j_k} \in t_{u_k}$ pour $k = 1, \ldots, a$, et à 0 sinon.

Arbre de décision associé

L'arbre de décision est construit selon la méthode du paragraphe 9.3.1 (les différentes probabilités conditionnelles étant estimées à partir d'un ensemble d'apprentissage), avec quelques aménagements:

- L'ordre a des variables $Y_{u_1 \dots u_a}^{j_1 \dots j_a}$ est augmentée de manière progressive au fur et à mesure que l'on progresse dans l'arbre: à un noeud donné, on ne considère que les variables qui se déduisent de la précédente par l'adjonction d'un unique test supplémentaire du type $T_j \in t_u$
- On ne considère pas toutes les variables du type précédent, mais simplement un échantillon tiré au sort à chaque étape.

Le dernier point fait que les arbres ainsi construits sont aléatoires. Cela permet, par ailleurs de construire plusieurs arbres de décision différents à partir de la même base d'apprentissage, et des mêmes variables de test. De manière générale, l'utilisation combinée d'une batterie de tels arbres, estimés de façon quelque peu imparfaite par rapport à la méthode générale, s'avère plus performante que l'utilisation d'un seul arbre estimé quant à lui avec précision.

Partie IV

Analyse de déformations

Groupes de difféomorphismes

10.1 Introduction

Lorsqu'on cherche à mettre en évidence l'existence de structures communes à des formes, ou à des images, on est rapidement amené à rechercher des bijections, c'est-à-dire des mises en correspondance bi-univoques entre les points qui les composent.

Les objets considérés sont alors des fonctions d'un certain ensemble Ω (espace paramétrique) dans un ensemble de valeurs F. Par exemple, pour des courbes paramétrées, Ω est un intervalle et F est le plan $\mathbb{R}^2$ (ou bien $\mathbb{R}$ si l'on a choisi une représentation invariante, basée par exemple sur la courbure). Pour une image, Ω est un domaine rectangulaire du plan, et F un ensemble de niveaux de gris, ou de couleurs. En général, ces objets possèdent des structures caractéristiques (certains angles, certains motifs), qui sont associées à des coordonnées voisines, mais pas nécessairement égales. Le problème de la mise en correspondance est de déterminer un recalage, ie. une bijection de Ω dans Ω, qui repositionne ces structures aux mêmes endroits.

Dans tout ce chapitre, Ω est un ouvert borné de $\mathbb{R}^n$, de bord $\partial\Omega$, et d'adhérence $\overline{\Omega}$. Les objets considérés sont des fonctions $m : \overline{\Omega} \mapsto F$, où F est un sous-ensemble de $\mathbb{R}^d$. Le problème de la mise en correspondance entre deux objets m et $\tilde{m}$ est de définir une bijection $g : \overline{\Omega} \mapsto \overline{\Omega}$ qui soit relativement proche de l'identité, et telle que $m \circ g$ soit proche de $\tilde{m}$.

Le problème est bien entendu de définir de façon rigoureuse ces relations de proximité, à la fois entre deux bijections et entre deux objets.

Les objectifs de cette partie sont les suivants:

- Construire un groupe G composé de difféomorphismes de Ω
- Munir G d'une structure différentielle permettant de construire des éléments par composition d'éléments infinitésimaux, comme pour les groupes de Lie.
- Définir sur G une métrique associée à une structure riemannienne (ie. évaluation du coût des déformations)

Il n'est pas dans notre intention de construire à proprement dit un groupe de Lie de difféomorphismes (la notion de groupe de Lie en dimension infinie est relativement complexe, et essentiellement limitée au cadre C^∞). Nous n'aurons de toute façon pas besoin d'une structure aussi riche. Un exemple simple de groupe de difféomorphismes sur Ω est l'ensemble

$$G_k = \left\{ g : C^k\text{-difféomorphisme sur } \overline{\Omega}, g^{-1} \text{ de classe } C^k \right\}$$

Si ce groupe peut-être muni d'une structure d'espace métrique complet (voir [146, 65]), il se prête difficilement à des calculs différentiels directs, le meilleur moyen d'y définir des perturbations infinitésimales d'éléments étant d'y appliquer l'action de flots d'équations différentielles ([65]). Ces flots permettent à leur tour de construire des groupes, différents des G_k, selon une construction proposée dans [202] que nous reprenons ici.

Pour motiver cette construction, partons du paradigme de la formation de difféomorphismes à partir de la composition de petites déformations. Un difféomorphisme voisin de l'identité s'écrit sous la forme $h(x) = x + \delta v(x)$, δ étant un nombre arbitrairement petit. Considérons n déformations de ce type, $h_i = \mathrm{id} + \delta v_i$, $i = 1, \ldots, n$, et posons $g_n = h_n \circ \cdots \circ h_1$. L'intérêt de composer les h_i par la gauche et non par la droite vient de la formule

$$g_{n+1} = (\mathrm{id} + \delta v_n) \circ g_n = g_n + \delta v_n \circ g_n$$

soit

$$\frac{1}{\delta}(g_{n+1} - g_n) = g_n \circ v_n$$

Lorsque δ tend vers 0, cette équation peut se voir comme une discrétisation d'une équation différentielle du type

$$\frac{d\mathbf{g}}{dt} = \mathbf{v}(t, \mathbf{g}) \tag{10.1}$$

où $\mathbf{v}$ est une perturbation infinitésimale qui dépend du temps. Cette fonction est l'ingrédient principal de la construction de difféomorphismes introduite dans [202] (voir aussi [73]).

10.2 Flots de difféomorphismes

10.2.1 Construction

Le principe est de fixer un espace fonctionnel convenable pour la fonction $\mathbf{v}$ précédente, et de définir les éléments de H comme les solutions de (10.1). Le problème est de faire en sorte que, pour les fonctions $\mathbf{v}$ prises en compte, (10.1) ait des solutions en tout temps, et que celles-ci forment un groupe. C'est le but des définitions suivantes.

Soit $L^\infty(\overline{\Omega}, \mathbb{R}^n)$ l'ensemble des fonctions mesurables bornées de $\overline{\Omega} \subset \mathbb{R}^n$ dans $\mathbb{R}^n$. Soit $C_0^1(\Omega, \mathbb{R}^n)$ l'ensemble des applications v de classe C^1 sur Ω qui s'annulent, ainsi que leur dérivée, sur $\partial\Omega$.

Cet espace est muni de la norme

$$\|v\|_{1,\infty} = \|v\|_\infty + \|dv\|_\infty.$$

On définit l'ensemble $\mathcal{W}$ des chemins $\mathbf{v} : [0,1] \to C_0^1(\Omega, \mathbb{R}^n)$, pour lesquels

$$\|\mathbf{v}\| := \int_0^1 \|\mathbf{v}(t)\|_{1,\infty}^2 dt$$

est finie. Pour tout t, $\mathbf{v}(t)$ est une fonction définie sur Ω, que nous noterons également $\mathbf{v}(t,.)$. Nous noterons enfin $\mathcal{W}^\infty$ le sous-ensemble de $\mathcal{W}$ contenant les $\mathbf{v}$ tels que $\mathbf{v}(t,.) \in C^\infty(\Omega, \mathbb{R}^n)$.

Pour $\mathbf{v} \in \mathcal{W}$, et pour $x \in \overline{\Omega}$, nous noterons $\mathbf{g_v}(.,x)$ la solution, si elle existe, de l'équation différentielle ordinaire (10.1) avec la donnée initiale $\mathbf{v}(0,x) = x$.

Théorème 10.1. *Si $\mathbf{v} \in \mathcal{W}$, alors, pour tout $x \in \overline{\Omega}$, $\mathbf{g_v}(t,x)$ existe pour tout $t \in [0,1]$ et est unique. Pour tout t, la fonction $x \mapsto \mathbf{g_v}(t,x)$ est un difféomorphisme de Ω. Sa différentielle est la solution de l'équation différentielle linéaire*

$$\frac{\partial}{\partial t} d_x \mathbf{g_v}(t,.) = d_{\mathbf{g_v}(t,x)} \mathbf{v}(t,.).d_x \mathbf{g_v}(t,.) \tag{10.2}$$

avec condition initiale $d_x \mathbf{g_v}(0,.) = \mathrm{Id}$.

Preuve. Nous montrons d'abord l'existence et l'unicité de la solution.

Fixons $t \in [0,1]$ et $\delta > 0$. Notons $I = I(t,\delta)$ l'intervalle $[0,1] \cap]t-\delta, t+\delta[$. Fixons également $x \in \overline{\Omega}$.

Si φ est une fonction continue de I dans $\mathbb{R}^3$ satisfaisant $\varphi(t) = x$, on définit, pour $s \in I$

$$\Gamma(\varphi)(s) = x + \int_t^s \mathbf{v}(u, \varphi(u)) du$$

La fonction $\Gamma(\varphi)$ est également continue sur I et satisfait $\Gamma(\varphi)(t) = x$. L'ensemble de ces fonctions étant un espace complet pour la norme uniforme, il suffit de montrer que l'on peut choisir δ tel que Γ soit contractante pour obtenir le fait qu'il existe un unique point fixe.

On a

$$\|\Gamma(\varphi) - \Gamma(\psi)\|_\infty \leq \|\varphi - \psi\|_\infty \int_{s\wedge t}^{s\vee t} \|\mathbf{v}(u,.)\|_{1,\infty} du \leq \sqrt{|t-s|} \|\mathbf{v}\| \|\varphi - \psi\|_\infty, \tag{10.3}$$

en appliquant l'inégalité de Cauchy-Schwartz. Il suffit donc de prendre $\delta <$ $\|\mathbf{v}\|^{-2}$ pour obtenir le fait que Γ est contractante. Ceci montre l'existence et l'unicité locale de la solution de (10.1), sur des intervalles de diamètre δ. Le fait que la constante δ ainsi trouvée soit indépendante de t permet de conclure à l'existence et l'unicité globale, simplement en mettant bout à bout des solutions locales.

La continuité de $\mathbf{g_v}$ par rapport aux données initiales s'obtient de façon standard à partir du lemme de Gronwall, dont nous rappelons l'énoncé (voir, par exemple, [70]):

Théorème 10.2 (Lemme de Gronwall). *On suppose que les fonctions φ, ψ et w sont positives, continues sur un intervalle $[0, c]$, et que*

$$w(t) \leq \varphi(t) + \int_0^t \psi(s) w(s) ds$$

On a alors

$$w(t) \leq \varphi(t) + \int_0^t \varphi(s) \psi(s) e^{\int_s^t \psi(u) du} ds$$

Si $x, y \in \overline{\Omega}$, on a

$$|\mathbf{g_v}(t, x) - \mathbf{g_v}(t, y)| = \left| x - y + \int_0^t \left(\mathbf{v}(s, \mathbf{g_v}(s, x)) - \mathbf{v}(s, \mathbf{g_v}(s, y)) \right) ds \right|$$

$$\leq |x - y| + \int_0^t \|\mathbf{v}(s, .)\|_{1,\infty} |\mathbf{g_v}(s, x) - \mathbf{g_v}(s, y)| ds$$

$$\leq |x - y| + \sqrt{\int_0^t \|\mathbf{v}(s, .)\|_{1,\infty}^2 ds \int_0^t |\mathbf{g_v}(s, x) - \mathbf{g_v}(s, y)|^2 ds}$$

Si on pose $M_t = |\mathbf{g_v}(s, x) - \mathbf{g_v}(s, y)|^2$, on obtient

$$M_t \leq 2|x - y|^2 + 2\|\mathbf{v}\|^2 \int_0^t M_s ds$$

ce qui implique que

$$M_t \leq 2|x - y| \exp(2\|\mathbf{v}\|^2), \tag{10.4}$$

et donc la continuité de $\mathbf{g_v}$ en x.

Pour montrer que $\mathbf{g_v}(t, .)$ est un homéomorphisme, il suffit de remarquer que, pour tout $t > 0$, la fonction $\mathbf{w}(s, .) = -\mathbf{v}(t - s, .)$ sur l'intervalle $[0, t]$ et $\mathbf{w}(s, .) = 0$ pour $s > t$ est bien entendu dans $\mathcal{W}$, et est telle que $\mathbf{g_w}(t, .) = [\mathbf{g_v}(t, .)]^{-1}$. En effet, la fonction $\mathbf{h} : (s, x) \mapsto \mathbf{g_v}(t - s, x)$ est égale à $\mathbf{g_w}(s, \mathbf{g_v}(t, x))$: ces deux fonctions sont solutions de

$$\frac{\partial \psi}{\partial s}(s, x) = -\mathbf{v}(t - s, \psi(s, x))$$

avec la donnée initiale $\psi(0, x) = \mathbf{g}(t, x)$, et coïncident donc. Par conséquent,

$$\mathbf{g_w}(t, \mathbf{g_v}(t, x)) = \mathbf{h}(1, x) = \mathbf{g_v}(0, x) = x$$

ce qui montre que $\mathbf{g_v}(t, .)$ est inversible, d'inverse continue (puisque également associée à un élément de $\mathcal{W}$), et donc est un homéomorphisme de $\overline{\Omega}$.

Démontrons à présent que $\mathbf{g_v}(t, .)$ est un difféomorphisme. Supposons tout d'abord le résultat vrai, et dérivons formellement l'équation

$$\frac{\partial \mathbf{g_v}}{\partial t}(t, x + \varepsilon\delta) = \mathbf{v}(t, \mathbf{g_v}(t, x + \varepsilon\delta))$$

en $\varepsilon = 0$ pour obtenir

$$\frac{\partial}{\partial t} d_x \mathbf{g_v}(t, .).\delta = d_{\mathbf{g_v}(t,x)} \mathbf{v}(t, .) d_x \mathbf{g_v}(t, .).\delta$$

Introduisons donc l'équation différentielle linéaire

$$\frac{\partial W}{\partial t} = d_{\mathbf{g_v}(t,x)} \mathbf{v}(t, .) W$$

avec donnée initiale $W(0) = \delta$. Cette équation admet une solution unique sur tout intervalle (par exactement le même argument qui a permis de prouver l'existence de $\mathbf{g_v}$). D'après le calcul précédent, cette solution est le bon candidat pour $d_x \mathbf{g_v}(t, .).\delta$, et il ne reste qu'à le vérifier. Posons pour ce faire

$$a_\varepsilon(t) = (\mathbf{g_v}(t, x + \varepsilon\delta) - \mathbf{g_v}(t, x)) / \varepsilon - W_t$$

et montrons que $a_\varepsilon(t)$ tend vers 0 lorsque ε tend vers 0. Introduisons le module de continuité de $d_x \mathbf{v}(t, .)$ sur Ω, en posant

$$\mu_t(\alpha) = \max \{|d_x \mathbf{v}(t, .) - d_y \mathbf{v}(t, .)| : x, y \in \Omega, |x - y| \le \alpha\}$$

La fonction $d_x \mathbf{v}(t, .)$ étant uniformément continue sur $\overline{\Omega}$ (qui est compact), on sait que $\mu_t(\alpha) \to 0$ lorsque α tend vers 0. On a alors, en introduisant les versions intégrales de $\mathbf{g_v}$ et de W:

$$a_\varepsilon(t) = \frac{1}{\varepsilon} \int_0^t (\mathbf{v}(s, \mathbf{g_v}(s, x + \varepsilon\delta)) - \mathbf{v}(s, \mathbf{g_v}(s, x))) \, ds - \int_0^t d_{\mathbf{g_v}(s,x)} \mathbf{v}(s, .) W(s) ds$$

$$= \int_0^t d_{\mathbf{g_v}(s,x)} \mathbf{v}(s, .) a_\varepsilon(s) ds$$

$$+ \frac{1}{\varepsilon} \int_0^t (\mathbf{v}(s, \mathbf{g_v}(s, x + \varepsilon\delta)) - \mathbf{v}(s, \mathbf{g_v}(s, x))$$

$$- \varepsilon d_{\mathbf{g_v}(s,x)} \mathbf{v}(s, .) (\mathbf{g_v}(s, x + \varepsilon\delta) - \mathbf{g_v}(s, x))) \, ds$$

On a, pour tout $x, y \in \Omega$:

$$|\mathbf{v}(t, y) - \mathbf{v}(t, x) - d_x \mathbf{v}(t, .)(y - x)| \le \mu_s(|x - y|) |x - y|$$

cette inégalité combinée à l'équation (10.4) permet d'écrire

$$|a_\varepsilon(t)| \leq \int_0^t \|\mathbf{v}(s,.)\|_{1,\infty} |a_\varepsilon(s)| \, ds + C(\mathbf{v}) \, |\delta| \int_0^1 \mu_s(\varepsilon C(\mathbf{v}) \, |\delta|) ds$$

pour une certaine constante $C(\mathbf{v})$ qui ne dépend que de $\mathbf{v}$. On pourra déduire le résultat cherché du lemme de Gronwall à condition de montrer que

$$\lim_{\alpha \to 0} \int_0^1 \mu_s(\alpha) ds = 0$$

mais cela se déduit de la convergence ponctuelle de μ_s, de la majoration $\mu_s(\alpha) \leq 2 \|\mathbf{v}\|_{1,\infty}$ et du théorème de convergence dominée.

L'inégalité (10.4) montre que si $\mathcal{V}$ est un sous-ensemble borné de $\mathcal{W}$, la famille $\mathbf{g_v}(t,.)$, pour $\mathbf{v} \in \mathcal{V}$ est équicontinue (ie. contrôlée par un même module de continuité). On montre, par une technique analogue, qu'il en est de même des $\mathbf{g_v}(.,x)$, et donc des fonctions $\mathbf{g_v}$ elles mêmes. On en déduit, par le théorème d'Ascoli, que l'application $\mathbf{v} \mapsto \mathbf{g_v}$, de $\mathcal{W}$ dans l'ensemble des applications continues de $[0,1] \times \overline{\Omega}$ à valeurs dans $\overline{\Omega}$ est compacte.

D'autre part, un autre résultat essentiel que l'on peut déduire de la preuve précédente, est que l'image de $\mathcal{W}$ par l'application $\mathbf{v} \mapsto \mathbf{g_v}$ est un sous-groupe du groupe des homéomorphismes de $\overline{\Omega}$. La stabilité par composition s'obtient en concaténant deux chemins $\mathbf{g}$ et $\mathbf{w}$ (et en ramenant leur intervalle de définition à $[0,1]$ par un changement de temps), et l'existence de l'inverse est contenue dans la preuve du théorème 10.1. On peut donc définir

Définition 10.3. *On note* $G = G(\mathcal{W})$ *le groupe de difféomorphismes de* $\overline{\Omega}$ *défini par*

$$G = \{\mathbf{g_v}(1,.), \mathbf{v} \in \mathcal{W}\}$$

Le groupe ainsi défini est compatible avec l'intuition de construction de difféomorphismes par accumulation de petites déformations infinitésimales. Cette approche permet également de définir une distance sur G en posant, si $g, g' \in G$

$$d_\mathcal{W}(g,g')^2 = \inf \left\{ \int_0^1 \|\mathbf{v}(t,.)\|_{1,\infty}^2 dt : \mathbf{g_v}(1, g(x)) \equiv g'(x)\| \right\}$$

Cette propriété sera vérifiée dans un cadre plus général par la suite. Une autre propriété importante de l'espace $\mathcal{W}$ est le comportement des solutions de (10.1) lorsque $\mathbf{v}$ converge faiblement au sens de la définition suivante.

Définition 10.4. *Une suite* $\mathbf{v}_n$ *dans* $\mathcal{W}$ *converge faiblement vers* $\mathbf{v} \in \mathcal{W}$ *si et seulement si, pour toute fonction* C^∞, $\varphi : [0,1] \times \overline{\Omega} \to \mathbb{R}$, *on a*

$$\int_0^1 \int_\Omega \varphi(t,x)\mathbf{v}_n(t,x)dtdx \to \int_0^1 \int_\Omega \varphi(t,x)\mathbf{v}(t,x)dtdx$$

Nous avons le théorème suivant

> **Théorème 10.5.** *Si* $\mathbf{v}_n$ *est une suite bornée dans* $\mathcal{W}$ *qui converge faiblement vers* $\mathbf{v}^* \in \mathcal{W}$, *alors* $\mathbf{g}_{\mathbf{v}_n}$ *converge uniformément sur* $[0,1] \times \overline{\Omega}$ *vers* $\mathbf{g}_{\mathbf{v}^*}$.

Preuve. Donnons la preuve de ce théorème, là encore adaptée de [73]. Comme on sait que $\mathbf{v} \mapsto \mathbf{g}_{\mathbf{v}}$ est compacte, il suffit de montrer que toute sous-suite de $\mathbf{g}_{\mathbf{v}_n}$ qui converge uniformément converge nécessairement vers $\mathbf{g}_{\mathbf{v}^*}$. Fixons donc une telle sous-suite, que nous noterons encore $\mathbf{v}_n$ pour ne pas alourdir les formules, et notons $\mathbf{g}$ sa limite. Il faut montrer que $\mathbf{g} = \mathbf{g}_{\mathbf{v}^*}$, ce qui revient à montrer que, pour tout t et pour tout x

$$\mathbf{g}(t,x) = x + \int_0^t \mathbf{v}^*(s, \mathbf{g}(s,x))ds$$

Comme cette égalité est vraie pour $\mathbf{g}_{\mathbf{v}_n}$, en remplaçant $\mathbf{v}^*$ par $\mathbf{v}_n$, et que $\mathbf{g}_{\mathbf{v}_n}$ converge uniformément vers $\mathbf{g}$, il suffit de montrer que, pour tout t et pour tout x,

$$\int_0^t [\mathbf{v}^*(s, \mathbf{g}(s,x)) - \mathbf{v}_n(s, \mathbf{g}_{\mathbf{v}_n}(s,x))]ds \to 0$$

On a

$$\left| \int_0^t [\mathbf{v}^*(s, \mathbf{g}(s,x)) - \mathbf{v}_n(s, \mathbf{g}_{\mathbf{v}_n}(s,x))]ds \right| \le$$
$$\int_0^t |\mathbf{v}_n(s, \mathbf{g}(s,x)) - \mathbf{v}_n(s, \mathbf{g}_{\mathbf{v}_n}(s,x))| \, ds + \left| \int_0^t \mathbf{v}^*(s, \mathbf{g}(s,x)) - \mathbf{v}_n(s, \mathbf{g}(s,x))ds \right|$$

Pour la première intégrale, on a

$$\int_0^t |\mathbf{v}_n(s, \mathbf{g}(s,x)) - \mathbf{v}_n(s, \mathbf{g}_{\mathbf{v}_n}(s,x))| \, ds \le \int_0^1 \|\mathbf{v}_n(t,.)\|_{1,\infty} |\mathbf{g}(s,x) - \mathbf{g}_{\mathbf{v}_n}(s,x)|ds$$
$$\le \|\mathbf{g} - \mathbf{g}_{\mathbf{v}_n}\|_\infty \|\mathbf{v}_n\|$$

Comme $\|\mathbf{v}_n\|$ est bornée et que $\mathbf{g}_{\mathbf{v}_n}$ converge uniformément vers $\mathbf{g}$, cette intégrale converge vers 0. Pour la seconde intégrale, il suffit de montrer le lemme suivant:

Lemme 10.6. *Si* $\mathbf{v}_n$ *est bornée dans* $\mathcal{W}$ *et converge faiblement vers* $\mathbf{v}^*$, *alors pour toute fonction* φ *continue de* $[0,1]$ *dans* $\overline{\Omega}$, *on a, pour tout* $t \in [0,1]$

$$\lim_{n\to\infty} \int_0^t (\mathbf{v}_n(s, \varphi(s)) - \mathbf{v}^*(s, \varphi(s)))ds = 0 \qquad (10.5)$$

Comme toute fonction continue φ peut être approchée par une fonction en escalier (ie. constante sur un nombre fini d'intervalles recouvrant $[0,1]$), il suffit de montrer ce lemme lorsque φ est en escalier (le passage à la limite s'opère de la même manière que pour la majoration de la première intégrale, en utilisant le fait que $\mathbf{v}_n$ est bornée dans $\mathcal{W}$). D'autre part, pour montrer le résultat pour des fonctions en escalier, il suffit de le montrer pour φ du type $\varphi(s) = x.\mathbf{1}_A(s)$ où $A = [t_1, t_2]$ est un sous-intervalle de $[0,1]$. En séparant l'intégrale associée en une intégrale sur $[0,t_1]$ moins une intégrale sur $[0,t_2]$, on voit qu'il suffit en fait de montrer le lemme pour tout t et φ constante. Supposons donc que $\varphi(s) = x$ et notons

$$Q_n(t,x) = \int_0^t (\mathbf{v}_n(s,x) - \mathbf{v}^*(s,x))ds$$

En procédant comme pour l'équation (10.3), on montre que Q_n est une famille équicontinue de fonctions sur $[0,1] \times \overline{\Omega}$, et comme $Q_n(0,x) = 0$ pour tout x, le théorème d'Ascoli implique que cette suite est relativement compacte. Il suffit donc de montrer que toute sous-suite convergente de Q_n doit nécessairement converger vers 0. Fixons donc une sous-suite convergente, que nous appellerons encore Q_n pour économiser les notations, et notons Q sa limite. Soit $f(t,x)$ une fonction C^∞ sur $[0,1] \times \overline{\Omega}$. On a

$$\int_0^1 \int_\Omega Q^n(t,x)f(t,x)dtdx = \int_0^1 \int_\Omega (\mathbf{v}_n(s,x) - \mathbf{v}^*(s,x)) \left(\int_s^1 f(t,x)dt \right) dsdx$$

En raison de la convergence faible des $\mathbf{v}_n$, le terme de droite converge vers 0. Comme Q_n converge uniformément vers Q, on a donc

$$\int_0^1 \int_\Omega Q(t,x)f(t,x)dtdx = 0$$

pour toute f C^∞, ce qui implique que $Q = 0$. On obtient ainsi le résultat recherché.

10.2.2 Extension

Le groupe G obtenu au paragraphe précédent a été construit sur la base de l'espace $C_0^1(\Omega, \mathbb{R}^n)$. Clairement, toutes les propriétés démontrées plus haut sont conservées si l'on remplace cet ensemble par un espace de Banach qui s'y injecte de manière continue. Suivant [202], introduisons la définition suivante:

Définition 10.7. *Un espace de Banach $\mathcal{B} \subset L^2(\Omega, \mathbb{R}^n)$, de norme $\|.\|_\mathcal{B}$ est admissible si et seulement si $C_0^\infty(\Omega, \mathbb{R}^n)$ est dense dans $\mathcal{B}$ et il existe une constante $K > 0$ telle que, pour tout $v \in C_0^\infty(\Omega, \mathbb{R}^n)$,*

$$\|v\|_{1,\infty} \leq K\|v\|_\mathcal{B}$$

Tous les résultats précédentes restent valables si l'on remplace la norme $\|\cdot\|_{1,\infty}$ par la norme de $\mathcal{B}$ (que nous noterons désormais $\|.\|_{\mathcal{B}}$, et on peut ainsi construire un groupe $G(\mathcal{B}) \subset G(\mathcal{W})$ et surtout une nouvelle distance $d_{\mathcal{B}}$ sur $G(\mathcal{B})$ en posant

$$d_{\mathcal{B}}(g, g')^2 = \inf \left\{ \int_0^1 \|\mathbf{v}(t, .)\|_{\mathcal{B}}^2 dt : \mathbf{v}(1, g(x)) \equiv g'(x)\| \right\}$$

A l'aide des inégalités de Sobolev (cf. [3], [39]), on peut prendre pour $\mathcal{B}$ certains espaces de Sobolev $W_0^{m,p}(\Omega)$, qui sont composés des fonctions dont toutes les dérivées partielles d'ordre inférieur à m sont de puissance p^{eme} intégrable. Parmi ceux-ci, les plus manipulables, sur les plans théorique et pratique, sont les espaces $W_0^{m,2}$, qui sont des espaces de Hilbert, que l'on peut munir de la norme

$$\|v\|_m^2 = \sum_{|\alpha|=m} \int_\Omega \left(\frac{d^m v}{dx_1^{\alpha_1} \dots dx_n^{\alpha_n}} \right)^2 dx$$

la somme étant étendue à tous les multi-indices $(\alpha_1, \dots, \alpha_n)$ tels que $|\alpha| = \alpha_1 + \cdots + \alpha_n = m$. Le nombre m minimal pour lequel la norme est admissible dépend de la dimension. On peut prendre $m = 2$ en dimension 1, $m = 3$ en dimension 2 et 3.

Dans ce cas, l'espace $L^2([0,1], \mathcal{B})$ est également un espace de Hilbert, muni de la norme

$$\|\mathbf{v}\|_{2,\mathcal{B}}^2 = \int_0^1 \|\mathbf{v}(t, .)\|^2 dt$$

et

$$d_{\mathcal{B}}(g, g') = \inf\{\|\mathbf{v}(., .)\|_{2,\mathcal{B}} : \mathbf{g_v}(1, g(x)) \equiv g'(x)\}$$

Dans le cas Hilbertien, les ensembles bornés sont relativement compacts pour la topologie faible, et la norme est faiblement semi-continue inférieurement, ce qui se traduit par le fait que si $\mathbf{v}_n$ est une suite minimisante du problème variationnel définissant la distance $d_{\mathcal{B}}$, c'est-à-dire si $\|\mathbf{v}_n\| \to d_{\mathcal{B}}(g, g')$ et pour tout n, $\mathbf{g_{v_n}}(1, g(x)) \equiv g'(x)$, il existe une sous-suite de $\mathbf{v}_n$ qui converge faiblement (au sens de la structure hilbertienne) vers un certain $\mathbf{v}^* \in \mathcal{B}$ (par relative compacité) avec de plus $\|\mathbf{v}^*\| \leq d_{\mathcal{B}}(g, g')$ (par semi-continuité inférieure). La convergence faible pour la structure hilbertienne étant une condition plus forte que la convergence au sens de la définition 10.4, le théorème 10.5 permet de plus affirmer que $\mathbf{g_{v^*}}(1, g(x)) \equiv g'(x)$. Ceci implique que $d_{\mathcal{B}}(g, g') = \|\mathbf{v}^*\|$, autrement dit $\mathbf{v}^*$ génère un chemin de mise en correspondance optimale entre g et g'. L'existence d'un tel chemin optimal est très importante en pratique, puisque, comme nous le verrons plus loin, elle est étroitement liée au problème de mise en correspondance optimale entre objets.

11

Estimation de difféomorphismes

11.1 Introduction

Nous avons déjà remarqué, dans les chapitres qui précédaient, combien il était important de pouvoir disposer d'une information sur les correspondances entre les points d'objets déformables lorsqu'il s'agit de les comparer. Cette mise en correspondance s'interprète formellement comme l'ajustement d'un difféomorphisme entre les supports des objets comparés.

Ce chapitre est consacré à la présentation de diverses méthodes permettant de mettre ceci en œuvre. Nous distinguerons, ce faisant, deux types distincts de problèmes: l'ajustement de difféomorphisme par interpolation (à partir d'informations éparses déjà disponibles, comme la détection de points remarquables), et l'ajustement par transport, qui se base sur une information liée à la conservation d'une certaine quantité (par exemple la luminance) mesurée sur les deux objets comparés.

Ce chapitre est organisé de la façon suivante. Nous proposons d'abord un panorama des techniques permettant d'évaluer la "taille", ou l'intensité des difféomorphismes. Ces définitions interviendront de façon essentielle pour la construction de techniques d'appariement, auxquelles s'attache la seconde partie.

11.2 Evaluation quantitative de difféomorphismes

11.2.1 Définitions

Commençons par fixer un certain nombre de notations. Les objets sur lesquels agissent les difféomorphismes seront pour nous de deux types:

- Points remarquables: fixons $\Omega \subset \mathbb{R}^k$; les familles de N points remarquables composent l'ensemble des N-uplets de points de Ω, c'est-à-dire Ω^N. Les difféomorphismes agissent sur ces points en les déplaçant.

- Fonctions: il s'agit d'applications $I : \Omega \to \mathbb{R}^d$ avec Ω ouvert de $\mathbb{R}^k$, éventuellement sujettes à un certain nombre de conditions de régularité, et de contraintes à la frontière de Ω. Nous parlerons également d'images, même en dimension différente de 2.

L'ensemble Ω est, dans les deux cas, le *support* des configurations. C'est l'espace sur lequel seront définis les homéomorphismes ou difféomorphismes. Nous noterons G un groupe de difféomorphismes de Ω (tel ceux construit au chapitre précédent, ou bien celui composé de tous les homéomorphismes de Ω, ou bien les difféomorphismes de classe C^∞...). Nous définissons, comme précédemment, sur G, le produit

$$g.h = h \circ g$$

Ce produit génère les actions à gauche sur les points remarquables et les images de la manière suivante:

Définition 11.1. *Si* $\mathbf{x} = (x_1, \ldots, x_N) \in \Omega^N$, *et* $g \in G$, *on pose*

$$g.\mathbf{x} = (g^{-1}(x_1), \ldots, g^{-1}(x_N))$$

Si I *est une image définie sur* Ω *et* $g \in G$, *on définit* $g.I$ *par*

$$g.I(x) = I \circ g(x)$$

Nous nous préoccuperons de ces actions plus loin, et dans le prochain chapitre. Pour le moment, notre objectif est de pouvoir quantifier, de façon absolue, la taille d'un élément g de G, en lui associant une quantité $E(g)$, qui mesurera essentiellement de combien g diffère de l'application identique. Le but, évidemment, est de permettre de quantifier les variations d'objets déformables, en évaluant la quantité de distorsion qui est nécessaire pour les apparier.

11.2.2 Normes fonctionnelles standard

Pour évaluer la taille de $g = \mathrm{id} + u$, une des approches les plus simples est de quantifier la distance entre u et 0 en utilisant l'une des normes issues de l'analyse fonctionnelle. Il n'est pas dans notre intention, ici, d'en proposer un panorama complet, mais plutôt d'en extraire deux utilisations qui en ont été faites en analyse de formes: l'approche différentielle basée sur le contrôle des dérivées successives de u, et menant à des normes du type Sobolev, et l'approche "harmonique", dans laquelle on contrôle les coefficients de la décomposition de u dans une certaine base orthonormée de l'espace des fonctions de carré intégrable.

En ce qui concerne le premier cadre, une définition typique d'énergie de déformation en dimension 1 est de poser

$$E(g) = \int_\Omega (\dot{g}(x) - 1)^2 dx \,.$$

Plus généralement, on prendra, en dimension quelconque

$$E(g) = \|u\|_L^2 = \langle Lu, u \rangle_2 = \int_\Omega \langle Lu(x), u(x) \rangle dx \,.$$

où L est un opérateur défini sur un espace $\mathcal{H}_L \subset \mathcal{L}^2(\Omega, \mathbb{R}^n)$ qui est tel que $\langle Lu, u \rangle \geq c \|u\|_2^2$, avec $c > 0$ (L est dit strictement monotone). En complétant $\mathcal{H}_L$ si nécessaire (extension de Friedrich, cf. [216]), on peut toujours faire en sorte que $\mathcal{H}_L$ soit un espace de Hilbert pous la norme $\|.\|_L$. En particulier, on peut choisir le carré d'un opérateur différentiel linéaire de dimension k et de degré m, ie. $\langle Lu, u \rangle$ est une somme de carré de dérivées partielles de u, d'ordre inférieur à m. On pourra alors faire appel aux des théorèmes d'inclusion de Sobolev pour obtenir, par exemple, l'admissibilité de $\mathcal{H}_L$ (m est alors une fonction croissante de la dimension k) ou simplement pour contrôler la régularité des éléments de $\mathcal{H}_L$.

Un autre point de vue s'appuie sur une base orthonormée $(f_1, \ldots, f_n, \ldots)$ de $\mathcal{L}^2(\Omega, \mathbb{R}^k)$. On décompose alors u en

$$u = \sum_k u_k f_k$$

avec

$$u_k = \int_\Omega u(x) f_k(x) dx \,.$$

Si l'on fixe une suite $(c_1, \ldots, c_k, \ldots)$ de nombres positifs, on peut poser

$$\|u\|^2 = \sum_{k=1}^\infty c_k u_k^2 \,.$$

Cela converge pour tout $u \in \mathcal{L}^2(\Omega, \mathbb{R}^k)$. à condition que la suite (c_k) soit bornée, mais les cas intéressants sont en fait ceux où c_k tend vers l'infini: dans ce cas, la contrainte que $\|u\|$ est finie correspond en général à une contrainte de régularité (parce que les fonctions f_k portent les composantes à haute fréquence de u: cf. [145] pour plus de détails). L'avantage d'une telle décomposition sur une base orthonormée, est qu'elle permet généralement de représenter la fonction u par un faible nombre de paramètres (les u_k qui sont suffisamment grands); en augmentant progressivement la précision, on obtient également très facilement des algorithmes multi-résolution, et donc des mise en œuvre numériques plus efficaces. Un défaut, en revanche, est que l'évaluation de $v(x)$ pour un x fixé peut être coûteuse.

Remarquons que les deux points de vue deviennent équivalents lorsque la base (f_k) diagonalise l'opérateur L^*L, où L^* est défini de la manière suivante: pour tout u et v, C^∞ à support compact dans Ω

$$\int_\Omega u.Lvdx = \int_\Omega v.L^*udx$$

Lorsque L^*L peut être diagonalisé dans une base orthonormée (f_k) [1], alors, en posant $L^*Lf_k = c_kf_k$, on a

$$\int_\Omega |Lu|^2 = \sum_{k=1}^\infty c_ku_k^2$$

Cette représentation a été utilisée pour estimer et générer des objets déformables dans [12, 72, 2], [202].

11.2.3 Modèles hyperélastiques

La théorie de l'élasticité est fondée sur un certain nombre de principes universels (indifférence matérielle, isotropie...) afin de quantifier la quantité de déformation exercée sur un objet. Ces principes (qui restent largement valides pour la reconnaissance de formes), ainsi que l'hypothèse que l'énergie élastique ne dépend que du gradient de la déformation, mènent à la définition de *matériaux hyperélastiques*; si g est un difféomorphisme défini sur Ω, ouvert de $\mathbb{R}^2$ ou $\mathbb{R}^3$, et dg est la matrice de ses dérivées partielles, l'hypothèse d'hyperélasticité impose que l'énergie prend la forme

$$E(g) = \int_\Omega W(x, C)dx$$

où $C = {}^tdg.dg$ est le tenseur des contraintes de Cauchy. Lorsque le matériau est homogène, W est indépendant de x. Pour des matériaux homogènes et isotropes, W ne peut dépendre que des valeurs propres de C (les valeurs singulières de dg). Dans ce dernier cas, on a donc simplement besoin de construire une fonction de deux variables en 2D, trois en 3D, pour obtenir $W(C)$ en fonction des deux (ou trois) valeurs propres de C.

Pour définir de telles fonctions, de nombreux auteurs ont directement utilisé des modèles standards de la théorie de l'élasticité. Le modèle non-linéaire le plus simple, est celui des matériaux de Saint-Venant Kirchhoff, pour lequel (en posant $E = (C - I)/2$)

$$W(C) = \frac{\lambda}{2} [\text{trace}(E)]^2 + \mu\text{trace}\left(E^2\right)$$

λ et μ sont les coefficients de *Lamé* (cf. [167]).

---

[1] Par exemple si L^*L est elliptique

Le plus souvent, c'est la version linéarisée du modèle qui est utilisée: si $g = \text{id} + u$, and u est petit, l'approximation $E \simeq (du + {}^t du)/2$ est valide. En élasticité linéaire, on remplace E par cette approximation, afin d'obtenir une énergie quadratique en u (et des équations d'Euler linéaires). Un algorithme original de mise en correspondance sur la base de ce type de modèle est présenté dans [171].

Citons également les travaux présentés dans [105], où sont proposés des modèles d'énergie qui prennent en compte la contrainte que $W(C)$ tend vers l'infini à la fois lorsque C tend vers l'infini et lorsque $\det(C)$ tend vers 0, ce qui n'est pas le cas pour les matériaux de Saint Venant-Kirchhoff. Plus précisément, un des modèles utilisés est

$$W(C) = W(\alpha, \beta) = (\alpha^2 + \beta^2)(1 + (\alpha\beta)^{-2}) \qquad (11.1)$$

où α et β sont les valeurs propres de C.

11.2.4 Energies géodésiques

Au chapitre 10, nous avons construit des difféomorphismes h comme des solutions d'équations différentielles du type

$$\frac{d\mathbf{g}}{dt}(t, .) = \mathbf{v}(t, g(t, .)) \qquad (11.2)$$

avec les condition aux limites $\mathbf{g}(0, .) = \text{id}$ et $\mathbf{g}(1, .) = h$, pour des "champ de vecteurs" dépendant du temps, $\mathbf{v}$, pour lesquels

$$\Gamma(\mathbf{v}) := \int_0^1 \|\mathbf{v}(t, .)\|^2 dt < \infty$$

où la norme sous l'intégrale est une norme fonctionnelle satisfaisant les conditions du paragraphe 10.2.2, chapitre 10 .

Comme les $\mathbf{v}$ engendrant un h donné ne sont *a priori* pas uniques, la taille de h sera définie par le minimum des $\Gamma(\mathbf{v})$ pour de tels $\mathbf{v}$: soit $\mathcal{V}_h$ l'ensemble de tous les champs de vecteurs dépendant du temps, $t \mapsto \mathbf{v}(t, .)$ sur Ω, tels que la solution de l'équation différentielle

$$\frac{dy}{dt} = \mathbf{v}(t, y)$$

avec condition initiale $y(0) = x$ vérifie $y(1) = h(x)$. On posera alors

$$E(h) = \inf_{\mathbf{v} \in \mathcal{V}_h} \int_0^1 \|\mathbf{v}(t)\|^2 dt$$

Cette définition peut paraître une voie un peu excentrique pour évaluer la taille de h. En particulier, l'introduction d'une formule variationnelle peut sembler inefficace d'un point de vue numérique. Il est de plus difficile de décider si $V_h \neq \emptyset$, pour un difféomorphisme donné, et encore plus difficile de décrire ses éléments.

Mais ce point de vue a plusieurs avantages. Tout d'abord, la difficulté posée par l'ensemble V_h peut être détournée en formulant le problème en fonction de $\mathbf{v}$ au lieu de h: au lieu de chercher le plus petit h soumis à un certain nombre de contraintes, on cherchera le plus petit $\mathbf{v}$ tel que la solution à l'instant 1 de l'ODE associée satisfasse les mêmes contraintes. Cela a bien sûr la conséquence, numériquement handicappante, de rajouter une dimension au problème (la dimension temporelle), mais celle-ci est contre-balancée par la simplicité de la fonction de coût exprimée en termes de $\mathbf{v}$. Le processus de déformation à temps continu qui est obtenu en intégrant $\mathbf{v}$ a également un intérêt propre, pour des problèmes d'interpolation de mouvement, par exemple, ou pour générer des "métamorphoses" en infographie (cf. [134]).

Un autre avantage (nous le vérifierons plus loin) est que la fonction de coût obtenue peut-être interprétée comme une distance (entre l'identité et la fonction h) sur le groupe G, susceptible d'induire une distance entre objets déformables. L'inégalité triangulaire et la symétrie sont bien plus délicats à obtenir à partir de formulations élastiques.

Enfin, il y a un intérêt certain à formuler le problème en fonction de $\mathbf{v}$, parce que $\mathbf{v}$ appartient naturellement à un espace vectoriel. Cela ouvre, par exemple, la possibilité d'utiliser des techniques standards d'analyse statistique linéaire (cf. chapitre 7) tout en conservant une cohérence mathématique.

11.3 Mise en correspondance par interpolation

Le problème que nous abordons ici est celui de la détermination de difféomorphismes à partir de l'interpolation (exacte ou approchée) d'information obtenue par ailleurs sur les positions de points remarquables appariés sur chacun des objets. Les techniques développées sont directement issues de la théorie des splines.

Nous notons toujours Ω le support des configurations, et supposons donnés deux ensembles de points remarquables appariés: $(x_1, \ldots, x_N)$ et $(y_1, \ldots, y_N)$, tous deux dans Ω^N. Nous allons chercher un difféomorphisme g sur Ω, de taille minimale, tel que pour tout i, $g(x_i) = y_i$ (*interpolation exacte*), ou, pour tout i, $g(x_i) \simeq y_i$ (*interpolation approchée*), le dernier cas étant induit par une pénalisation d'erreur au sein d'un problème variationnel. Nous commençons par présenter quelques aspects utiles de la théorie des splines.

11.3.1 Splines

D'un point de vue abstrait, l'approximation par splines peut être considérée comme un cas particulier de la situation suivante. Soit $\mathcal{H}$ un espace de Hilbert, et supposons fixés $f_1, \ldots, f_N \in \mathcal{H}$, et $c_1, \ldots, c_N \in \mathbb{R}$. Nous introduisons deux problèmes variationnels:

1. Minimiser $\|h\|$ sur $\mathcal{H}$, sous les contraintes $\langle f_i, h \rangle = c_i$ pour $i = 1, \ldots, N$.
2. Pour un paramètre $\lambda > 0$, minimiser $\|h\|^2 + \lambda \sum_{i=1}^{N} (\langle f_i, h \rangle - c_i)^2$

Le premier problème correspond à l'interpolation exacte, l'autre à l'interpolation approchée et tout deux peuvent être résolus de façon élémentaire. Dans les deux cas, les contraintes ne sont pas affectées lorsque l'on remplace h par $h + v$, avec v orthogonal à tous les f_i, ce qui implique que la solution doit être recherchée dans l'espace vectoriel (de dimension finie) engendré par $f_1, \ldots, f_N$.

Introduisons la matrice $N \times N$, S telle que $S_{ij} = \langle f_i, f_j \rangle$, et cherchons h sous la forme

$$h = \sum_{i=1}^{N} \alpha_i f_i$$

Le problème 1 requiert la minimisation de ${}^t\alpha S \alpha$ sous les contraintes $S\alpha = c$ (α et c sont les vecteurs de coordonnées α_i et c_i), et le problème 2 consiste à minimiser

$$ {}^t\alpha S \alpha + \lambda {}^t(S\alpha - c)(S\alpha - c)$$

Lorsque S est inversible[2], la solution de 1 est triviale et est donnée par $\alpha = S^{-1}.c$. Pour le second problème, S n'a pas besoin d'être inversible: le minimum est donné par $\alpha = S_\lambda^{-1}.c$, où $S_\lambda = S + I/\lambda$.

La relation avec les splines est la suivante. L'interpolation par splines consiste à trouver une fonction h à valeurs réelle (définie sur Ω), aussi lisse que possible, telle que $h(x_i) = c_i$ (ou $h(x_i) \simeq c_i$) pour une certaine famille de $x_i \in \Omega$ et de $c_i \in \mathbb{R}$. La régularité de h est exprimée à l'aide d'une norme du type

$$\|h\|_L = \int_\Omega \langle Lh, h \rangle^2 dx$$

où L est un opérateur strictement monotone, définissant ainsi un espace de Hilbert de fonctions, noté $\mathcal{H}_L$.

Les contraintes $h(x_i) = c_i$ étant linéaires en h, on se ramènera au problème abstrait à condition que l'on puisse trouver, pour chaque x_i, un élément f_{x_i} de $\mathcal{H}_L$ tel que, pour tout $h \in \mathcal{H}_L$

$$h(x_i) = \langle f_{x_i}, h \rangle_L$$

Si cela est possible[3], la solution du problème d'interpolation est donnée par une combinaison linéaire des f_{x_i}, en appliquant les formules obtenues précédemment, que ce soit pour l'interpolation exacte ou approchée. Il est à

---

[2] Si S n'est pas inversible, il se peut que le problème 1 n'ait pas de solution.

[3] L'existence de f_x pour tout x est équivalente, d'après le théorème de représentation de Riesz, à la continuité de la fonction d'évaluation $h \mapsto h(x)$ pour la norme $\|.\|_L$.

noter que les produits scalaires $\langle f_{x_i}, f_{x_j} \rangle$ sont, par construction, donnés par $f_{x_i}(x_j)$ (f est auto-reproduisant), ce qui rend leur calcul quasi-immédiat.

Tout se ramène donc à la détermination des f_x. On peut souvent conclure positivement sur leur existence, par exemple en appliquant des théorèmes d'inclusion de Sobolev. D'un point de vue pratique, cela est insuffisant, puisqu'on a besoin d'une expression explicite, ou pour le moins constructive des f_x.

La fonction $(x, y) \mapsto f_x(y)$ est, par définition, le noyau de Green de l'opérateur L. La formulation choisie sera donc utilisable en pratique lorsque ce noyau de Green est explicitement connu. Les quelques cas d'opérateurs différentiels pour lesquels une expression explicite de ce noyau de Green est disponible correspondent à des variantes du Laplacien, avec des conditions au limites très simples. Ces cas importants permettent de construire une gamme de techniques d'approximation par splines (cf. paragraphe 11.3.3). Toutefois, si l'on ne cherche plus nécessairement à relier directement les conditions de régularité à des opérateurs différentiels, on peut contourner le problème en introduisant directement la fonction

$$(x, y) \mapsto f_x(y)$$

qu'il suffit de connaître pour pouvoir décliner la méthode. Il suffit de savoir que f est un noyau de Green pour une certain opérateur L (qui n'est pas nécessairement différentiel, et qu'il est inutile de connaître explicitement) pour retrouver la formulation variationnelle précédente. On imposera, par exemple les conditions suivantes

- Symétrie: $f_x(y) = f_y(x)$
- f continue, de carré intégrable: pour tout x

$$\int_\Omega (f_x(y))^2 dx < \infty$$

- f induit un opérateur positif sur $\mathcal{L}^2$: pour tout $u \in \mathcal{L}^2$

$$\int_\Omega u(x)u(y)f_x(y)dxdy \geq 0$$

La dernière condition est satisfaite lorsque $f_x(y) = F(x - y)$ et F est la transformée de Fourier d'une fonction paire et positive.

On peut imposer de plus à f d'être une fonction radiale: $f_x(y) = G(|x-y|)$ ([14], [13]); on peut montrer qu'alors $q(t) = G(\sqrt{t})$ doit être la transformée de Laplace d'une mesure μ sur $\mathbb{R}^+$:

$$q(t) = \int_0^{+\infty} e^{-\lambda u} d\mu(\lambda).$$

Lorsque μ est une mesure de Dirac, on obtient en particulier l'exemple fondamental du noyau gaussien:

$$G(t) = \exp\left(-\frac{t^2}{\sigma^2}\right)$$

Pour plus de détails, nous renvoyons à [74] et aux références qui y sont fournies.

11.3.2 Interpolation de difféomorphismes

Généralités

Pour appliquer la théorie des splines à la mise en correspondance par interpolation, il faut encore prendre en compte le fait que les difféomorphismes recherchés sont des fonctions à valeurs vectorielles. Nous n'avons pas voulu compliquer la présentation précédente en traitant directement le cas de fonctions à valeurs vectorielles; formellement, la théorie abstraite n'est guère plus compliquée: les f_i ne sont plus des vecteurs dans h, que l'on peut assimiler à des formes linéaires continues, mais des applications linéaires *continues*, définies sur $\mathcal{H}$, et à valeurs dans $\mathbb{R}^d$. Bien entendu, une application linéaire à valeurs dans un espace de dimension d peut être considérée comme une famille de d formes linéaires, une fois qu'une base a été choisie dans l'espace d'arrivée; par continuité, chacune de ces formes linéaires est peut être représentée comme un produit scalaire avec un élément de $\mathcal{H}$, ce qui permet de ramener le problème multidimensionnel au cas unidimensionnel, tout au moins dans sa formulation abstraite, et au prix d'un substantiel alourdissement des notations: le noyau f, et donc l'opérateur L, deviennent matriciels, et la matrice S est un produit tensoriel de matrices

Dans ce cadre, une situation particulièrement simple est celle où L est diagonal, puisque, dans ce cas, le problème global se sépare en d problèmes unidimensionnels, un pour chaque coordonnée dans l'espace d'arrivée. [4]

Invariance du produit scalaire

Jusqu'ici, nous n'avons pas discuté de critères de choix du produit scalaire, ou de l'opérateur L, mise à part la contrainte de pouvoir être inversé par un noyau

---

[4] Dans le cas général, si l'on suppose que la fonction d'évaluation $h \mapsto h(x)$ est continue sur $\mathcal{H}$, il existe, pour tout $i = 1, \ldots, d$ et pour tout $x \in \Omega$, un élément f_x^i de $\mathcal{H}$ qui soit tel que

$$\left\langle f_x^i \,, h \right\rangle = h_i(x)$$

pour tout $h \in \mathcal{H}$, h_i étant la $i$ème coordonnée de h. Si l'on note f_x^{ij} la $j$ème coordonnée de f_x^i, f_x la matrice des f_x^{ij}, on voit que l'on doit représenter le noyau de Green comme une matrice, caractérisée par

$$h(x) = \int_\Omega \langle Lf_x \,, Lh \rangle dy$$

où Lf_x est la matrice composée des $\sum_{k=1}^d L_{ik} \cdot f_x^{kj}$.

de Green. Pourtant, comme pour la représentation des formes, il est souvent important de voir satisfaire des contraintes d'équivariance (ou d'invariance) par rapport à des transformations rigides du plan.

D'un point de vue qualitatif, ces contraintes correspondent aux préoccupations suivantes: lorsque deux jeux de points remarquables sont donnés sur Ω, l'interpolation obtenue ne doit pas dépendre du système de coordonnées fixé sur Ω; pour formuler ceci plus précisément, donnons nous les systèmes de points $(x_1, \ldots, x_N)$ et $(y_1, \ldots, y_N)$, et supposons obtenu, par la méthode précédente, un difféomorphisme h de taille minimale (au sens du produit scalaire sélectionné) et tel que pour tout i, $h(x_i) = y_i$ (ou $h(x_i) \simeq y_i$); effectuons un changement de coordonnées, qui se traduit par l'action simultanée d'un endomorphisme orthogonal A sur chacun des x_i et des y_i, et déterminons, toujours par la même méthode, un difféomorphisme h' de Ω de taille minimale, pour le même opérateur L tel que, pour tout i, $h'(Ax_i) = Ay_i$ (ou $h'(Ax_i) \simeq Ay_i$).[5], La condition d'invariance impose que le difféomorphisme h' soit le même que h aux changements de coordonnées près, soit que

$$h'(x) = h_A(x) := Ah(A^{-1}x)$$

pour tout x (ce qui définit une action du groupe orthogonal sur les fonctions de $\Omega \to \mathbb{R}^d$). Les contraintes sont bien satisfaites pour ce choix de h' (la pénalisation est inchangée dans le cas d'approximation approchée, pourvu qu'on utilise la norme euclidienne dans $\sum_i |h(x_i) - y_i|^2$); une condition suffisante pour que h_A soit optimal lorsque h l'est est donc l'invariance du produit scalaire par cette action, soit $\|h_A\| = \|h\|$.

Etudions à présent l'opérateur L_A défini par

$$Lh_A(x) = L_A h(A^{-1}x)$$

soit

$$(L_A h)(x) = [L(A \circ h \circ A^{-1})](Ax).$$

Nous supposerons, dans ce qui suit, que L est un opérateur diagonal, et (par symétrie des coordonnées) que tous les L_{ij} sont égaux à un opérateur que nous noterons Λ. Pour toute fonction $g : \Omega \to \mathbb{R}^d$, en notant g_j la $j$ème coordonnée de g

$$[L(Ag)]_i = \Lambda \left(\sum_{j=1}^{d} a_{ij} g_j \right) = \sum_{j=1}^{d} a_{ij} \Lambda g_j$$

d'où le fait que $L(Ag) = ALg$. On aura alors $L_A h(x) = A^{-1} Lh(Ax)$ (ce qui suffit à montrer l'invariance par rotation) dès que Λ est lui même invariant,

---

[5] En toute rigueur, il faut imposer que Ω est invariant par transformation orthogonale, autrement dit qu'il s'agit d'une boule ou de $\mathbb{R}^d$ tout entier, et qu'il en est de même pour les conditions aux frontières; la discussion reste toutefois valide, en première approximation, si les points remarquables sont suffisamment éloignés de la frontière de Ω

au sens que, pour tout fonction u de Ω dans $\mathbb{R}$ (telle que Lu est définie), pour toute rotation A

$$\Lambda(u \circ A) \circ A^{-1} = \Lambda u$$

Commençons par étudier cette propriété lorsque Λ est un opérateur différentiel. Quitte à décomposer cet opérateur en somme de termes de mêmes degrés, nous supposerons que l'on peut l'écrire sous la forme

$$\Lambda.g = \sum_{p_1 + \cdots + p_d = n} \alpha_{p_1 \ldots p_d} \frac{\partial^n g}{\partial x_1^{p_1} \ldots \partial x_d^{p_d}}$$

Ceci forme un espace vectoriel D_n de dimension C_{n+d-1}^n. Si l'on note $\Lambda_A u = \Lambda(u \circ A) \circ A^{-1}$, l'opération $(A, \Lambda) \mapsto \Lambda_A$ définit une action du groupe orthogonal sur l'ensemble des opérateurs différentiels homogènes d'ordre n. Tout opérateur Λ tel que $\Lambda_A = \Lambda$ est tel que, pour tout u et tout X dans l'algèbre de Lie de $SO_d(\mathbb{R})$

$$\frac{d}{dt} L_{\mathrm{Id}+tX} u = 0$$

Nous faisons un développement limité à l'ordre 1 en t de $L_{\mathrm{Id}+tX} u$. Notons $d^n u$ la forme n-linéaire dérivée $n$ième de u:

$$d^n u(x^1, \ldots, x^n) = \sum_{i_1, \ldots, i_n = 1}^{d} \frac{\partial^n u}{\partial x_{i_1} \ldots \partial x_{i_n}} x_{i_1}^1 \ldots x_{i_n}^n$$

de sorte que L peut être assimilé à $\alpha.d^n u$. On a en particulier

$$d^n(u \circ A)(x^1, \ldots, x^n) = d^n u(Ax^1, \ldots, Ax^n) \circ A$$

et pour $A = \mathrm{Id} + tX$:

$$d^n(u \circ A)(x^1, \ldots, x^n) \circ A^{-1} = d^n u(x^1, \ldots, x^n)$$
$$+ t \sum_{k=1}^{n} d^n u(x^1, \ldots, x^{k-1}, Xx^k, x^{k+1}, \ldots, x^n) + o(t)$$

On a

$$d^n u(x^1, \ldots, x^{k-1}, Xx^k, x^{k+1}, \ldots, x^n) =$$
$$\sum_{i_1, \ldots, i_n = 1}^{d} \left(\sum_{l=1}^{d} X_{l i_k} \frac{\partial^n u}{\partial x_{i_1} \ldots \partial x_{i_{k-1}} \partial x_l \partial x_{i_{k+1}} \ldots \partial x_{i_n}} \right) x_{i_1}^1 \ldots x_{i_n}^n$$

ce qui implique que l'équation $\frac{d}{dt} L_{\mathrm{Id}+tX} u = 0$ équivaut à

$$\sum_{k=1}^{n} \sum_{i_1, \ldots, i_n = 1}^{d} \left(\sum_{l=1}^{d} X_{l i_k} \frac{\partial^n u}{\partial x_{i_1} \ldots \partial x_{i_{k-1}} \partial x_l \partial x_{i_{k+1}} \ldots \partial x_{i_n}} \right) \beta_{i_1 \ldots i_n} = 0$$

où l'on a noté $\beta_{i_1\ldots i_n} = \alpha_{p_1\ldots p_d}$, p_k étant le nombre d'occurences de k dans $i_1, \ldots, i_n$. Ceci se réécrit

$$\sum_{k=1}^{n} \sum_{i_1,\ldots,i_n=1}^{d} \left(\sum_{l=1}^{d} \beta_{i_1\ldots i_{k-1}li_{k+1}\ldots i_n} \xi_{i_k l} \right) \frac{\partial^n u}{\partial x_{i_1} \ldots \partial x_{i_n}} = 0$$

ce qui impose finalement que, pour tout $(i_1, \ldots, i_n)$

$$\sum_{k=1}^{n} \sum_{l=1}^{d} \beta_{i_1\ldots i_{k-1}li_{k+1}\ldots i_n} \xi_{i_k l} = 0$$

Prenons $X = X^{ij}$ dont le coefficient en (i,j) est -1, en (j,i) est 1 et tous les autres nuls (ces X^{ij} engendrent l'algèbre de Lie de $SO_d(\mathbb{R})$). L'équation précédente devient

$$\sum_{k:i_k=j} \sum_{l=1}^{d} \beta_{i_1\ldots i_{k-1}ii_{k+1}\ldots i_n} - \sum_{k:i_k=i} \sum_{l=1}^{d} \beta_{i_1\ldots i_{k-1}ji_{k+1}\ldots i_n} = 0$$

en revenant aux α, cette équation s'écrit, pour tout multi-indices $p = (p_1, \ldots, p_d)$,

$$\mathbf{1}_{[p_i \geq 1]} p_i \alpha_{s_{ij}(p)} = \mathbf{1}_{[p_j \geq 1]} p_j \alpha_{s_{ji}(p)}$$

où $s_{ij}(p)$ est le multi-indices p où l'on a retiré 1 en i et ajouté 1 en j.

Nous appliquons maintenant ce résultat à la dimension 2, pour un opérateur de degré n; un multi-indice p est tel que $p_2 = n - p_1$, et seul le cas $i = 1$, $j = 2$ s'applique. On obtient alors, si $p_1 > 0$ et $p_1 < n$

$$p_1 \alpha_{p_1-1,n-p_1+1} = (n-p_1) \alpha_{p_1+1,n-p_1-1}$$

et pour les cas extrêmes,

$$\alpha_{1,n-1} = \alpha_{n-1,1} = 0$$

Ceci entraîne

$$\alpha(p_1 + 2, n - p_1 - 2) = \frac{p_1 + 1}{n - p_1 - 1} \alpha(p_1, n - p_1)$$

Le fait que $\alpha_{1,n-1} = 0$ implique que les $\alpha_{p_1,n-p_1}$ pour p_1 impair sont nuls, et si n est impair, on déduit de $\alpha_{n-1,1} = 0$ que les $\alpha_{p_1,n-p_1}$ sont aussi nuls pour p_1 pair: il n'y a pas d'opérateur invariant non-nul de degré impair. Pour n pair, on obtient un unique opérateur (à une constante multiplicative près). Lorsque $n = 2$, il s'agit du Laplacien

$$\Delta = \frac{\partial^2}{\partial x_1^2} + \frac{\partial^2}{\partial x_2^2}$$

Mais, comme les itérés du Laplacien sont elles aussi clairement invariantes, et qu'il n'y a qu'un seul opérateur invariant pour n pair, on obtient sans calcul le résultat suivant

---

Théorème 11.2. *Les seuls opérateurs K invariants par rotation sont des polynômes d'itérés du Laplacien:*

$$K = \sum_{r=0}^{n} \alpha_r \Delta^r .$$

(avec la convention $\Delta^0 = \mathrm{Id}$, qui est clairement invariant).

Nous avons vu qu'il était possible d'utiliser des opérateurs autres que différentiels, en particulier en définissant directement les fonctions de Green. Nous interprétons maintenant la condition $L(u \circ A) = (Lu) \circ A$ en termes de noyaux de Green. Notons f_x le noyau associé à L et g_x celui de L_A défini par $(L_A u)(x) = [L(u \circ A)](A^{-1}x)$. On a, pour une fonction $u \in \mathcal{H}_L$, et pour tout $x \in \Omega$,

$$u(x) = \int_\Omega (L_A g_x)(y) u(y) dy$$

d'où, après changement de variables (et en supposant Ω invariant par rotation)

$$u(x) = \int_\Omega (L(g_x \circ A))(y) u \circ A(y) dy$$

ce qui implique

$$u \circ A(x) = \int_\Omega (L(g_{Ax} \circ A))(y) u \circ A)(y) dy$$

mais cette expression est aussi égale à

$$\int_\Omega (Lf_x)(y) u \circ A(y) dy$$

d'où le fait que

$$g_{Ax} \circ A = f_x$$

L'opérateur est invariant si $g_x = f_x$, soit

$$f_{Ax}(Ay) = f_x(y)$$

En particulier, si $f_x(y)$ s'écrit sous la forme $F(x - y)$ (ce qui correspond à une hypothèse supplémentaire d'invariance par translation), on voit que les seuls noyaux de Green invariants par rotation sont des noyaux déduits de fonction radiales, où $F(z)$ est de la forme $G(|z|)$ (cf. [74]).

11.3.3 Interpolation par plaques minces

Cette technique a été proposée initialement par Bookstein ([34]) dans le cadre de la reconnaissance de formes. On travaille avec des opérateurs L différentiels, diagonaux, et égaux à des puissances du Laplacien, avec $\Omega = \mathbb{R}^2$. Posons

$$\langle f, g \rangle = \int_{\mathbb{R}^2} \Delta f \Delta g dx. \tag{11.3}$$

Ceci n'est pas exactement un produit scalaire, puisque $\|f\| = 0$ n'implique pas nécessairement $f = 0$. On montre que les seules fonctions f dont les dérivées secondes sont de carré intégrable, et qui sont telles que $\|f\| = 0$ sont les fonctions affines $f(x) = {}^t a x + b$, où a est un vecteur fixe de taille 2 et $b \in \mathbb{R}$. Nous travaillerons dans ce qui suit aux fonctions affines près[6].

Soit $U(r) = r^2 \log r$; on montre que, pour toute fonction u dont les dérivées secondes sont de carré intégrable:

$$u(x) = \int_{\mathbb{R}^2} U(|x - y|)\Delta^2 u(y) dy + \text{ terme affine}$$

ce qui signifie que $f_x(y) = U(|x - y|)$ est, aux fonctions affines près, la fonction de Green, associée au produit scalaire.

Fixons donc, à nouveau $(x_1, \ldots, x_N)$ et $(y_1, \ldots, y_N)$. Comme l'opérateur utilisé est diagonal, il suffit de travailler coordonnée par coordonnée. Notons donc, pour tout i, c_i l'une des deux coordonnées de y_i, de sorte que la contrainte $h(x_i) = c_i$ s'écrive $\langle h, f_{x_i} \rangle = c_i$. Notons, comme précédemment

$$S_{ij} = \langle f_{x_i}, f_{x_j} \rangle = U(|x_i - x_j|)$$

Comme le produit scalaire est dégénéré, la meilleure interpolation n'est pas donnée par

$$z(x) = \sum_{i=1}^{N} \alpha_i U(|x - x_i|)$$

avec $\alpha = S^{-1} c$. En effet, comme l'adjonction d'un terme affine ne pénalise pas le premier terme, on peut remplacer globalement tous les c_i, pour $i = 1, \ldots, N$, par $c_i - {}^t a x_i - b$, avec $a \in \mathbb{R}^2$ et $b \in \mathbb{R}$. Nous obtenons ainsi un nouveau problème d'interpolation exacte, qui demande de minimiser

$$^t \alpha S \alpha$$

sous la contrainte $S\alpha + Q\gamma = c$ avec $\gamma = {}^t(a_1, a_2, b)$ (de taille 3×1) et Q de taille $N \times 3$ donnée par (en posant $x_i = (x_i^1, x_i^2)$):

$$Q = \begin{pmatrix} x_1^1 & x_1^2 & 1 \\ \vdots & \vdots & \vdots \\ x_N^1 & x_N^2 & 1 \end{pmatrix}$$

---

[6] Nous renvoyons à [144] pour une interprétation rigoureuse de ce fait

La solution de ce problème en (α, γ) est donnée par

$$\hat{\gamma} = \left({}^t Q S^{-1} Q\right)^{-1} {}^t Q S^{-1} c$$

et $\hat{\alpha} = S^{-1}(c - Q\hat{\gamma})$.

La solution du problème d'interpolation approchée, qui requiert la minimisation de

$$ {}^t \alpha S \alpha + \lambda {}^t (S\alpha + {}^t a x_i + b - c)(S\alpha + {}^t a x_i + b - c),$$

est donnée par les mêmes formules, dans lesquelles on remplace S par $S_\lambda = S + (1/\lambda)I$.

La figure 11.1 propose un exemple d'une telle interpolation, accompagnée d'un interpolation par fonctions radiales ([14]).

Lorsque ces formules sont appliquées aux deux coordonnées de y_i, on obtient bien une fonction h interpolant (de manière exacte ou approchée) les mises en correspondance de points remarquables. Toutefois, il n'existe aucune contrainte qui garantisse que h est bien un difféomorphisme de Ω: on peut en effet observer la formation de plis dans certains cas.

11.3.4 Interpolation par difféomorphismes

Pour que l'interpolation donne un difféomorphisme, S. Joshi ([121]) a utilisé l'approche par groupes de difféomorphismes présentée au chapitre 10. On introduit donc un déplacement dépendant du temps $t \mapsto v(t, .)$ sur Ω, et l'équation différentielle

$$\frac{dy}{dt} = \mathbf{v}(t, y)$$

Soit $\mathbf{g_v}(t, x)$ la solution de cette équation au temps t, avec la condition initiale $\mathbf{g_v}(0, x) = x$. Le problème d'interpolation exacte, formulé par Joshi, consiste à ajuster $\mathbf{v}$ de manière à minimiser

$$E(\mathbf{v}) = \int_0^1 \int_\Omega |L\mathbf{v}(t)|^2 dx dt$$

sous les contraintes $\mathbf{g_v}(1, x_i) = y_i$ pour toute paire (x_i, y_i) de points appariés.

Introduisons les évolutions des déplacements des points, données par $u_i(t) = \mathbf{g_v}(t, x_i) - x_i$; ces trajectoires sont des inconnues du problème, mais leur connaissance permet de reconstruire $\mathbf{v}$: en effet, si l'on fixe les $u_i(t)$, le $\mathbf{v}$ optimal, à chaque instant t, est une spline interpolatrice telle que nous l'avons construite aux paragraphes précédents, soumise aux contraintes: $\mathbf{v}(t, x_i + u_i(t)) = \frac{du_i}{dt}(t)$. Si $(x, y) \mapsto f_x(y) = f(x, y)$ est la fonction de Green associée à L, et si $S(t)$ est la matrice composée des $s_{ij}(t) = f(x_i + u_i(t), x_j + u_j(t))$, on a, en posant $u_i(t) = (p_i(t), q_i(t)) \in \mathbb{R}^2$, et en notant $\mathbf{v} = (\mathbf{v}_1, \mathbf{v}_2)$:

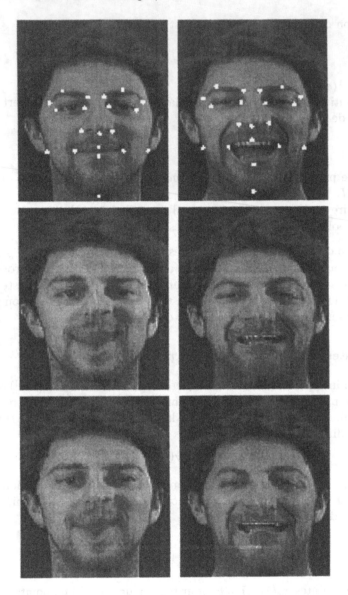

Fig. 11.1. Interpolation exacte d'appariement de points remarquables. Première ligne: points remarquables sur les images originales; seconde ligne: interpolation par plaques minces, de la première image vers la seconde et vice-versa; troisième ligne: interpolation par fonctions radiales, avec $f_x(y) = log(|x - y|^2 + c)$ (les images sont tirées de la base de données de visages construite par Olivetti)

$$\mathbf{v}_1(t, x) = \sum_{i=1}^{N} \alpha_i(t) f_{x_i + u_i(t)}(x)$$

avec $\alpha(t) = S(t)^{-1} \frac{dp}{dt}$ et

$$\mathbf{v}_2(t, x) = \sum_{i=1}^{N} \beta_i(t) f_{x_i + u_i(t)}(x)$$

avec $\beta(t) = S(t)^{-1} \frac{dq}{dt}$. L'énergie obtenue est

$$E(\mathbf{v}) = \int_0^1 {}^t\frac{dp}{dt} S(t)^{-1} \frac{dp}{dt} dt + \int_0^1 {}^t\frac{dq}{dt} S(t)^{-1} \frac{dq}{dt} dt$$

qui ne dépend plus que des N trajectoires planes $(p_i(t), q_i(t))$, soumises aux conditions aux bornes $(p_i(0), q_i(0)) = 0$ et $(p_i(1), q_i(1)) = y_i - x_i$. L'étape finale de minimisation peut alors être réalisée par descente de gradient, et nous renvoyons à [121] pour des détails supplémentaires. Les figures 11.2 et 11.3 montrent un exemple d'estimation de fortes déformations pour laquelle cette technique apporte un amélioration qualitative importante.

11.4 Estimation par transport

En l'absence de points remarquables, il est possible d'estimer des difféomorphismes lorsqu'il existe une quantité mesurable stable (ou approximativement stable) durant le processus de déformation. Notons ici encore Ω le support des configurations. Un objet est caractérisé par une fonction I, définie sur Ω, à valeurs scalaires ou vectorielles, que l'on suppose donc invariante par déformation. Si l'on observe deux objets, auxquels sont associés les fonctions I et I', on cherchera donc à les mettre en correspondance en déterminant un difféomorphisme g, aussi petit que possible, tel que $I \circ g$ est proche de I'.

11.4.1 Approches variationnelles

Un très grand nombre d'algorithmes sont basés sur des formulations variationnelles, qui consistent typiquement à rechercher le minimum de

$$U(g) = S(g) + \lambda D(I \circ g, I')$$

où λ est un paramètre, $S(g)$ est une mesure de taille de difféomorphisme, telle celles définies au paragraphe 11.2, et D est une métrique qui mesure la différence entre $I \circ g$ et I', par exemple

$$D(I \circ g, I') = \int_\Omega |I \circ g - I'|^2 \, dx$$

Nous passons en revue un certain nombre d'exemples.

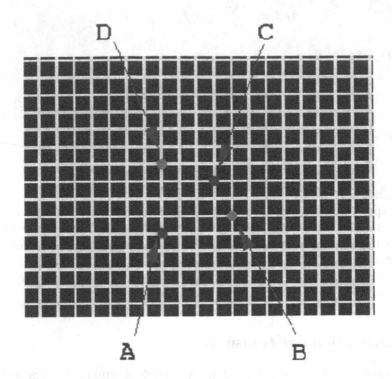

Fig. 11.2. Image extraite de [121]: le point A est apparié à B, C est apparié à D et les coins sont inchangés

Mise en correspondance en une dimension

Un des premiers cadres d'application de ces techniques a été l'analyse de la parole: si deux signaux acoustiques sont enregistrés durant un certain laps de temps par des locuteurs différents, il s'agit de pouvoir décider de leur similarité sans être influencé par les variations et distorsions naturelles de la vitesse d'élocution. Ces distorsions peuvent être modélisées par un difféomorphisme agissant sur les signaux, un signal I devenant $I \circ g$. Dans [176], est introduite une technique appelée "dynamic time warping", que l'on peut décrire comme suit. Supposons les signaux discrétisés, de sorte que $I = (I_1, \ldots, I_N)$ et $I' = (I'_1, \ldots, I'_N)$. L'algorithme minimise une fonctionnelle du type

$$\Delta(I, I') = \sum_{k=1}^{N} d(I_k, I'_{\psi(k)})$$

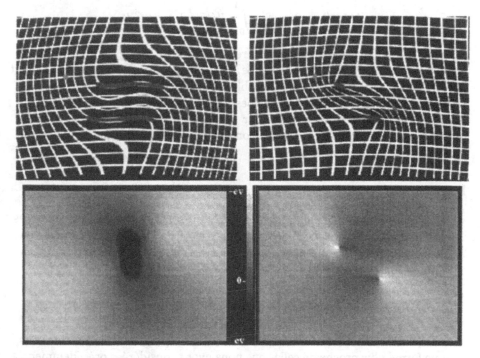

Fig. 11.3. Image extraite de [121]. La colonne de gauche montre le résultat de l'appariement spécifié par la figure 11.2 en utilisant des méthodes statiques (thin plate splines), la seconde colonne donne le résultat de l'algorithme de Joshi. La première ligne contient le résultat du difféomorphisme appliqué à une grille régulière, la seconde donne le déterminant du Jacobien obtenu, les parties sombres correspondant aux valeurs négatives.

où $\psi(k)$ est l'indice du point homologue de I_k. La minimisation est effectuée sous la contrainte que ψ est croissante, et généralement en imposant également un contrôle de bornitude sur les variations $\psi(k+1) - \psi(k)$.

Dans [163], des signaux de parole I et I' sont appariés (en temps continu) en minimisant

$$U(g) = \arccos\left[\int_0^1 \sqrt{\dot{g}_x}dx\right] + \lambda \int_0^1 (I(g(x)) - I'(x))^2 dx$$

Cette énergie est en fait issue de distances géodésiques sur des groupes de difféomorphismes, comme nous le verrons plus loin.

En vision artificielle, la mise en correspondance unidimensionnelle est appliquée pour tracer et comparer des contours de formes. Ces contours peuvent être modélisés comme des courbes planes, ie. des fonctions définies sur un intervalle de $\mathbb{R}$ et à valeurs dans $\mathbb{R}^2$. La mise en correspondance peut être basée directement sur leur localisation dans l'espace, en minimisant, par exemple

$$\Delta(I, I') = S(g) + \lambda \int_0^1 |I'(t) - I \circ g(t)|^2 dt$$

Mais la plupart des applications requièrent plutôt une comparaison de formes, qui sont des contours considérés à translation, rotation et éventuellement homothétie près. Il est alors préférable de chercher plutôt à apparier des représentations intrinsèques des courbes, telles celles définies dans le chapitre II, comme la courbure (invariante par rotation et translation), l'orientation des tangentes (invariante par translation et homothétie), exprimée en fonction de la longueur d'arc euclidienne.

Exemples

- Dans [55], l'énergie suivante est utilisée: I et J sont des courbes, paramétrées par longueur d'arc, avec I de longueur 1 et J de longueur α. Le mise en correspondance est une bijection $h : [0, 1] \to [0, \alpha]$, que l'on détermine en minimisant

$$U(h) = \int_0^1 (\kappa_I(s) - \kappa_J \circ h(s))^2 ds + \lambda \int_0^1 \left| \frac{d}{ds}(I(s) - J \circ h(s)) \right|^2 ds$$

où κ_I and κ_J sont les courbures de I et J. Cette énergie se réinterprète sous une forme plus proche de celles que nous avons considérées précédemment. Introduisons pour ce faire les tangentes unitaires τ_I et τ_J, et développons la seconde intégrale qui devient

$$1 + \int_0^1 \dot{h}_s^2 ds - 2 \int_0^1 \dot{h}_s \langle \tau_I, \tau_J \circ h \rangle (s) ds$$

Si $(s' \mapsto J(s'))$ est reparamétrée par $s' \mapsto s'/\alpha$, et si $g(s) = h(s)/\alpha$, la formule précédente de vient

$$1 + \alpha^2 \int_0^1 \dot{g}_s^2 ds - 2\alpha \int_0^1 \dot{g}_s \langle \tau_I, \tau_J \circ g \rangle (s) ds$$

soit

$$1 + \alpha^2 \int_0^1 \dot{g}_s^2 ds - 2\alpha \int_0^1 \langle \tau_I \circ g^{-1}, \tau_J \rangle (s) ds.$$

On obtient donc finalement

$$U(g) = \lambda \alpha^2 \int_0^1 \dot{g}_s^2 ds + \int_0^1 (\kappa_I(s) - \kappa_J \circ g(s))^2 ds$$
$$+ \lambda \left(1 - 2\alpha \int_0^1 \langle \tau_I \circ g^{-1}, \tau_J \rangle (s) ds \right)$$

qui contient un terme de déformation élastique, et des termes de comparaison des courbures et des orientation des tangentes.

- Dans [24], une approche axiomatique a été développée pour construire une série d'énergies pour la mise en correspondance de courbes planes; parmi celles-ci, citons

$$U(g) = \int_0^1 |\dot{g} - 1|ds + \lambda \int_0^1 (\dot{g} + 1)|f(\kappa_I \circ g) - f(\kappa_J)|ds$$

avec $f(\kappa) = c\kappa - \text{sign}(\kappa)e^{-\alpha\kappa}$, ou

$$U(g) = \int_0^1 |\dot{g} - 1|ds + \lambda \int_0^1 |\dot{g}\kappa_I \circ g - \kappa_J|ds$$

- Une autre approche axiomatique a été développée dans [196], menant à des énergies du type

$$U(g) = \int_0^1 \sqrt{\dot{g}}F(I', I' \circ g)ds$$

qui doivent ici être maximisée en g, F étant une fonction symétrique, positive, soumise à la condition

$$F(u, v) \leq \sqrt{F(u, u)F(v, v)}$$

- Un cas particulier de ces fonctionnelles avait été introduit dans [213], où la mise en correspondance était basée sur la minimisation de

$$U(g) = \arccos \frac{\sqrt{2}}{2} \int_0^1 \sqrt{\dot{g}\left(1 + \langle \tau_I \circ g, \tau_J \rangle\right)}ds$$

Nous verrons plus loin une justification de cette énergie en termes de distances entre courbes planes.
- Enfin, pour la mise en correspondance de courbes tridimensionnelles, les auteurs de [23] ont utilisé une représentation à l'aide de la rotation instantanée, F_I, du trièdre de Frénet, qui est une matrice antisymétrique de taille 3, dépendant de la courbure et de la torsion de la courbe. L'énergie proposée est donnée par

$$U(g) = \int_0^1 |\dot{g} - 1|ds + \int_0^1 \|F_I - F_J \circ g\|^2 ds$$

où $\|.\|$ est la norme de Hilbert-Schmidt: $\|A\|^2 = \text{trace}(^t A.A)$.

La plupart des énergies définies ainsi en dimension 1 peuvent être minimisées de manière extrêmement efficace par programmation dynamique (cf. partie 8.2.3, chapitre 8).

Mise en correspondance d'images et de volumes

Il y a peu de différences théoriques fondamentales entre les problèmes d'appariement en dimension 2 et en dimension 3 (alors que les problèmes unidimensionnels possèdent des particularités importantes). Bien évidemment, il existe des différences numériques radicales, dues à l'accroissement dramatique du nombre d'inconnues lorsque l'on rajoute une dimension.

Flot optique et vision stéréoscopique

La mise en correspondance bidimensionnelle intervient dans deux problèmes historiques de traitement d'images, qui sont l'estimation de mouvement et la vision stéréo, bien que ces problèmes ne soient pas toujours introduits sous le biais de l'estimation de difféomorphismes.

Pour l'estimation de mouvement, un champ de déplacement u (le flot optique) doit être estimé entre deux images consécutives I et I' de sorte que $I(x+u) \simeq I'(x)$. Il existe une littérature importante dans ce domaine, et nous ne chercherons pas à en donner un compte-rendu complet. On peut toutefois donner une interprétation générique des techniques variationnelles utilisées dans ce cadre (cf. [114]), en définissant l'énergie (avec $g = \mathrm{id} + u$),

$$U(g) = \int_{\Omega} \alpha^2 |u(x)|^2 du + \int_{\Omega} |I(g(x)) - I'(x)|^2 dx \qquad (11.4)$$

Le plus souvent, le second terme est linéarisé au voisinage de u petit, et remplacé par

$$I(x) - I'(x) + \nabla I(x).u(x)$$

En vision stéréo, la mise en correspondance de deux images prises simultanément par deux caméras permet d'associer une carte de profondeur à la scène observée. Le problème est très similaire au flot optique, exceptée une contrainte géométrique supplémentaire, dite contrainte épipolaire, qui restreint les points homologues à appartenir à certaines lignes, calculables à l'avance, et qui ne dépendent que de la géométrie du système de vision (pas de la scène observée). On peut recaler les images pour faire en sorte que les lignes épipolaires soient les lignes horizontales (sur les images), ce qui impose que la composante verticale du déplacement soit toujours nulle.

Comparaison de visages

Un autre domaine d'application important des techniques de mise en correspondance est celui de la comparaison de visages. Il y a trois facteurs principaux de variations sur des images de visages d'un même individu: les variations d'illumination, de position et d'expression. Ce sont ces dernières qui nous concernent ici, parce qu'elles peuvent être raisonnablement représentées par un difféomorphisme, mais le lecteur intéressé par une théorie complète peut se référer à [105].

Les techniques de mise en correspondance ne sont pas introduites systématiquement dans ce domaine, mais ont été utilisées dans des réalisations importantes, par exemple dans les travaux de C. Von der Malsburg et de ses collaborateurs ([71, 209]), dans lesquels la comparaison des visages incorpore une forme discrète d'énergie de déformation élastique, représentée sous forme de réseaux neuronaux, menant à des interprétations biologiques. Dans ce cadre, les quantités qui sont mises en correspondance ne sont pas les luminances proprement dites, mais les résultats de filtres de Gabor[7], qui corroborent également des observations biologiques.

Dans [105], le processus complet de variation en illumination, position et d'expression est incorporé pour aboutir à un unique (et assez compliqué) problème variationnel. Un des aspects importants de l'énergie introduite, est l'utilisation d'un terme non-conventionnel d'énergie hyperélastique que nous avons déjà donné dans l'équation (11.1).

Imagerie médicale

Un des plus grands cadres d'application ces dernières années est probablement celui des images médicales, en 2 ou 3 dimensions. Les nouveaux systèmes d'acquisition fournissent des images numérisées de plus en plus précises, à un rythme de plus en plus important, et il existe une forte demande quant à l'automatisation (partielle ou totale) de leur interprétation. De plus, la gestion de bases de données d'images médicales requière également la construction de systèmes de comparaison. Pour plus d'information sur les possibilités d'applications des techniques d'estimation de déformations, nous renvoyons à [195].

11.4.2 Formulation par flots de difféomorphismes

Comme pour l'interpolation, les techniques énoncées ci-dessus ne garantissent pas nécessairement que la déformation optimale soit un difféomorphisme. Cette propriété peut s'obtenir en reprenant la formulation du chapitre 10. Il s'agit alors de minimiser en $\mathbf{v}$ (L étant un opérateur strictement monotone et admissible, ie. tel que $\mathcal{H}_L$ soit admissible au sens de la définition 10.7)

$$U(\mathbf{v}) = \int_0^1 \int_\Omega \langle L\mathbf{v}(t,.)\,,\,\mathbf{v}(t,.)\rangle dx dt + \lambda \int_\Omega \left(I \circ \mathbf{g_v}(1,x) - I'(x)\right)^2 dx$$

où, comme précédemment, $\mathbf{g_v}(t,x)$ est la valeur au temps t de la solution de $\dot{y} = \mathbf{v}(t,y)$ avec condition initiale $y(0) = x$ ($x \in \Omega$).

---

[7] Les filtres de Gabor sont essentiellement des transformées de fourier calculées sur des petites fenêtres centrées en chaque point des images

Comme l'opérateur L est admissible, la fonction U admet un minimum absolu atteint en un flot $\mathbf{v}$ qui génère un difféomorphisme: vérifions le rapidement dans le cas où I et I' sont continues sur Ω. La fonction

$$g \mapsto q(g) = \int_\Omega |I'(x) - I \circ g(x)|^2 dx$$

est bien continue pour la convergence uniforme: si g_n tend vers g uniformément sur Ω, alors, d'après la continuité de I et le théorème de convergence dominée, $q(g_n)$ tend vers $q(g)$. Ceci, combiné au théorème 10.5 et au fait que la norme est faiblement s.c.i sur un espace de Hilbert implique qu'il existe un $\mathbf{v}^*$ minimisant $U(\mathbf{v})$.

D'un point de vue pratique, la minimisation de cette expression par descente de gradient requiert le calcul de la différentielle de cette fonction en $\mathbf{v}$, ce qui est assez délicat, en raison du terme en $\mathbf{g_v}$. Nous supposons désormais que I et I' sont de classe C^1. Pour effectuer ce calcul, nous évaluons la variation $U(\mathbf{v}+\varepsilon h) - U(\mathbf{v})$ lorsque ε est petit. Le premier terme de $U(\mathbf{v}+\varepsilon h) - U(\mathbf{v})$ étant $\|\mathbf{v} + \varepsilon h\|^2 - \|\mathbf{v}\|^2$, il s'écrit $\varepsilon\langle h, \mathbf{v}\rangle + o(\varepsilon)$ où

$$\langle h, \mathbf{v}\rangle = \int_0^1 \int_\Omega \langle Lh, \mathbf{v}\rangle dx dt$$

Il reste donc à étudier le second terme, et donc

$$\int_\Omega \left(I \circ \mathbf{g}_{\mathbf{v}+\varepsilon h}(1, x) - I'(x)\right)^2 dx - \int_\Omega \left(I \circ \mathbf{g}_{\mathbf{v}}(1, x) - I'(x)\right)^2 dx$$

Commençons par montrer que la dérivée

$$q_h(t) = \frac{\partial}{\partial \varepsilon} \mathbf{g}_{\mathbf{v}+\varepsilon h}(t, x)_{|\varepsilon=0}$$

existe, ce qui se traite de la même manière que l'existence de la différentielle de $\mathbf{g_v}$ en x (théorème 10.1), de sorte que nous passons rapidement sur les détails: on recherche d'abord le bon candidat en dérivant formellement

$$\frac{\partial}{\partial t} \mathbf{g}_{\mathbf{v}+\varepsilon h}(t, x) = \mathbf{v}(t, \mathbf{g}_{\mathbf{v}+\varepsilon h}(t, x)) + \varepsilon h(t, \mathbf{g}_{\mathbf{v}+\varepsilon h}(t, x))$$

pour obtenir

$$\frac{dq_h}{dt} = d_{\mathbf{g}_{\mathbf{v}}(t,x)}\mathbf{v}(t, .).q_h + h(t, \mathbf{g}_{\mathbf{v}}(t, x)) \tag{11.5}$$

On obtient ainsi une équation différentielle linéaire, non-homogène, dont on peut introduire la solution $\tilde{q}_h$ (avec $\tilde{q}_h(0) = 0$), et le reste de la preuve consiste à démontrer que q_h existe bien, et est égale à $\tilde{q}_h$, ce qui se fait en majorant le taux d'accroissement à l'aide du lemme de Gronwall, exactement comme dans la preuve du théorème 10.1. On peut en fait calculer q_h par variation de la constante à partir de (10.2), ce qui donne:

$$q_h(t,x) = d_x\mathbf{g_v}(t,.)\int_0^t d_x\mathbf{g_v}(s,.)^{-1}.h(s,\mathbf{g_v}(s,x))ds$$

On a donc écrit

$$U(\mathbf{v}+\varepsilon h) - U(\mathbf{v}) = 2\varepsilon\langle h\,,\,\mathbf{v}\rangle$$
$$+ 2\varepsilon\lambda\int_\Omega \langle I\circ\mathbf{g_v}(1,x) - I'(x)\,,\,dI\circ\mathbf{g_v}(1,x).q_h(1,x)\rangle dx + o(\|h\|)$$

En remplaçant q_h par son expression, on obtient, en notant $\gamma_\mathbf{v}(t,.)$ le difféomorphisme inverse de $\mathbf{g_v}(t,.)$

$$\int_\Omega \langle I\circ\mathbf{g_v}(1,x) - I'(x)\,,\,dI\circ\mathbf{g_v}(1,x).q_h(1,x)\rangle dx$$

$$= \int_0^1\int_\Omega \langle I\circ\mathbf{g_v}(1,x) - I'(x),$$
$$dI\circ\mathbf{g_v}(1,x).d\mathbf{g_v}(1,x)d\mathbf{g_v}(t,x)^{-1}.h(t,\mathbf{g_v}(t,x))\rangle\, dxdt$$
$$= \int_0^1\int_\Omega \langle dI\circ\mathbf{g_v}(1,\gamma_\mathbf{v}(t,y)).d\mathbf{g_v}(1,\gamma_\mathbf{v}(t,y))d\mathbf{g_v}(t,\gamma_\mathbf{v}(t,y))^{-1}.h(t,y),$$
$$I\circ\mathbf{g_v}(1,\gamma_\mathbf{v}(t,y)) - I'(\gamma_\mathbf{v}(t,y))\rangle|\det d\gamma_\mathbf{v}(t,y)|dydt$$

Introduisons également la fonction $\chi_\mathbf{v}(t,y) = \mathbf{g_v}(1,\gamma_\mathbf{v}(t,y))$, et les notations $\mathbf{J}(t,y) = I(\chi_\mathbf{v}(t,y))$ et $\mathbf{J}'(t,y) = I'(\gamma_\mathbf{v}(t,y))$. On a

$$d\mathbf{g_v}(t,\gamma_\mathbf{v}(t,y))^{-1} = d\gamma_\mathbf{v}(t,y)\,,\quad d\mathbf{g_v}(1,\gamma_\mathbf{v}(t,y))d\gamma_\mathbf{v}(t,y) = d\chi_\mathbf{v}(t,y)$$

et $d\mathbf{J}(t,y) = dI\circ\mathbf{g_v}(1,\gamma_\mathbf{v}(t,y)).d\chi_\mathbf{v}(t,y)$. On en déduit l'expression

$$\int_\Omega \langle I\circ\mathbf{g_v}(1,x) - I'(x)\,,\,dI\circ\mathbf{g_v}(1,x).q_h(1,x)\rangle$$

$$= \int_0^1\int_\Omega \langle \mathbf{J}(t,y) - \mathbf{J}'(t,y)\,,\,d\mathbf{J}(t,y).|\det d\gamma_\mathbf{v}(t,y)|h(t,y)\rangle dydt$$

$$= \int_0^1\int_\Omega |\det d\gamma_\mathbf{v}(t,y)|\langle {}^t D\mathbf{J}(t,y).(\mathbf{J}(t,y) - \mathbf{J}'(t,y))\,,\,h(t,y)\rangle dydt$$

Nous avons obtenu la proposition

Proposition 11.3 (Beg, 2002). *Soit*

$$U(\mathbf{v}) = \int_0^1 \int_\Omega |L\mathbf{v}|^2 dx dt + \lambda \int_\Omega \left(I \circ \mathbf{g_v}(1,x) - I'(x)\right)^2 dx$$

Si $u \mapsto \left(\int_\Omega |Lu|^2 dx\right)^{1/2}$ *induit une norme admissible sur les applications* $u :$ $\Omega \to \mathbb{R}$, *on peut écrire, en notant* $\|\mathbf{v}\|^2 = \int_0^1 \int_\Omega |L\mathbf{v}|^2 dx dt$:

$$U(\mathbf{v} + \varepsilon h) = 2\varepsilon \langle \mathbf{v}, h \rangle + 2\varepsilon \lambda \int_0^1 \int_\Omega \langle b_\mathbf{v}(t,y), h(t,y) \rangle dy + o(\varepsilon)$$

avec

$$b_\mathbf{v}(t,y) = |\det d\gamma_\mathbf{v}(t,y)|^t d\mathbf{J}(t,y).(\mathbf{J}(t,y) - \mathbf{J}'(t,y))$$

où $\gamma_\mathbf{v}(t,y)$ *est l'inverse de* $\mathbf{g_v}(t,y)$, *et* $\mathbf{J}(t,y) = I(\mathbf{g_v}(1,\gamma_\mathbf{v}(t,y)))$, $\mathbf{J}'(t,y) =$ $I'(\gamma_\mathbf{v}(t,y))$.

La figure 11.4 fournit un exemple d'implémentation de descente de gradient pour cette énergie, pour la mise en correspondance de deux formes.

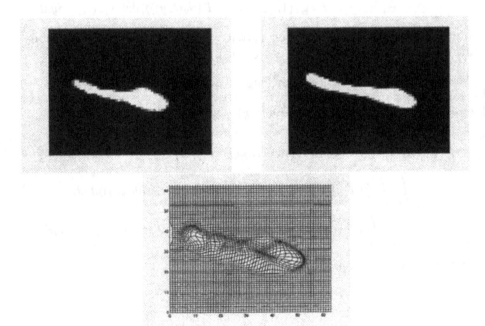

Fig. 11.4. Haut: deux formes mises en correspondance. Bas: application de la déformation estimée à une grille régulière.

11.4.3 Aspects numériques

Dans ce paragraphe, nous faisons quelques remarques importantes liées à l'implémentation numérique des techniques de mise en correspondance par difféomorphismes. Elles se situent essentiellement sur un niveau méthodologique: nous n'entrerons pas dans les détails fins de la mise en œuvre informatique.

Discrétisation

La façon la plus simple de représenter une fonction inconnue est de la discrétiser sur une grille régulière, d'approcher les intégrales par des sommes et les dérivées par des différences finies. Cela mène à des codes relativement simples à concevoir, mais implique également de mettre en œuvre une minimisation sur un nombre important de paramètres, ce qui peut être un obstacle insurmontable en dimension 3.

Il est souvent plus économique de rechercher la décomposition de g sur une base de fonctions; la représentation la plus utilisée est la représentation par éléments finis (cf. par exemple [167]). La méthode des éléments finis (nous n'entrerons pas dans les détails de la théorie: cf. [218]) définit une base de fonctions régulières, généralement polynômiales par morceaux et à support compact, sur laquelle on projette le difféomorphisme inconnu. Un autre point de vue que nous avons déjà évoqué est de définir directement l'opérateur L à partir des décompositions sur des bases orthonormées de $\mathcal{L}^2$.

Définition du gradient

Nous faisons ici une remarque simple, et pourtant essentielle, sur les méthodes de descente de gradient, et qui repose sur la définition même du gradient, qui est nécessairement associé à un produit scalaire (ou à une structure riemannienne) sur l'espace sur lequel on effectue la minimisation. Prenons l'exemple simple d'une fonction différentiable $g \mapsto U(g)$ définie sur $\mathbb{R}^p$: on peut faire un développement à l'ordre 1 de U, en posant $U(g + \varepsilon h) \simeq U(g) + \varepsilon d_g U.h + o(\varepsilon)$, avec

$$d_g U.h = \sum_{i=1}^{p} \frac{\partial U}{\partial g_i} h_i$$

La définition du gradient de U en g nécessite la connaissance d'un produit scalaire sur l'espace ambiant, qui, en toute généralité, peut dépendre de g, c'est-à-dire correspondre à une structure riemannienne sur $\mathbb{R}^p$. Si ce produit scalaire est noté $\langle . , . \rangle_g$, le gradient de U en g est *défini* par

$$d_g U.h = \langle \nabla_g U , h \rangle_g$$

La descente de gradient associée s'écrit (en discrétisant le temps avec un pas γ)

$$g(\tau + 1) - g(\tau) = -\gamma \nabla_{g(\tau)} U$$

et cet algorithme dépend donc lui-aussi de la structure riemannienne choisie sur $\mathbb{R}^p$. Lorsque celle-ci provient de la métrique euclidienne, on retrouve la descente de gradient usuelle

$$g(\tau + 1) - g(\tau) = -\gamma \frac{dU}{dg}$$

où $\frac{dU}{dg}$ est le vecteur composé des dérivées partielles de U en $g(\tau)$; mais si on a posé

$$\langle u, v \rangle_g = {}^t u A_g v$$

où A_g est une matrice symétrique définie positive qui dépend de g, l'algorithme devient

$$g(\tau + 1) - g(\tau) = -\gamma A_{g(\tau)}^{-1} \frac{dU}{dg}.$$

Nous allons voir que cette "généralisation" des algorithmes de descente de gradient usuels peut avoir des conséquences fondamentales sur la forme des algorithmes, en particulier lorsque l'on passe en dimension infinie. D'un point de vue heuristique, une métrique riemannienne non-homogène sur un espace permet de définir des chemins de parcours privilégiés dans cet espace, ou *a contrario* d'y définir des obstacles. Si la variable g est une fonction, cela permet de générer des trajectoires où la fonction est régulière, suffisamment différentiable, introduisant de cette manière un facteur de stabilité important dans les algorithmes. Mais ce point de vue a aussi des répercussions importantes en dimension finie, par exemple lorsque g appartient à un groupe de matrices (voir par exemple les techniques développées pour l'analyse en composantes indépendantes: chapitre III). Nous allons à présent en décliner quelques exemples pour l'estimation de fonctions.

La variable g est donc maintenant une fonction définie sur Ω. En calcul de variations classique, lorsque $U(g)$ est définie par une formule du type

$$U(g) = \int_\Omega F(Dg(x), g(x), x) dx$$

la première phase est d'exprimer, essentiellement à l'aide d'intégrations par parties, les variations de U sous la forme (au moins pour des fonctions h à support compact dans Ω)

$$\frac{d}{d\varepsilon} U(g + \varepsilon h) = \int_\Omega b_g(x).h(x) dx$$

en $\varepsilon = 0$, où b_g est une fonction définie sur Ω, qui représente donc le gradient de U pour le produit scalaire $\mathcal{L}^2$:

$$\langle h, k \rangle_2 = \int_\Omega kh dx.$$

Prenons, par exemple, $\Omega =]0,1[$ et

$$U(g) = \int_0^1 (|\dot{g}|^2 + V(g(x)))dx$$

où V est un potentiel positif et $g : [0,1] \to [0,1]$ soumis aux conditions aux bornes $g(0) = 0$ et $g(1) = 1$. On obtient alors, en $\varepsilon = 0$,

$$\frac{d}{d\varepsilon}U(g + \varepsilon h) = \int_0^1 (-\frac{d^2 g}{dx^2} + V' \circ g).hdx$$

ce qui donne le gradient $\mathcal{L}^2$ de U

$$\nabla_g U = -\frac{d^2 g}{dx^2} + V' \circ g.$$

et l'algorithme de descente de gradient (exprimé en temps continu)

$$\frac{\partial g}{\partial \tau} = -\frac{d^2 g}{dx^2} + V' \circ g$$

Supposons maintenant, en revenant au cas général que l'on ait sélectionné le produit scalaire

$$\langle h, k \rangle = \int_\Omega \langle k, Lh \rangle dx$$

où L est un opérateur strictement monotone. En supposant toujours que l'on puisse écrire

$$\frac{d}{d\varepsilon}U(g + \varepsilon h) = \int_\Omega \langle b_g, h \rangle dx,$$

le candidat naturel pour le gradient de U en g, doit satisfaire l'équation $Lv = b_g$, ce qui induit le schéma numérique

$$\begin{cases} \dfrac{\partial g}{\partial \tau} = -v \\ Lv = b_g \end{cases}$$

auquel on doit adjoindre des éventuelles conditions à la frontière de Ω.

Reprenons notre exemple en dimension 1, et utilisons le produit scalaire

$$\langle k, h \rangle_L = \int_0^1 \dot{k}\dot{h}dx = \int_0^1 kLhdx$$

avec $Lh = -\frac{d^2 h}{dx^2}$; on obtient l'algorithme

$$\begin{cases} \dfrac{\partial g}{\partial \tau} = -v \\[2mm] \dfrac{d^2 v}{dx^2} = -\dfrac{d^2 g}{dx^2} + V' \circ g \\[2mm] v(0) = v(1) = 0 \end{cases}$$

On a ainsi construit un schéma de mise à jour en deux temps: calcul du gradient $\mathcal{L}^2$, puis *lissage*, par résolution d'une équation différentielle en dimension 1, ou d'une équation aux dérivées partielles dans le cas général, afin d'obtenir l'incrément de la variable g. En particulier, si G est la fonction de Green associée à L (pour les conditions aux frontières considérées), on obtient l'algorithme

$$\frac{\partial g}{\partial \tau} = -\int_\Omega G(x,y) b_g(y) dy$$

On obtient ainsi un algorithme qui génère des mises à jour différentiables de la variable g, numériquement plus stables.

Mais la situation est encore plus intéressante dans le cas de groupes de difféomorphismes. Nous reprenons ici une idée qui avait été émise dans [202]. Considérons la fonction

$$U(g) = \int_\Omega |I \circ g(x) - J(x)|^2 \, dx$$

pour deux images I et J définies sur Ω, supposées de classe C^1, g étant un difféomorphisme de Ω. Le gradient $\mathcal{L}^2$ est très simple à calculer, et est donné par

$$b_g(x) = 2(I(g(x)) - J(x)) d_{g(x)} I \qquad (11.6)$$

Une descente de gradient s'écrira donc

$$g_{k+1} - g_k = \gamma(I(g_k(x)) - J(x)) d_{g_k(x)}$$

Cette procédure est extrêmement instable, et n'est jamais utilisée sans modifications, au minimum une régularisation (cf. la méthode des démons du prochain paragraphe). Un autre défaut est de ne pas tenir compte du fait que g est un difféomorphisme. Considérons un produit scalaire naturel sur les groupes de difféomorphismes (il sera justifié dans le chapitre 12.3), donné par

$$\langle h, k \rangle_g = \int_\Omega \left\langle L(h \circ g^{-1}), k \circ g^{-1} \right\rangle dx$$

(L'opérateur L est appliqué à la fonction $h \circ g^{-1}$). Nous allons chercher à exprimer

$$\frac{d}{d\varepsilon} U(g + \varepsilon h) \int_\Omega 2(I(g(x)) - J(x)) d_{g(x)} I.h(x) dx$$

sous la forme

$$\frac{d}{d\varepsilon}U(g + \varepsilon h) = \langle \beta_g \, , \, h \rangle_g$$

Effectuons tout d'abord le changement de variables $y = g(x)$ dans l'intégrale, ce qui donne

$$\frac{d}{d\varepsilon}U(g + \varepsilon h) = \int_\Omega 2(I(y) - J(g^{-1}(y)))d_y I.h(g^{-1}(y))|\det dg^{-1}(y)|dy + o(\varepsilon)$$

Ceci implique que β_g doit être tel que $\beta_g \circ g^{-1}$ soit solution de l'équation

$$L.u(y) = 2|\det dg^{-1}(y)|(I(y) - J(g^{-1}(y)))d_y I$$

En conséquence, la descente de gradient standard pour ce produit scalaire se fait selon les étapes suivantes:

1. Calcul de $\alpha_k(y) = 2|\det dg_k{}^{-1}(y)|(I(y) - J(g_k{}^{-1}(y)))d_y I$
2. Résolution de l'équation $L.u_k = \alpha_k$
3. Mise à jour: $g_{k+1} = g_k + \gamma u_k \circ g_k$

La second étape est une étape de lissage, comme nous l'avions déjà remarqué. La troisième est encore plus intéressante: il s'agit d'une discrétisation de l'équation différentielle

$$\frac{\partial g}{\partial \tau} = u(\tau, g(\tau, x))$$

On obtient donc, à la limite ($\gamma \to 0$) le fait que g est un flot associé à une équation différentielle, et donc, sous de bonnes conditions, un difféomorphisme. La fonction U peut donc être minimisée en suivant un flot de difféomorphismes; attention toutefois: comme elle ne comporte pas de terme de régularisation en **v**, la minimisation ne doit jamais être poussée à son terme, et il convient de définir un critère d'arrêt convenable.

Méthode des démons

La méthode des démons ([191, 192, 103]) n'est pas exactement basée sur un calcul de gradient, mais peut (presque) se prêter à une interprétation en ce sens. Considérons à nouveau l'énergie

$$U(g) = \int_\Omega |I'(x) - I(g(x))|^2 dx$$

dont le gradient $\mathcal{L}^2$ est donné par (11.6):

$$b_g(x) = 2(I(g(x)) - I'(x))D_{g(x)}I$$

Introduisons à présent le produit scalaire

$$\langle h \, , \, k \rangle_g = \int_\Omega (|J(x) - I(g(x))|^2 + |\nabla J(x)|^2)h(x)k(x)dx$$

Le gradient de U relativement à ce produit est donné par

$$\frac{b_g(x)}{|J(x) - I(g(x))|^2 + |\nabla J(x)|^2}$$

que l'on peut approximer par

$$2\frac{J(x) - I(x)}{|J(x) - I(g(x))|^2 + |\nabla J(x)|^2}\nabla J(x)$$

Ce qui donne un algorithme de descente de gradient qui s'exprime (en temps discret) sous la forme

$$u(t+1) = u(t) - \gamma\frac{J(x) - I(x)}{|J(x) - I(g(t,x))|^2 + |\nabla J(x)|^2}\nabla J(x) \qquad (11.7)$$

avec $g(t, x) = x + u(t, x)$. La méthode des démons proposée par Thirion est une variante régularisée de cet algorithme, dans laquelle le terme de droite de (11.7) est lissé par un noyau gaussien.

Il est instructif d'interpréter l'influence du nouveau produit scalaire. La norme locale $\langle h, h\rangle_g$ peut être considérée comme une pénalisation *a priori* de la variation $g \to g + h$; on va donc favoriser les directions de descente h pour lesquelles $h(x)$ est petit lorsque $|J(x) - I(g(x))|^2 + |\nabla J(x)|^2$ est grand, ce qui implique que l'on restreint les variations dans des zones où la mise en correspondance est insatisfaisante, et où J à un fort gradient: ceci stabilise l'algorithme en réduisant ses à-coups. On obtient ainsi quelques unes de bonne propriété de l'algorithme décrit dans la partie précédente, qui semble toutefois préférable, ne serait-ce que pour ses solides fondations théoriques.

Approches multi-échelles

Pour le type de problèmes traités, qui sont non-convexes et à un très grand nombre d'inconnues, l'obtention de bons résultats requiert l'utilisation de procédures multi-échelles (qui raffinent progressivement les grains d'analyse), afin d'une part d'accélérer la vitesse des algorithmes, et d'autre part, d'éviter certains minimas locaux. Plusieurs stratégies peuvent être adoptées dans ce cadre; on peut faire varier l'échelle d'analyse au niveau des données (les images), et/ou au niveau de l'inconnue (le difféomorphisme). Il existe de plus plusieurs variantes quant aux techniques utilisable pour changer de résolution: lissage et sous-échantillonnage, décomposition sur des bases de plus en plus complètes (splines, ondelettes, ...). Nous ne rentrerons pas plus dans les détails ici, et renvoyons le lecteur à la littérature ([21, 85, 22]...).

Distances et action de groupe

12.1 Principes généraux

12.1.1 Introduction

Nous montrons, dans ce chapitre, comment tenir compte d'une éventuelle action de groupe sur un ensemble pour y définir des distances. Dans une première partie, la présentation sera essentiellement algébrique, et donnera des conditions suffisantes d'invariance pour que des "mesures de moindre action" constituent des distances sur un ensemble soumis à une action de groupe. Nous développerons ensuite une approche différentielle, valable lorsqu'un groupe de Lie agit sur une variété différentiable.

Nous commençons par rappeler un peu de terminologie. Une distance sur un ensemble $\mathcal{C}$ est une application de $\mathcal{C}^2 \mapsto \mathbb{R}_+$ telle que, pour tout $m, m', m'' \in \mathcal{C}$,
D1) $d(m, m') = 0 \Leftrightarrow m = m'$.
D2) $d(m.m') = d(m', m)$
D3) $d(m, m'') \leq d(m, m') + d(m', m'')$.
Si D1) n'est pas satisfaite, et $d(m, m) = 0$ pour tout m, on parlera de *pseudo-distance*.
Si G est un groupe agissant sur $\mathcal{C}$, on dira qu'une distance d sur $\mathcal{C}$ est G-équivariante si et seulement si, pour tout $g \in G$, tout $m, m' \in \mathcal{C}$, $d(g.m, g.m') = d(m, m')$.
Une application $d : \mathcal{C}^2 \mapsto \mathbb{R}_+$ est une distance G-invariante si et seulement si elle vérifie D2) et D3) et D1) est remplacé par
D1') $d(m, m') = 0 \Leftrightarrow \exists g \in G, g.m = m'$.
Dire que d est une distance G-invariante est équivalent à dire que d est une distance sur l'ensemble des orbites $\mathcal{C}/G$, composé des classes d'équivalence

$$[m] = \{g.m, g \in G\}$$

en posant $d([m], [m']) = d(m, , m')$.

La proposition suivante montre qu'une distance G-équivariante induit par projection une distance G-invariante:

Proposition 12.1. *Soit d une distance G-équivariante sur $\mathcal{C}$. La fonction $\tilde{d}$, définie par*

$$\tilde{d}([m],[m']) = \inf\{d(gm, g'm'), g, g' \in G\}$$

est une (pseudo-)distance sur $\mathcal{C}/G$ (distance G-invariante).

Comme d est G-équivariante dans la proposition ci-dessus, on aurait pu également définir $\tilde{d}$ par

$$\tilde{d}([m],[m']) = \inf\{d(gm, m'), g \in G\}$$

La symétrie est évidente. Pour l'inégalité triangulaire, il faut montrer que pour tout $g_1, g_1', g_2', g_1'' \in G$, il existe $g_2, g_2'' \in G$ tels que

$$d(g_2 m, g_2'' m'') \le d(g_1 m, g_1' m') + d(g_2' m', g_1'' m'')$$

Mais comme $d(g_2' m', g_1'' m'') = d(g_1' m', g_1'(g_2')^{-1} g_1'' m'')$, l'inégalité triangulaire permet de prendre $g_2 = g_1$ et $g_2'' = g_1'(g_2')^{-1} g_1''$.   □

12.1.2 Distances robustes à une action de groupe

Dans ce paragraphe, G est un groupe agissant sur $\mathcal{C}$, Nous allons considérer l'ensemble produit $\mathcal{O} = G \times \mathcal{C}$ et projeter sur $\mathcal{C}$ une distance définie sur $\mathcal{O}$.

Le groupe G agit à gauche sur $\mathcal{O}$, en posant, pour $k \in G$, $o = (h,m) \in \mathcal{O}$, $k.o = (kh, km)$. Pour $o = (h,m) \in \mathcal{O}$, nous noterons $\pi(o) = h^{-1}.m$. On a, pour tout $k \in G$, $\pi(k.o) = \pi(o)$.

Soit $d_{\mathcal{O}}$ une distance sur $\mathcal{O}$. On pose, pour $m, m' \in \mathcal{C}$

$$d(m,m') = \inf\{d_{\mathcal{O}}(o, o'), o, o' \in \mathcal{O}, \pi(o) = m, \pi(o') = m'\} \qquad (12.1)$$

Nous avons la proposition,

Proposition 12.2. *Si $d_{\mathcal{O}}$ est équivariante à gauche par l'action de G, alors la mesure d définie par 12.1 est une pseudo-distance sur $\mathcal{C}$*

Ce résultat est en fait un corollaire du précédent, si l'on remarque que l'espace quotient $\mathcal{O}/G$ s'identifie à $\mathcal{C}$ et que d n'est rien d'autre que la distance induite par le passage au quotient.

Comme d est définie par un infimum, nous ne pouvons pas conclure directement sur la fait que d est une distance, c'est-à-dire, si $d(m,m') = 0 \Rightarrow m = m'$. Nous avons besoin pour ce faire d'hypothèses topologiques. Un exemple de telles hypothèses est présenté au prochain paragraphe.

12.1.3 Conditions d'atteinte de l'infimum

Nous supposons que le groupe G est un espace topologique; pour $m \in C$, définissons l'application $I_m : G \mapsto \mathcal{O}$ par $I_m(h) = (h, hm)$. Nous faisons les hypothèses suivantes:

- Les images, par la projection de $\mathcal{O}$ sur G (qui à $(h, m) \in \mathcal{O}$ associe h) des ensembles de diamètre finis pour $d_{\mathcal{O}}$ sont des ensembles séquentiellement précompacts dans G
- Pour tout $o \in \mathcal{O}$, tout $m \in C$, la fonction $h \mapsto d_{\mathcal{O}}(o, I_m(h))$ est semi-continue inférieurement: si $h_n \to h$ dans G, alors

$$d_{\mathcal{O}}(o, I_m(h)) \leq \liminf d_{\mathcal{O}}(o, I_m(h_n))$$

Rappelons qu'un sous-ensemble A de l'espace topologique G est dit séquentiellement précompact si, de toute suite d'éléments de A, on peut extraire une sous-suite convergeant dans G.

On a alors

Proposition 12.3. *On se place sous les hypothèses précédentes. Si $d_{\mathcal{O}}$ est équivariante par l'action à gauche de G, alors, pour tout $m, m' \in C$, il existe $o, o' \in G$ tels que $\pi(o) = m$, $\pi(o') = m'$ et $d(m, m') = d_{\mathcal{O}}(o, o')$. En particulier, d est une distance sur C.*

Preuve. Soit m et m' deux éléments de C. Par définition de d, il existe deux suites $(o_n, n \geq 0)$ et $(o'_n, n \geq 0)$ telles que $\pi(o_n) = m$, $\pi(o'_n) = m'$, et $d_{\mathcal{O}}(o_n, o'_n) \to d(m, m')$. Par définition de π, o_n est de la forme $o_n = (h_n, h_n.m)$, et $o'_n = (h'_n, h'_n.m')$. Par équivariance à gauche, on peut remplacer o_n et o'_n par $h_n^{-1} o_n$ et $h_n^{-1} o'_n$, ce qui revient à supposer que $h_n = \mathrm{id}_G$ pour tout n, ce que nous ferons sans changer les notations. On a donc $o_n \equiv o = (\mathrm{id}_G, m)$. D'autre part, les $(o'_n, n \geq 0)$ appartiennent à un ensemble de diamètre borné dans $\mathcal{O}$, et donc, par hypothèse, on peut extraire de $(h'_n, n \geq 0)$ une sous-suite convergeant vers $h' \in G$. On a $o'_n = I_{m'}(h'_n)$. Si $o' = (h', h'm') = I_{m'}(h')$, on a par hypothèse

$$d_{\mathcal{O}}(o, o') \leq \liminf d_{\mathcal{O}}(o, o'_n) = d(m, m')$$

et comme $d(m, m') \leq d_{\mathcal{O}}(o, o')$ par définition, on obtient le résultat cherché.

12.1.4 Action transitive

Distance induite

Un cas particulier important de la construction précédente est celui où $\mathcal{O}$ est lui-même un groupe qui agit de façon transitive sur C.[1]

---

[1] Nous rappelons qu'un groupe agit transitivement sur un ensemble si n'importe quel élément de l'ensemble peut être transformé en n'importe quel autre par l'action du groupe

Fixons pour ce faire un élément m_0 de $\mathcal{C}$, et posons

$$G = \{o \in \mathcal{O}, o.m_0 = m_0\}.$$

G est le stabilisateur de m_0 par $\mathcal{O}$. Nous allons identifier $\mathcal{O}$ à $G \times \mathcal{C}$.

Supposons que l'on ait construit une fonction $\rho : \mathcal{C} \to \mathcal{O}$ qui soit telle que, pour tout $m \in \mathcal{C}$, $\rho(m).m = m_0$ (ce qui est possible puisque l'action est supposée transitive). Posons

$$\Psi : G \times \mathcal{C} \to \mathcal{O}$$
$$(h, m) \mapsto h\rho(h^{-1}.m)$$

Ψ est une bijection. Si $o \in \mathcal{O}$, on peut vérifier que $\Psi^{-1}(o) = (h, m)$ avec $h = o.\rho(o^{-1}m_0)^{-1}$ et $m = ho^{-1}.m_0$.

La proposition 12.2 donne alors, une fois traduite sur $\mathcal{O}$ à l'aide de Ψ:

Corollaire 12.4. *Soit $d_{\mathcal{O}}$ une distance sur $\mathcal{O}$, équivariante à gauche sous l'action de G, sous-groupe d'isotropie de $m_0 \in \mathcal{C}$. Soit, pour tout $m, m' \in \mathcal{C}$*

$$d(m, m') = \inf\{d_{\mathcal{O}}(o, o'), m_0 = o.m, m_0 = o'.m'\}. \tag{12.2}$$

La fonction d ainsi construite est une pseudo-distance sur $\mathcal{C}$.

Nous laissons le lecteur vérifier que l'on retrouve bien les hypothèses de la proposition 12.2 lorsque l'on remplace les éléments de $\mathcal{O}$ par leur image réciproque par Ψ.

Donnons à présent la traduction des hypothèses faites avant la proposition 12.3. On suppose que G est muni d'une structure d'espace topologique, avec

- Les images des ensembles de diamètre finis pour $d_{\mathcal{O}}$ par l'application $o \mapsto o.\rho(o^{-1}m_0)^{-1}$ sont des ensembles séquentiellement précompacts dans G
- Pour tout $o \in \mathcal{O}$, pour tout $m \in \mathcal{C}$, la fonction $h \mapsto d_{\mathcal{O}}(o, h.\rho(m))$ est semi continue inférieurement.

On a

Corollaire 12.5. *On se place sous les hypothèses précédentes. Si $d_{\mathcal{O}}$ est équivariante par l'action à gauche de G, pour tout $m, m' \in \mathcal{C}$, il existe $o, o' \in \mathcal{O}$ tels que $\pi(o) = m$, $\pi(o') = m'$ et $d(m, m') = d_{\mathcal{O}}(o, o')$. En particulier, d est une distance sur $\mathcal{C}$.*

Fonctionnelle d'effort

Un autre point de vue, adopté, par exemple dans [96] pour construire une distance sur $\mathcal{C}$ à partir d'une action de groupe transitive est celui d'effort minimal. Nous en donnons la définition, dans un cadre, qui contrairement au point de vue de [96], n'est pas homogène en l'objet déformé, et en démontrons les connexions avec la formulation précédente.

On définit pour ce faire *le coût* $\Gamma(o, m)$ d'une transformation $m \to o.m$. Si m et m' sont deux objets, on définit la distance $d(m, m')$ comme le coût (l'effort) minimal nécessaire pour transformer m en m', soit

$$d(m, m') = \inf\{\Gamma(o, m), g \in G, o^{-1}.m = m'\} \tag{12.3}$$

On a alors (la preuve de cette proposition est à peu près évidente)

Proposition 12.6. *Si Γ vérifie*
C1) $\Gamma(o, m) = 0 \Leftrightarrow o = e$
C2) $\Gamma(o, m) = \Gamma(o^{-1}, om)$
C3) $\Gamma(oo', m) \le \Gamma(o, m) + \Gamma(o', om)$
alors, d définie par (12.3) est une pseudo-distance sur $\mathcal{C}$.

En fait les deux approches, via le corollaire 12.4 et la proposition 12.6 sont équivalentes. On appelle toujours G le stabilisateur de m_0 pour l'action de $\mathcal{O}$ sur $\mathcal{C}$. On a:

Proposition 12.7. *Si Γ vérifie C1), C2) et C3), alors, pour tout $m_0 \in \mathcal{C}$, la fonction $d_{\mathcal{O}}$ définie par*

$$d_{\mathcal{O}}(o, o') = \Gamma((o')^{-1}o, o^{-1}.m_0)$$

est une distance sur $\mathcal{O}$ équivariante à gauche sous l'action de G. Réciproquement, si $d_{\mathcal{O}}$, équivariante à gauche sous l'action de G est donnée, on construit une fonction d'effort Γ vérifiant C1), C2), C3) en posant

$$\Gamma(h, m) = d_{\mathcal{O}}(oh, o)$$

pour o quelconque satisfaisant $o.m = m_0$.

Là encore, nous laissons la preuve de cette proposition en exercice.

12.1.5 Approche infinitésimale

Les paragraphes précédents ont démontré l'intérêt qu'il y a à disposer d'une distance équivariante à gauche sur $\mathcal{O}$. En général, il n'existe pas d'expression simple pour une telle distance. Toutefois, dans la plupart des cas, c'est-à-dire lorsque $\mathcal{O}$ peut être muni d'une structure différentiable pour laquelle l'action à gauche est régulière (par exemple lorsque G est un groupe de Lie et $\mathcal{C}$ une variété différentiable), une telle distance peut être définie sous forme variationnelle comme une distance riemannienne.

Nous devons pour ce faire construire une métrique invariante à gauche sur $\mathcal{O}$, c'est-à-dire une norme $\| \ \|_o$ sur l'espace tangent à $\mathcal{O}$ en tout point $o \in \mathcal{O}$ (noté $T_o\mathcal{O}$). Rappelons qu'une telle métrique permet de définir l'énergie d'un chemin **o** dans $\mathcal{O}$ par

$$E(\mathbf{o}) = \int_0^1 \left\| \frac{d\mathbf{o}}{dt} \right\|^2 dt \tag{12.4}$$

La distance associée sur $\mathcal{O}$ étant

$$d_{\mathcal{O}}(o, o') = \inf\{\sqrt{E(\mathbf{o})}, \mathbf{o}(0) = o, \mathbf{o}(1) = o'\}. \qquad (12.5)$$

Pour obtenir une distance $d_{\mathcal{O}}$ équivariante à gauche, il suffit de construire une métrique qui le soit. Pour $h \in G$, notons L_h l'action à gauche de h sur $\mathcal{O}$: $L_h : o \mapsto h.o$. Soit $d_o L_h$ sa différentielle en $o \in \mathcal{O}$, ie. une application linéaire définie sur $T_o\mathcal{O}$, à valeurs dans $T_{h.o}\mathcal{O}$ telle que, pour tout chemin différentiable sur $\mathcal{O}$ tel que $\mathbf{o}(0) = o$, on ait

$$\frac{dh\mathbf{o}}{dt}\bigg|_{t=0} = d_o L_h . \frac{d\mathbf{o}}{dt}\bigg|_{t=0} \qquad (12.6)$$

L'invariance à gauche de la métrique s'exprime par l'identité, vraie pour tout $o \in \mathcal{O}$, $A \in T_o\mathcal{O}$ et $h \in G$,

$$\|A\|_o = \|d_o L_h . A\|_{ho} \qquad (12.7)$$

Dans le cas où $\mathcal{O} = G \times \mathcal{C}$, la condition (12.7) implique qu'il suffit de définir $\|.\|_o$ pour des éléments $o \in \mathcal{O}$ du type $o = (\mathrm{id}, m)$ pour $m \in \mathcal{C}$. Ceci peut s'interpréter comme le coût d'une *perturbation infinitésimale* de l'objet m.

Nous allons, dans les prochains paragraphes, appliquer ces remarques à diverses situations, quant à l'espace d'objets considéré, et au groupe G.

12.2 Distances invariantes entre nuages de points

12.2.1 Introduction

Le but de ce paragraphe est de présenter, sous un jour nouveau, des résultats, essentiellement issus de [126], et de travaux qui s'en sont inspirés, portant sur la représentation de nuages de points considérés à similitude près (translation, rotation, homothétie).

Nous nous limiterons à la description du cas bidimensionnel, qui est le cadre le plus simple. Pour un entier $N > 0$ *fixé*, notons $\mathcal{P}_N$ l'ensemble des nuages de $N{+}1$ points $(z_1, \ldots, z_N) \in (\mathbb{R}^2)^N$. On considère que l'ordre dans lequel les points du nuage apparaissent est significatif, autrement dit, on n'identifie pas les nuages composés des mêmes points listés dans un ordre différent (ce qui peut s'interpréter par le fait que l'on considère que les points ont un *label* correspondant à leur ordre d'apparition). L'ensemble $\mathcal{P}_N$ s'identifie donc à $\mathbb{R}^{2N}$.

Si l'ordre des points est important, on considérera en revanche que leur positionnement global dans l'espace bidimensionnel n'a pas d'influence sur la nature du nuage. On identifiera deux nuages $(z_1, \ldots, z_N)$ et $(z'_1, \ldots, z'_N)$ qui se déduisent l'un de l'autre par la composée g d'une translation et d'une similitude plane, ie. $z_i' = g.z_i$ pour tout i. Le problème est alors de définir des outils d'analyse des classes d'équivalence ainsi induites, qui seront par la suite appelées des N-formes.

Il sera pratique d'identifier le plan bi-dimensionnel $\mathbb{R}^2$ avec le plan complexe $\mathbb{C}$, un point $z = (x, y)$ étant identifié au complexe $x + iy$. Une similitude plane composée avec une translation s'écrit alors toujours sous la forme $z \mapsto a.z + b$ avec $a, b \in \mathbb{C}$.

Pour $Z = (z_1, \ldots, z_N) \in \mathcal{P}_N$, nous noterons $\bar{z}$ le centre d'inertie

$$\bar{z} = (z_1 + \cdots + z_N)/N\,.$$

Nous noterons également $\|Z\|^2 = \sum_{i=1}^{N} |z_i - \bar{z}|^2$.

12.2.2 Espace de N-formes planes

Construction d'une distance

Définissons Σ_N l'ensemble quotient de $\mathcal{P}_N$ pour la relation d'équivalence $Z \, \mathcal{R} \, Z'$ s'il existe $a, b \in \mathbb{C}$ tels que $Z' = aZ + b$. Nous noterons $[Z]$ la classe d'équivalence de Z. Nous allons tenter de définir une distance entre deux classes d'équivalence $[Z]$ et $[Z']$.

Nous pouvons appliquer un des résultats du paragraphe précédent, qui assure que, pour définir une distance sur l'ensemble quotient, il suffit de définir une distance sur $\mathcal{P}_N$ qui soit équivariante par les opérations considérées, c'est-à-dire, une distance D telle que, pour tout $a, b \in \mathbb{C}$ et tout $W, Z \in \mathcal{P}_N$,

$$D(aZ + b, aW + b) = D(Z, W)\,.$$

Pour obtenir une telle distance, il suffit de définir sur $\mathcal{P}_N = \mathbb{R}^{2N}$ une métrique riemannienne invariante par les opérations prises en compte. On doit donc définir, pour tout $Z \in \mathcal{P}_N$, une norme $\|A\|_Z$ définie pour tout $A = (a_1, \ldots, a_N) \in \mathbb{C}^N$ telle que, pour tout $a, b \in \mathbb{C}$:

$$\|A\|_Z = \|a.A\|_{a.Z+b}$$

De cette formule, il découle qu'il suffit de définir cette norme pour tout Z tel que $\|Z\| = 1$ et $\bar{z} = 0$, puisque qu'on a, pour tout Z

$$\|A\|_Z = \|\frac{1}{\|Z\|}.A\|_{\frac{Z-\bar{z}}{\|Z\|}}$$

La distance $D(W, Z)$ est alors définie par

$$D(W, Z)^2 = \inf \int_0^1 \left\|\frac{d\mathbf{Z}}{dt}\right\|_{\mathbf{Z}(t)}^2 dt$$

l'infimum étant pris sur tous les chemins $\mathbf{Z}(.)$ tels que $\mathbf{Z}(0) = W$ et $\mathbf{Z}(1) = Z$.

Nous faisons le choix suivant: pour $\bar{z} = 0$ et $\|Z\| = 1$,

$$\|A\|_Z = \sum_{i=1}^{N} |a_i|^2$$

de sorte que le problème est de minimiser, parmi tous les chemins reliant W à Z,

$$\int_0^1 \frac{\sum_{i=1}^{N} |\dot{\mathbf{Z}}_i(t)|^2}{\sum_{i=1}^{N} |\mathbf{Z}_i(t) - \bar{z}(t)|^2} dt$$

Posons $\mathbf{v}_i(t) = (\mathbf{Z}_i(t) - \mathbf{z}(t))/\|\mathbf{Z}(t)\|$ et $\rho(t) = \|\mathbf{Z}(t)\|$. La donnée du chemin $\mathbf{Z}(.)$ est équivalente à la donnée de $(\mathbf{v}(.), \rho(.), \bar{z}(.))$. On a de plus

$$\frac{d\mathbf{Z}_i}{dt} = \frac{d\mathbf{z}}{dt} + \rho \frac{d\mathbf{v}}{dt} + \mathbf{v} \frac{d\rho}{dt}$$

si bien que l'on doit minimiser

$$\int_0^1 \sum_{i=1}^{N} \left| \frac{\frac{d\mathbf{z}}{dt}}{\rho} + \frac{\frac{d\rho}{dt}}{\rho} . \mathbf{v}_i + \frac{d\mathbf{v}_i}{dt} \right|^2 dt$$

qui est égal à (on utilise $\sum_i \mathbf{v}_i = 0$ et $\sum_i |\mathbf{v}_i|^2 = 1$, ainsi que les dérivées de ces expressions)

$$N \int_0^1 \left(\frac{\frac{d\mathbf{z}}{dt}}{\rho} \right)^2 + \int_0^1 \left(\frac{\frac{d\rho}{dt}}{\rho} \right)^2 dt + \int_0^1 \sum_{i=1}^{N} \left| \frac{d\mathbf{v}_i}{dt} \right|^2 dt \, ,$$

les conditions aux limites étant celles associées à W et Z.

Le dernier terme de cette expression, qui ne dépend que de $\mathbf{v}$, peut être minimisé explicitement, sous les contraintes $\sum_i \mathbf{v}_i = 0$ et $\sum_i |\mathbf{v}_i|^2 = 1$: $\mathbf{v}$ appartient donc à une sphère de dimension $N - 1$, la distance géodésique y étant les longueurs des grands cercles, de sorte que le minimum du dernier terme est donné par $\arccos(\langle \mathbf{v}(0), \mathbf{v}(1)\rangle)^2$.

On obtient donc

$$D(W, Z)^2 = \inf \left(N \int_0^1 \left(\frac{\frac{d\mathbf{z}}{dt}}{\rho} \right)^2 + \int_0^1 \left(\frac{\frac{d\rho}{dt}}{\rho} \right)^2 dt \right)$$

$$+ \arccos \left(\left\langle \frac{W - \overline{w}}{\|W\|}, \frac{Z - \bar{z}}{\|Z\|} \right\rangle \right)^2$$

le premier infimum étant pris parmi toutes les fonctions $t \mapsto (\mathbf{z}(t), \rho(t)) \in \mathbb{C} \times [0, +\infty[$, telles que $\mathbf{z}(0) = \overline{w}$, $\mathbf{z}(1) = \bar{z}(1)$, $\rho(0) = |W|$, $\rho(1) = |Z|$.

La distance induite sur Σ_N est alors donnée par

$$d([Z],[W]) = \inf\{D(Z, aW + b), a, b \in \mathbb{C}\}$$

Comme on peut toujours choisir $|a|$ et b tels que $|Z| = |aW + b|$ et $\bar{z} = a\bar{w} + b$,

$$d([Z],[W]) = \inf_a \left[\arccos \left(\left\langle \frac{a}{|a|} \frac{W - \bar{w}}{\|W\|}, \frac{Z - \bar{z}}{\|Z\|} \right\rangle \right) \right]$$

et comme $a/|a|$ peut être choisi librement, un calcul élémentaire permet de montrer que

$$d([Z],[W]) = \arccos \left| \left\langle \frac{W - \bar{w}}{\|W\|}, \frac{Z - \bar{z}}{\|Z\|} \right\rangle \right| \qquad (12.8)$$

Remarquons que la classe $[Z]$ est caractérisée par la donnée de $v = (Z - \bar{z})/\|Z\|$, qui est un élément d'une sphère complexe de dimension $N - 2$: l'intersection de la sphère de dimension $N - 1$ et de l'hyperplan $\bar{z} = 0$, ensemble que nous noterons $\tilde{S}^{N-2}$. On a l'équivalence

$$[Z] = [Z'] \Leftrightarrow \exists \nu \in \mathbb{C} : |\nu| = 1 \text{ and } \Phi(Z) = \nu\Phi(Z') \qquad (12.9)$$

Notons S^{2N-3} l'ensemble des $v = (v_1, \ldots, v_{N-1}) \in \mathbb{C}^{N-1}$ tels que $\sum_i |v_i|^2 = 1$ (cela s'identifie à une sphère réelle de dimension $2N - 3$). On définit l'espace projectif complexe associé, noté $\mathbb{C}P^{N-2}$, comme l'espace quotient de S^{2N-3} par la relation d'équivalence $v\mathcal{R}v'$ si et seulement si $\exists \nu \in \mathbb{C}$ tel que $v' = \nu v$, autrement dit, $\mathbb{C}P^{N-2}$ est composé des ensembles

$$S^1.v = \{\nu.v, \nu \in \mathbb{C}, |\nu| = 1\|$$

lorsque v varie dans S^{2N-3} (on construit ainsi ce que l'on appelle *la fibration de Hopf* des sphères de dimension impaires). Cet ensemble a une structure de variété complexe de dimension $N - 2$, c'est-à-dire qu'il peut être recouvert par une famille d'ouverts sur lesquels une bijection à valeurs dans $\mathbb{C}^{N-2}$ est définie. En effet, il suffit de définir $\mathcal{O}_i$ l'ensemble des $S^1.v \in \mathbb{C}P^{N-2}$ avec $v_i \neq 0$: on définit alors $\Psi(S^1v) = (v_1/v_i, \ldots, v_{i-1}/v_i, v_{i+1}/v_i, \ldots, v_{N-1}/v_i) \in \mathbb{C}^{N-2}$ pour tout $S^1v \in \mathcal{O}_i$. Ceci donne à $\mathbb{C}P^{N-2}$ une structure de variété (complexe) de classe C^∞. L'équivalence (12.9) fournit ainsi une représentation de Σ_N comme une variété complexe C^∞.

Soyons plus précis dans cette identification (cf. [126]). Si $Z = (z_1, \ldots, z_N)$, nous lui associons $(\zeta_1, \ldots, \zeta_{N-1})$ en posant

$$\zeta_i = (jz_{j+1} - (z_1 + \cdots + z_j))/\sqrt{j^2 + j}$$

On peut vérifier que $\sum_{i=1}^{N-1} |\zeta_i|^2 = \|Z\|^2$. Notons $F(Z)$ l'élément $S^1.(\zeta/\|Z\|)$ dans $\mathbb{C}P^{N-2}$. On vérifie que $F(Z)$ ne dépend que de $[Z]$ et que $[Z] \mapsto F(Z)$ est une bijection entre Σ_N et $\mathbb{C}P^{N-2}$.

Espace des triangles

Plaçons nous dans le cas $N = 3$, c'est-à-dire l'espace des triangles. Pour un triangle $Z = (z_1, z_2, z_3)$, la fonction $F(Z)$ précédente s'écrit

$$F(Z) = S^1 . \left\{ \frac{1}{\sqrt{|z_2 - z_1|^2/2 + |2z_3 - z_1 - z_2|^2/6}} \left[\frac{z_2 - z_1}{\sqrt{2}}, \frac{2z_3 - z_1 - z_2}{\sqrt{6}} \right] \right\}$$
$$= S^1 . [v_1, v_2]$$

et sur l'ensemble $v_1 \neq 0$, c'est-à-dire l'ensemble $z_1 \neq z_2$, on a la carte locale

$$Z \mapsto v_2/v_1 = \frac{1}{\sqrt{3}} \left(\frac{2z^3 - z_2 - z_1}{z_2 - z_1} \right) \in \mathbb{C}$$

Si l'on pose $v_2/v_1 = \tan \frac{\theta}{2} e^{i\varphi}$, et $M(Z) = (\sin\theta\cos\varphi, \sin\theta\sin\psi, \cos\theta) \in \mathbb{R}^3$, on obtient une correspondance entre les triangles et la sphère unité S^2. Cette correspondance est également métrique: la distance entre deux triangles $[Z]$ et $[\tilde{Z}]$, qui a été définie plus haut par la formule

$$d([Z], [Z']) = \arccos \left| \frac{\sum_{i=1}^3 z_i \tilde{z}_i^*}{\|Z\| . \|\tilde{Z}\|} \right|$$

donne, après passage aux coordonnées θ et φ, exactement la longueur des grands cercles reliant les images $M(Z)$ et $M(Z')$. On obtient ainsi une représentation des formes triangulaires comme des points de la sphère S^2, avec les possibilités de les comparer en utilisant la métrique classique de S^2.

12.2.3 Utilisation de la distance pour des courbes planes

Il est instructif de calculer la valeur limite de la distance lorsque les nuages de points sont tirés de courbes planes. Donnons nous, pour ce faire, deux courbes planes, m et $\tilde{m}$, paramétrées sur $[0, 1]$. Discrétisons l'intervalle $[0, 1]$ en $N + 1$ points en posant $t_k = k/N$ pour $k = 0, \dots, N$. Posons $Z_k = m(t_k)$, $W_k = \tilde{m}(t_k)$. Définissons également m^N et $\tilde{m}^N$ les approximations constantes par morceaux de m et $\tilde{m}$ données par $m^N(t) = Z_k$ (resp. $\tilde{m}^N(t) = W_k$) sur $]t_{k-1}, t_k]$.

On a $\bar{z} = (1/N) \sum_k m(t_k) \simeq \int_0^1 m(t)dt$. On a de même

$$\|Z\|^2 \simeq N \left[\int_0^1 |m(t)|^2 dt - \left| \int_0^1 m(t)dt \right|^2 \right]$$

et

$$\langle Z, W \rangle \simeq N \left[\int_0^1 m(t)\tilde{m}(t)^* dt - \int_0^1 m(t)dt \int_0^1 \tilde{m}(t)^* dt \right]$$

ce qui donne, pour N grand,

$$d(m, \tilde{m}) = \arccos \left\{ \frac{\left| \int_0^1 m(t) \tilde{m}(t)^* dt - \int_0^1 m(t) dt \int_0^1 \tilde{m}(t)^* dt \right|}{[V_m]^{1/2} [V_{\tilde{m}}]^{1/2}} \right\}$$

où $V_m = \int_0^1 |m(t)|^2 dt - \left| \int_0^1 m(t) dt \right|^2$ (et une définition similaire pour $V_{\tilde{m}}$).

On peut se débarrasser de la composante de translation en ne comparant non-plus les points $m(t_k)$, mais les accroissements, c'est-à-dire en posant $Z_k = m(t_k) - m(t_{k-1})$. On obtient la même formule, en remplaçant $m(t)$ par dm/dt. Comme

$$\int_0^1 \frac{dm}{dt} dt = m(1) - m(0)$$

on a, si m et $\tilde{m}$ sont fermées, ce que nous supposerons pour simplifier [2]

$$d(m, \tilde{m}) = \arccos \left\{ \frac{\left| \int_0^1 \frac{dm}{dt} \frac{d\tilde{m}}{dt}^* dt \right|}{\left[\int_0^1 \left| \frac{dm}{dt} \right|^2 dt \right]^{1/2} \left[\int_0^1 \left| \frac{d\tilde{m}}{dt} \right|^2 dt \right]^{1/2}} \right\}$$

Introduisons, dans cette formule, la paramétrisation de manière explicite. Supposons nos courbes de longueur 1 (ce qui ne restreint pas la généralité, puisque la distance est invariante par homothétie), et posons $s = \varphi(t)$ pour la courbe m et $s = \psi(t)$ pour la courbe $\tilde{m}$ (s étant l'abscisse curviligne). On a alors $\frac{dm}{dt} = \dot{\varphi}(t) \tau(\varphi(t))$ où τ est le vecteur tangent unitaire à la courbe exprimé en fonction de l'abscisse curviligne. Pour rester en notations complexes, nous noterons $\tau = e^{i\theta}$. On a donc

$$\int_0^1 \left| \frac{dm}{dt} \right|^2 dt = \int_0^1 \dot{\varphi}(t)^2 dt$$

et

$$\int_0^1 \frac{dm}{dt} \frac{d\tilde{m}}{dt}^* dt = \int_0^1 \dot{\varphi}(t) \dot{\psi}(t) e^{i(\theta(\varphi(t)) - \tilde{\theta}(\psi(t)))} dt$$

d'où la formule

$$d(m, \tilde{m}) = \arccos \left\{ \frac{\left| \int_0^1 \dot{\varphi}(t) \dot{\psi}(t) e^{i(\theta(\varphi(t)) - \tilde{\theta}(\psi(t)))} dt \right|}{\sqrt{\int_0^1 \dot{\varphi}(t)^2 dt} \sqrt{\int_0^1 \dot{\psi}(t)^2 dt}} \right\}$$

---

[2] Si les courbes ne sont pas fermées, les formules obtenues reviennent à comparer les courbes originales après leur avoir appliqué l'opération de fermeture $m(t) \mapsto m(t) - t(m(1) - m(0))$.

L'intérêt de faire apparaître la paramétrisation est que cela permet d'envisager d'optimiser $d(m, \tilde{m})$ par rapport à φ et ψ. En d'autres termes, cela revient à rechercher des vitesses de parcours sur les courbes géométriques associées à m et $\tilde{m}$ qui minimisent la distance. Le problème ainsi posé est celui de la *mise en correspondance optimale* entre deux courbes, sur lequel nous reviendrons. Dans ce cadre, la difficulté, d'un point de vue théorique, est de savoir si le problème variationnel ainsi posé admet des solutions dans un espace convenable, cet espace espace devant être composé de fonctions φ et ψ qui devront être des changements de paramètres admissible, c'est-à-dire, au minimum, des fonctions croissantes de $[0, 1]$ dans $[0, 1]$. Il faudra d'autre part savoir comment résoudre de façon numérique le problème ainsi posé (ce qui dans le cas de la formule précédente est loin d'être évident).

12.3 Distances et difféomorphismes

12.3.1 Distances invariantes entre difféomorphismes

Notre but est de construire une distance invariante à gauche entre deux difféomorphismes. Outre le fait que cette étude a un intérêt propre (et permet de retrouver de façon naturelle la construction des groupes de difféomorphismes), elle nous servira d'introduction pour le problème plus complexe de comparaison mixte (action + objet) que nous aborderons dans le prochain paragraphe.

Notre discussion ici est essentiellement formelle: nous considérons un groupe G de difféomorphismes de Ω, et définissons, pour fixer les idées, l'espace tangent à G en g comme l'ensemble des $u : \Omega \to \mathbb{R}^d$ telles que $\mathrm{id} + tu \circ g^{-1} \in G$ pour t assez petit. Le produit défini sur G est $gh = h \circ g$. Ceci implique que la translation à gauche $L_g : h \mapsto gh$ est linéaire, et donc égale à sa différentielle: pour $u \in T_h G$:

$$d_h L_g.u = u \circ g$$

Une métrique sur G est invariante à gauche si, pour tout $g, h \in G$ et pour tout $u \in T_h G$:

$$\|d_h L_g u\|_{gh} = \|u\|_h$$

ce qui donne, en prenant $g = h^{-1}$:

$$\|u\|_h = \|u \circ h^{-1}\|_{\mathrm{id}}$$

Ceci implique que l'énergie d'un chemin $(t \mapsto \mathbf{g}(t, .))$ dans G doit être définie par

$$E(\mathbf{g}) = \int_0^1 \left\| \frac{\partial \mathbf{g}}{\partial t}(t, \mathbf{g}^{-1}(t, .)) \right\|_{\mathrm{id}}^2 dt$$

Si l'on pose à présent

$$\mathbf{v}(t,x) = \frac{\partial \mathbf{g}}{\partial t}(t, \mathbf{g}^{-1}(t,x))$$

l'énergie s'écrit

$$E(\mathbf{g}) = \int_0^1 \|\mathbf{v}(t,.)\|_{\mathrm{id}}^2 \, dt$$

et on a l'identité

$$\frac{\partial \mathbf{g}}{\partial t}(t,x) = \mathbf{v}(t, \mathbf{g}(t,x))$$

ce qui implique que $\mathbf{g}$ est le flot associé au champ de vecteurs $\mathbf{v}(t,.)$, et redonne de cette manière la construction du chapitre 10.

Il est donc naturel de supposer que G est un groupe construit directement à l'aide de flots de difféomorphismes, et que $\|.\|_{\mathrm{id}}$ est une norme admissible au sens de la définition 10.7. La distance invariante à gauche sur G est donc

$$d(g_0, g_1) = \inf \sqrt{\int_0^1 \|\mathbf{v}(t,.)\|_{\mathrm{id}}{}^2 dt}$$

le minimum étant réalisé sur les $\mathbf{v}$ tels que, pour tout $x \in \Omega$, la solution de l'équation différentielle

$$\frac{dy}{dt} = \mathbf{v}(t,y)$$

avec conditions initiales $y(0) = g_0(x)$ soit telle que $y(1) = g_1(x)$. On retrouve en particulier l'interprétation de la fonction de coût définie au paragraphe 11.2.4 du chapitre 11 comme une distance à l'identité:

$$E(g) = d(\mathrm{id}, g)$$

Le calcul explicite de cette distance est généralement impossible; il existe toutefois une exception, en dimension 1: prenons $\Omega = [0,1]$ et

$$\|u\|_{\mathrm{id}}^2 = \int_0^1 \left|\frac{\partial u}{\partial x}\right|^2 dx$$

Cette norme n'est pas admissible, puisqu'elle ne permet pas de contrôler la norme infinie de $\frac{\partial u}{\partial x}$. On peut toutefois définir formellement l'énergie d'un chemin de difféomorphismes $\mathbf{g}(t,.)$ par

$$U(\mathbf{g}) = \int_0^1 \int_0^1 \left|\frac{\partial}{\partial x}\left(\frac{\partial \mathbf{g}}{\partial t} \circ \mathbf{g}(t,.)\right)\right|^2 dx dt$$

qui donne, après développement de la dérivée et changement de variables $x = \mathbf{g}(t,y)$:

$$U(\mathbf{g}) = \int_0^1 \int_0^1 \left|\frac{\partial^2 \mathbf{g}}{\partial t \partial x}\right|^2 \left|\frac{\partial \mathbf{g}}{\partial x}\right|^{-1} dy dt$$

Posons $q(t, y) = \sqrt{\frac{d\mathbf{g}}{dx}(t, y)}$: on a

$$U(\mathbf{g}) = 4 \int_0^1 \int_0^1 \left| \frac{dq}{dt} \right|^2 dy\, dt$$

soit

$$U(\mathbf{g}) = 4 \int_0^1 \left\| \frac{dq}{dt}(t, .) \right\|_2^2 dt$$

S'il fallait minimiser cette énergie sous les contraintes $q(0, .) = \sqrt{\frac{dg_0}{dx}}$ et $q(1, .) = \sqrt{\frac{dg_1}{dx}}$, la solution et q serait donnée par une ligne droite:

$$q(t, x) = tq(1, x) + (1 - t)q(0, x)$$

Il y a toutefois une contrainte supplémentaire qui impose que $q(t, .)$ soit bien associée à un difféomorphisme de Ω pour tout t, qui s'écrit ici simplement $\mathbf{g}(t, 1) = 1$, soit

$$\|q(t, .)\|_2^2 = \int_0^1 q(t, x)^2 dx = 1$$

On voit donc que l'on minimise la longueur du chemin q sous la contrainte qu'il reste sur une sphère Hilbertienne. En dimension finie ou infinie, les plus courts chemins sur les sphères sont les arcs de grands cercles, ce qui implique que le q optimal est donné par

$$q(t, .) = \frac{1}{\sin \alpha} (\sin(\alpha(1 - t))q_0 + \sin(\alpha t)q_1)$$

avec $\alpha = \arccos \langle q_0, q_1 \rangle_2$. La longueur de ce grand cercle est justement donné par α, ce qui permet d'obtenir l'expression de la distance sur G

$$d(g_0, g_1) = 2 \arccos \int_0^1 \sqrt{\frac{dg_0}{dx} \frac{dg_1}{dx}} dx$$

Si l'on définit le coût d'un difféomorphisme g par sa distance à l'identité, on obtient

$$E(g) = 2 \arccos \int_0^1 \sqrt{\frac{dg_0}{dx}} dx$$

qui a été utilisé dans [163].

12.3.2 Distance entre objets déformables

Distances entre nuages de points remarquables

Nous définissons ici une métrique sur l'ensemble Ω^N, composé de N-uplets de points étiquetés. Soit G un groupe de difféomorphismes, construit comme au chapitre 10, et considérons l'espace $\mathcal{O} = G \times \Omega^N$. L'action de G sur Ω^N est

$$g.(x_1, \ldots, x_N) = (g^{-1}(x_1), \ldots, g^{-1}(x_N))$$

est l'action sur $\mathcal{O}$ est

$$g.(h, x_1, \ldots, x_N) = (h \circ g, g^{-1}(x_1), \ldots, g^{-1}(x_N))$$

Nous définissons à présent une métrique invariante à gauche sur $\mathcal{O}$. Cette métrique doit vérifier, pour tout $(g, x_1, \ldots, x_N) \in \mathcal{O}$:

$$\|(\xi, \alpha_1, \ldots, \alpha_N)\|_{g, x_1, \ldots, x_N} =$$
$$\|(\xi \circ g^{-1}, d_{x_1}g.\alpha_1, \ldots, d_{x_N}g.\alpha_N)\|_{\mathrm{id}, g^{-1}(x_1), \ldots, g^{-1}(x_N)}$$

Si une courbe $\mathbf{o}(t) = (\mathbf{g}(t), \mathbf{x}_1(t), \ldots, \mathbf{x}_N(t))$ est donnée dans $\mathcal{O}$, posons $y_i = \mathbf{g}(t, \mathbf{x}_i)$, et introduisons $\mathbf{v}$ tel que

$$\frac{\partial \mathbf{g}}{\partial t} = \mathbf{v}(t, \mathbf{g})$$

L'énergie de cette courbe est donnée, d'après la formule précédente, par

$$E(\mathbf{o}(.)) = \int_0^1 \left\| \frac{d\mathbf{o}}{dt} \right\|_{\mathbf{o}(t)}^2 dt$$
$$= \int_0^1 \left\| \mathbf{v}, \frac{dy_1}{dt} - \mathbf{v}(t, y_1), \ldots, \frac{dy_N}{dt} - \mathbf{v}(t, y_N) \right\|_{\mathrm{id}, y_1, \ldots, y_N}^2 dt$$
$$= \tilde{E}(\mathbf{v}, y)$$

On a en effet
$$\frac{dy_i}{dt} = \frac{d}{dt}\mathbf{g}(t, x_i) = \mathbf{v}(t, y_i) + d_{x_i}\mathbf{g}.\frac{dx_i}{dt}$$

La distance géodésique D associée sur $\mathcal{O}$ s'obtient en minimisant cette énergie avec conditions aux bornes fixées, soit, si les éléments comparés sont o_0 et o_1, avec les conditions

$$o_0 = \mathbf{o}(0) = (\mathbf{g}(0), \mathbf{g}^{-1}(0, y_1(0)), \ldots, \mathbf{g}^{-1}(0, y_N(0)))$$

et

$$o_1 = \mathbf{o}(1) = (\mathbf{g}(1), \mathbf{g}^{-1}(1, y_1(1)), \ldots, \mathbf{g}^{-1}(1, y_N(1)))$$

La distance réduite entre deux nuages de points est alors donnée par, en notant $y^0 = (y_1^0, \ldots, y_N^0)$ et $y^1 = (y_1^1, \ldots, y_N^1)$,

$$d(y^0, y^1) = \inf \left\{ D(o_0, o_1) : o_0 = (g, g^{-1}.y^0), o_1 = (h, h^{-1}.y^1) \right\}$$
$$= \inf \left\{ \sqrt{E(\mathbf{o})} : o(0) = (g, g^{-1}.y^0), o(1) = (h, h^{-1}.y^1) \right\}$$
$$= \inf \left\{ \sqrt{\tilde{E}(\mathbf{v}, y)} : y(0) = y^0, y(1) = y^1 \right\}$$

On voit que la dernière formulation ne fait plus apparaître de difféomorphisme sur la condition aux limites en temps: **v** devient une variable auxiliaire dans la minimisation. Cette propriété va en particulier nous permettre de définir une nouvelle forme de splines interpolatrices.

Posons, pour ce faire:

$$\|\xi, \alpha_1, \ldots, \alpha_N\|_{\mathrm{id}, y_1, \ldots, y_N}^2 = \|\xi\|^2 + \lambda \sum_{i=1}^{N} |\alpha_i|^2$$

avec une certaine norme fonctionnelle pour ξ, de sorte que

$$\tilde{E}(\mathbf{v}, y) = \int_0^1 \|\mathbf{v}\|^2 dt + \lambda \sum_{i=1}^{N} \left| \frac{dy_i}{dt} - \mathbf{v}(t, y_i) \right|^2$$

Si la norme utilisée pour **v** provient d'un produit scalaire associé à un noyau $f : (x, y) \mapsto f(x, y)$, à valeurs dans l'ensemble des matrices $k \times k$, au sens que, pour tout x et pour tout v, $v(x)$ est le vecteur composé des $\langle f_j(x, .), v \rangle$, f_j étant la $j$ème colonne de f, alors, par les mêmes arguments qu'au paragraphe 11.3.4, chapitre 11, le chemin **v** optimal est lié aux y_i par le fait qu'il existe des vecteurs $a_1(t), \ldots, a_N(t)$ tels que, pour tout t:

$$v(t, x) = \sum_{i=1}^{N} f(x, y_i(t)) a_i(t)$$

de sorte que $\tilde{E}$ s'écrive

$$\tilde{E}(a, y) = \sum_{i,j=1}^{N} \int_0^1 {}^t a_i(t) f(y_i(t), y_j(t)) a_j(t) dt$$

$$+ \lambda \sum_{i=1}^{N} \int_0^1 \left| \frac{dy_i}{dt} - \sum_{j=1}^{n} f(y_i(t), y_j(t)) a_j(t) \right|^2 dt$$

Les a_i peuvent être calculés explicitement en fonction des y_i (nous ne détaillons pas les calculs, mais il s'agit d'un problème d'algèbre linéaire), de sorte que $\tilde{E}(a, y)$ peut être relativement facilement minimisé par descente de gradient en y. La figure 12.1 donne des exemples de déformations obtenues par cette méthode, que l'on peut appeler *méthode de splines géodésiques* (cf. [43]), comparées aux techniques de splines statiques du paragraphe 11.3.2 du chapitre 11.

Construction d'une distance entre fonctions

Ici, l'espace d'objets $\mathcal{C}$ est composé de certaines fonctions $m : \Omega \to \mathbb{R}^d$. Nous reprenons la construction précédente, l'action de G sur $\mathcal{C}$ étant ici définie par $g.m = m \circ g$. Nous posons à nouveau $\mathcal{O} = G \times \mathcal{C}$.

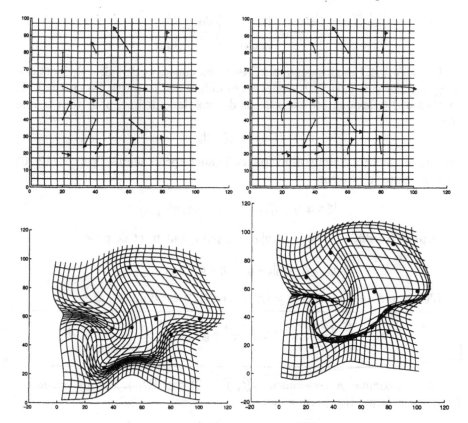

Fig. 12.1. En haut à gauche: des déplacements aléatoires sont imposés à 16 points répartis uniformément sur une grille. En haut à droite: trajectoires optimales estimées par splines géodésiques. En bas à gauche: déformation de la grille interpolée par les splines géodésiques; en bas à droite: résultat obtenu avec des splines classiques

Calculons la dérivée de la translation à gauche L_h. Si $h \in G$, on a $L_h(g, m) = (g \circ h, m \circ h)$. Si une courbe $t \mapsto \mathbf{o}(t) = (\mathbf{g}(t), \mathbf{m}(t))$ est donnée dans $\mathcal{O}$, on a, pour tout $h \in G$

$$\frac{dh.\mathbf{o}}{dt}(t, x) = \frac{d\mathbf{o}}{dt}(t, h(x)) \tag{12.10}$$

avec $\dfrac{d\mathbf{o}}{dt}(t, x) = (\dfrac{\partial \mathbf{g}}{\partial t}(t, x), \dfrac{\partial \mathbf{m}}{\partial t}(t, x))$.

Si une métrique est définie sur $\mathcal{O}$, l'énergie d'un chemin y est donnée par

$$E(\mathbf{o}) = \int_0^1 \left\| \frac{d\mathbf{o}}{dt}(t) \right\|_{\mathbf{o}(t)}^2 dt$$

et l'invariance à gauche impose que, pour tout h

$$\left\| \frac{dh.o}{dt}(t) \right\|^2_{h.o(t)} = \left\| \frac{do}{dt}(t) \right\|^2_{o(t)}$$

Si $o = (g, m)$, l'espace tangent à $\mathcal{O}$ en m est constitué de paires de fonctions (ξ, η) définies sur $[0, 1] \times \Omega$, égales à des différentielles partielles en $t = 0$ de courbes $\mathbf{o}(.)$ telles que $\mathbf{o}(0) = o$. Nous devons donc définir, pour tout o, une norme

$$(\xi.\eta) \mapsto \|\xi, \eta\|_o$$

qui satisfait aux contraintes d'invariance à gauche précédentes. D'après (12.10), ces contraintes s'écrivent

$$\|\xi \circ h, \eta \circ h\|_{(goh, moh)} = \|\xi, \eta\|_{(g,m)}$$

de sorte qu'il suffit de définir $\|\xi, \eta\|_{(\mathrm{id}, m)}$ pour tout m et de poser

$$\|\xi, \eta\|_{(g,m)} = \|\xi \circ g^{-1}, \eta \circ g^{-1}\|_{(\mathrm{id}, mog^{-1})}$$

L'énergie d'un chemin $\mathbf{o}(t) = (\mathbf{g}(t, .), \mathbf{m}(t, .))$ est donnée par

$$E(\mathbf{o}) = \int_0^1 \left\| \frac{\partial \mathbf{g}}{\partial t} \circ \mathbf{g}^{-1}(t, .), \frac{\partial \mathbf{m}}{\partial t} \circ \mathbf{g}^{-1}(t, .) \right\|_{\mathrm{id}, \mathbf{m}(t, \mathbf{g}^{-1}(t,.))} dt$$

Posons, comme précédemment $\mathbf{v}(t, .) = \frac{\partial \mathbf{g}}{\partial t} \circ \mathbf{g}^{-1}(t, .)$. Posons également $\mathbf{M}(t, .) = \mathbf{m}(t, \mathbf{g}^{-1}(t, .))$. On a alors

$$\frac{\partial \mathbf{m}}{\partial t}(t, y) = \frac{\partial \mathbf{M}}{\partial t}(t, g(t, y)) + \frac{\partial \mathbf{M}}{\partial x}(t, \mathbf{g}(t, y)).\frac{\partial \mathbf{g}}{\partial t}(t, y)$$

de sorte que l'on peut écrire

$$E(\mathbf{o}) = F(\mathbf{v}, \mathbf{M}) := \int_0^1 \left\| \mathbf{v}(t, .), \frac{\partial \mathbf{M}}{\partial t}(t, .) + \frac{\partial \mathbf{M}}{\partial x}(t, .).\mathbf{v}(t, .) \right\|_{\mathrm{id}, \mathbf{M}(t,.)} dt$$

Notons $\mathbf{g_v}$ la solution de

$$\frac{\partial \mathbf{g_v}}{\partial t}(t, x) = \mathbf{v}(t, \mathbf{g_v}(t, x))$$

avec $\mathbf{g_v}(0, x) = x$ pour tout x. On obtient donc une distance $d_{\mathcal{O}}(o, o')$ en posant (lorsque $o = (g, m)$ et $o' = (g', \tilde{m})$)

$$d_{\mathcal{O}}(o, o') = \inf \sqrt{F(\mathbf{v}, \mathbf{M})}$$

où l'infimum est pris parmi tous les chemins $(\mathbf{v}, \mathbf{M})$ tels que, $\mathbf{g_v}(1, g(x)) = g'(x)$, $\mathbf{M}(0, g(x)) = m(x)$ et $\mathbf{M}(1, g(x)) = \tilde{m}(x)$ (nous avons simplement réécrit la définition d'une distance géodésique sur $\mathcal{O}$ avec les nouvelles variables $\mathbf{v}$ et $\mathbf{M}$).

La distance induite entre deux objets M et M' est l'infimum de la précédente parmi tous les objets recalés $o = (g,m)$ et $o' = (g',\tilde{m})$ tels que $m \circ g^{-1} = M$ et $\tilde{m} \circ g'^{-1} = M'$. Par équivariance à gauche de $d_\mathcal{O}$, c'est aussi l'infimum de $d_\mathcal{O}[(\mathrm{id}, M), (g, \tilde{m})]$ parmi toutes les paires $(g, \tilde{m})$ telles que $\tilde{m} \circ g^{-1} = M'$. Retraduit en termes d'énergie, c'est donc le minimum de $F(\mathbf{v}, \mathbf{M})$ parmi tous les chemins tels que $\mathbf{M}(0, x) = M(x)$ et $\mathbf{M}(1, \mathbf{g_v}(1, x)) = \tilde{m}(x) = M(\mathbf{g_v}(1, x))$. Autrement dit, c'est l'infimum de $F(\mathbf{v}, \mathbf{M})$ parmi tous les chemins tels que $\mathbf{M}(0, .) = M$ et $\mathbf{M}(1, .) = M'$. Là encore, le difféomorphisme n'apparaît plus dans les conditions aux limites.

Application: comparaison de courbes planes

Comparaison sur la base de tangentes

Nous reprenons ici une construction présentée dans [213] pour la comparaison de courbes planes sur la base des orientations des tangentes. Si m est une courbe plane paramétrée par longueur d'arc et de longueur L, nous définissons la fonction tangente renormalisée, τ_m, par

$$\tau_m : [0, 1] \to S^1$$
$$s \mapsto \dot{m}(Ls)$$

Où S^1 est la sphère unité dans $\mathbb{R}^2$. La fonction τ caractérise m à translation et homothétie près, et le couple (L, τ_m) caractérise m à translation près.

Nous ferons par la suite l'identification entre $\mathbb{R}^2$ et la droite complexe $\mathbb{C}$. Considérons un groupe de difféomorphismes G de $\Omega = [0, 1]$, qui agit sur les fonctions $\tau : [0, 1] \to S^1$ par $g.\tau = \tau \circ g$, et reprenons la construction du paragraphe 12.3.2 avec

$$\|\xi, \eta\|_\tau^2 = \|\xi, \eta\|^2 = \int_0^1 \left[\left(\frac{d\xi}{dx} \right)^2 + \eta^2 \right] dx \tag{12.11}$$

Le coût d'un chemin mixte $(\mathbf{g}(t, .), \tau(t, .))$ est alors

$$U(\mathbf{g}, \tau) = \int_0^1 \left\| \frac{\partial \mathbf{g}}{\partial t} \circ \mathbf{g}^{-1}, \frac{\partial \tau}{\partial t} \circ \mathbf{g}^{-1} \right\|^2 dt$$

ce qui, après développement et changement de variables $x = \mathbf{g}(t, y)$ s'écrit

$$U(\mathbf{g}, \tau) = \int_0^1 \int_0^1 \left[\left(\frac{\partial^2 \mathbf{g}}{\partial t \partial x} \right)^2 \left(\frac{\partial \mathbf{g}}{\partial x} \right)^{-1} + \frac{\partial \mathbf{g}}{\partial x} \left| \frac{\partial \tau}{\partial t} \right|^2 \right] dy\, dt$$

Soit $q(t, .)$ une fonction différentiable en t telle que

$$q(t, x)^2 = \frac{\partial \mathbf{g}}{\partial x}(t, x) \tau(t, x)$$

(τ étant assimilé à un nombre complexe de module 1). Un tel chemin existe toujours: pour tout x, il existe (parce que $\tau(.,x)$ est de module 1) un unique relèvement $\tau(t,x) = \exp(i\theta(t,x))$ avec $\theta(t,x)$ différentiable en t et $\theta(0,x) \in [0, 2\pi[$. On peut alors poser

$$q(t,x) = \sqrt{\frac{\partial \mathbf{g}}{\partial x}(t,x)} \exp(i\theta(t,x)/2) \qquad (12.12)$$

Ce chemin n'est par contre pas unique, puisqu'on peut toujours changer le signe de $q(t,x)$, uniformément en t, pour chaque x.

On a

$$\frac{\partial q^2}{\partial t}(t,x) = \frac{\partial^2 \mathbf{g}}{\partial t \partial x}(t,x)\tau(t,x) + \frac{\partial \mathbf{g}}{\partial x}(t,x)\frac{\partial \tau(t,x)}{\partial t}$$

d'où, en passant au module, et en utilisant le fait que τ est orthogonal à sa dérivée

$$\left|\frac{\partial q^2}{\partial t}(t,x)\right|^2 = \left|\frac{\partial^2 \mathbf{g}}{\partial t \partial x}(t,x)\right|^2 + \left(\frac{\partial \mathbf{g}}{\partial x}(t,x)\right)^2 \left|\frac{\partial \tau(t,x)}{\partial t}\right|^2$$

D'autre part,

$$\left|\frac{\partial q^2}{\partial t}(t,x)\right|^2 = 4|q(t,x)|^2 \left|\frac{\partial q}{\partial t}(t,x)\right|^2 = 4\frac{\partial \mathbf{g}}{\partial x}(t,x)\left|\frac{\partial q}{\partial t}(t,x)\right|^2$$

d'où l'on déduit

$$|\frac{\partial q}{\partial t}(t,x)|^2 = \frac{1}{4}\left[\left(\frac{\partial^2 \mathbf{g}}{\partial t \partial x}\right)^2 \left(\frac{\partial \mathbf{g}}{\partial x}\right)^{-1} + \frac{\partial \mathbf{g}}{\partial x}\left|\frac{\partial \tau}{\partial t}\right|^2\right]$$

et donc

$$U(\mathbf{g},\tau) = 4\int_0^1 \int_0^1 \left|\frac{\partial q}{\partial t}(t,x)\right|^2 dx dt$$

Si l'on cherche, à présent, des chemins reliant (g_0, τ_0) et (g_1, τ_1), on obtient le fait que le minimum de $U(\mathbf{g},\tau)$ est nécessairement supérieur au minimum du terme de droite de l'égalité précédente, lorsque q est soumis aux contraintes $q(0,.)^2 = \frac{\partial g_0}{\partial x}\tau_0$ et $q(1,.)^2 = \frac{\partial g_1}{\partial x}\tau_1$. Nous montrons maintenant qu'on a égalité, pourvu que l'on suppose que $\frac{\partial g_0}{\partial x}$ et $\frac{\partial g_1}{\partial x}$ sont presque partout strictement positifs sur $[0,1]$.

Pour déterminer le minimum du terme de droite avec conditions initiales q_0 et q_1 fixées, nous retrouvons exactement la même situation qu'à la fin du paragraphe 12.3.1, à la seule différence que q est ici une fonction complexe. Comme on a toujours la contrainte que l'intégrale du module de q au carré est égale à 1, on travaille encore sur une sphère, cette fois-ci complexe: le chemin optimal est donné par

$$q(t,x) = \frac{1}{\sin \alpha}(\sin(\alpha(1-t))q_0(x) + \sin(\alpha t)q_1(x))$$

avec $\alpha = \arccos \langle q_0 , q_1 \rangle_2$, et

$$\langle q_0 , q_1 \rangle_2 = \int_0^1 \Re(q_0(x)\bar{q}_1(x))dx$$

où $\bar{q}_1$ est le complexe conjugué de q_1. Mais, quel que soit le choix de q_0 et q_1, à condition que $q_0^2 = \frac{\partial g_0}{\partial x}\tau_0$ et $q_1^2 = \frac{\partial g_1}{\partial x}\tau_1$, le chemin optimal associé définit de manière unique $\mathbf{g}(t,.)$ et $\tau(t,.)$ à condition que q ne s'annule pas.

Choisissons les signes de q_0 et q_1 de manière à ce que α soit minimal: on choisit, pour tout x, $q_0(x)$ et $q_1(x)$ de manière à ce que $\Re(q_0(x)\bar{q}_1(x)) \geq 0$ (puisque la fonction arccos est décroissante); on a alors

$$\begin{aligned}
|q(t,x)|^2 &= \frac{1}{\sin^2 \alpha}(\sin^2(\alpha(1-t))|q_0(x)|^2 + \sin^2(\alpha t)|q_1(x)|^2 \\
&\quad + 2\sin(\alpha(1-t))\sin(\alpha t)\Re(q_0(x)\bar{q}_1(x))) \\
&\geq \frac{1}{\sin^2 \alpha}(\sin^2(\alpha(1-t))|q_0(x)|^2 + \sin^2(\alpha t)|q_1(x)|^2) \\
&\geq 0
\end{aligned}$$

La fonction $q(t,x)$ s'annule pour $t \in]0,1[$ seulement si q_0 et q_1 s'annulent simultanément en x. Pour ces valeurs de x, qui forment un ensemble négligeable de $[0,1]$, la fonction $t \mapsto \tau(t,x)$ est indéterminée, mais on peut la fixer arbitrairement sans influencer la valeur de l'intégrale double qui définit $U(\mathbf{g},\tau)$, qui est égale à α.

On a donc montré que la distance entre $o_0 = (g_0, \tau_0 = e^{i\theta_0})$ et $o_1 = (g_1, \tau_1 = e^{i\theta_1})$ était donnée par

$$D(o_0, o_1) = 2\arccos \int_0^1 \sqrt{\frac{dg_0}{dx}\frac{dg_1}{dx}}|\cos((\theta_0(x) - \theta_1(x))/2)|dx$$

puisque $|\cos((\theta_0(x)-\theta_1(x))/2)|$ correspond à la partie réelle de la racine carrée de $\tau_0\bar{\tau}_1$ qui minimise α. Ceci s'écrit également

$$D(o_0, o_1) = 2\arccos \frac{\sqrt{2}}{2} \int_0^1 \sqrt{\frac{dg_0}{dx}\frac{dg_1}{dx}}\sqrt{1 + \langle \tau_0(x) , \tau_1(x) \rangle}dx \ .$$

avec $\langle z , z' \rangle = \Re(z\bar{z}')$ pour des nombres complexes z et z'.

La distance induite entre les fonctions τ est, d'après (12.1)

$$\begin{aligned}
d(\tau,\tau') &= \inf\{D(o_0,o_1), o_0 = (g_0,\tau_0), o_1 = (g_1,\tau_1), \tau_0 \circ g_0^{-1} = \tau, \tau_1 \circ g_1^{-1} = \tau'\} \\
&= \inf\{D(o_0,o_1), o_0 = (\mathrm{id},\tau), o_1 = (g,\tau_1), \tau_0 \circ g_0^{-1} = \tau, \tau_1 = \tau' \circ g^{-1}\}
\end{aligned}$$

soit

$$\boxed{d(\tau,\tau') = 2\arccos \sup_g \int_0^1 \sqrt{\frac{dg}{dx}}|\cos((\theta - \theta' \circ g)/2)|dx}$$

Nous renvoyons à [196] pour une preuve (sous certaines conditions) de l'existence de la fonction g optimale. La figure 12.2 donne quelques exemples de mise en correspondance de courbes utilisant cette méthode.

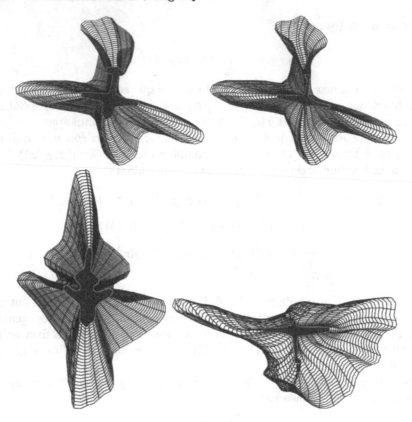

Fig. 12.2. Exemples de mise en correspondance de courbes: dans chaque figure, la courbe du bas est progressivement déformée pour aboutir à la courbe dont l'intérieur est colorié en noir.

Analyse infinitésimale

Nous donnons à présent une justification infinitésimale du choix de la métrique (12.11), ainsi que d'autres possibilités quant à sa définition.

Nous allons considérer des variation infinitésimales de courbes planes. Soit m une courbe paramétrée par longueur d'arc normalisée: $x \mapsto m(x)$ est définie sur $[0, 1]$, avec pour tout x

$$\left| \frac{dm}{dx} \right| \equiv L(m)$$

où $L(m)$ est la longueur de m. Considérons une petite perturbation le long de m, que nous noterons $x \mapsto \Delta(x) \in \mathbb{R}^2$. Nous supposons que Δ (et ses dérivées) sont infiniment petits, et ne conservons, dans les calculs qui suivent, que des termes d'ordre 1. La courbe déformée est $x \mapsto m(x) + \Delta(x)$, que nous reparamétrons par longueur d'arc normalisée pour obtenir une nouvelle courbe $\tilde{m}$. Nous noterons g le difféomorphisme réalisant le changement de paramètres, de sorte que, pour tout $x \in [0,1]$

$$\tilde{m} \circ g(x) = m(x) + \Delta(x)$$

Soit $\xi(x) = g(x) - 1$. Soit τ, ν et κ les tangente, normale, et courbure euclidienne de m. on a

$$\frac{dm}{dx} = L(m)\tau,$$

$$\frac{d^2m}{dx^2} = L(m)\frac{d\tau}{dx} = L(m)^2\kappa\nu$$

De même, soit $\tilde{\tau}$, $\tilde{\nu}$, $\tilde{\kappa}$, les tangente, normale et courbure de $\tilde{m}$; posons enfin $L = L(m)$ et $\tilde{L} = L(\tilde{m})$. Nous allons exprimer le coût de la déformation en fonction de Δ, et le relier à des quantités géométriques de m et $\tilde{m}$. Nous avons, à l'ordre 1:

$$\frac{d\Delta}{dx} = \left(1 + \frac{d\xi}{dx}\right)\frac{d\tilde{m}}{dx} \circ g - \frac{dm}{dx}$$

$$= \tilde{L}\frac{d\xi}{dx}\tilde{\tau} \circ g + \tilde{L}\tilde{\tau} \circ g - L.\tau$$

$$\simeq L\frac{d\xi}{dx}\tau + (\tilde{L} - L)\tau + L(\tilde{\tau} \circ g - \tau)$$

Définissons une énergie de faible déformation par

$$E = \int_0^L \left|\frac{dV}{dx}\right|^2 = \frac{1}{L}\int_0^1 \left|\frac{d\Delta}{dx}\right|^2 dx$$

avec $V(x) = \Delta(x/L)$. A l'ordre 1, $\tilde{\tau} \circ g - \tau$ est perpendiculaire à τ, ce qui implique que

$$E \simeq \frac{(\tilde{L} - L)^2}{L} + L\int_0^1 \left|\frac{d\xi}{dx}\right|^2 dx + L\int_0^1 |\tilde{\tau} \circ g - \tau|^2 dx$$

Introduisons le groupe G des difféomorphismes de $[0,1]$, et considérons que les objets sont des paires $I = (L,\tau)$, avec $L > 0$ et $\tau : [0,1] \mapsto \mathbb{R}^2$ tel que $|\tau(x)| = 1$ pour tout x. Il existe une unique courbe m (à translation près) de longueur L et possédant τ comme tangente unitaire. Posons

$$\|\xi, \delta_L, \delta_\tau\|_{L,\tau}^2 = L\int_0^1 \left|\frac{d\xi}{dx}\right|^2 dx\frac{\delta_L^2}{L} + L\int_0^1 |\delta_\tau|^2 dx$$

On retrouve (le terme de longueur en plus) la norme introduite au paragraphe précédent. Il est à noter qu'un calcul explicite reste possible y compris avec le terme de longueur On obtient, en posant $o_0 = (g_0, L_0, \tau_0)$ and $o_1 = (g_1, L_1, \tau_1)$

$$D(o_0, o_1) = L_0 + L_1 - \sqrt{2}L_0L_1 \int_0^1 \sqrt{\frac{dg_0}{dx}\frac{dg_1}{dx}}\sqrt{1 + \langle \tau_0(x), \tau_1(x)\rangle}dx .$$

On peut pousser l'analyse infinitésimale plus loin, pour obtenir une invariance également aux rotations. Nous calculons pour ce faire la dérivée seconde de Δ. On obtient

$$\frac{d^2\Delta}{dx^2} \simeq L^2\frac{d\xi}{dx}\kappa\nu + L\frac{d^2\xi}{dx^2}\tau + L(\tilde{L}-L)\kappa\nu + L\tilde{L}(1+\frac{d\xi}{dx})\tilde{\kappa} \circ g\tilde{\nu} \circ g - L^2\kappa\nu$$

$$\simeq L\frac{d^2\xi}{dx^2}\tau + 2L^2\frac{d\xi}{dx}\kappa\nu + 2L(\tilde{L}-L)\kappa\nu + L^2(\tilde{\kappa} \circ g - \kappa)\nu + L^2\kappa(\tilde{\nu} \circ g - \nu)$$

A l'ordre 1 $L(\tilde{\nu} \circ g - \nu)$ est perpendiculaire à ν, et s'obtient par une rotation de $\pi/2$ du vecteur $L(\tilde{\tau} \circ g - \tau)$, qui est lui-même la partie normale de la dérivée première de Δ. On peut donc écrire $L^2(\tilde{\nu} \circ g - \nu) \simeq -L\langle \frac{d\Delta}{dx}, \nu\rangle\tau$, ce qui donne

$$\frac{d^2\Delta}{dx^2} + L\kappa\Big\langle \frac{d\Delta}{dx}, \nu\Big\rangle\tau \simeq L\frac{d^2\xi}{dx^2}\tau + 2L^2\frac{d\xi}{dx}\kappa\nu + 2L(\tilde{L}-L)\kappa\nu + L^2(\tilde{\kappa} \circ g - \kappa)\nu$$

Cela mène à introduire l'opérateur suivant, le long de la courbe m (invariant par des rotations infinitésimales)

$$E = \frac{1}{L^3} \int_0^1 \Big| \frac{d^2\Delta}{dx^2} + L\kappa\Big\langle \frac{d\Delta}{dx}, \nu\Big\rangle\tau \Big|^2 dx,$$

(nous avons introduit le facteur L^{-3} en travaillant, comme précédemment avec $V(x) = \Delta(x/L)$). Cette énergie est égale à

$$E = \frac{1}{L} \int_0^1 \Big| \frac{d^2\xi}{dx^2} \Big|^2 dx + L \int_0^1 \Big| 2\frac{d\xi}{dx}\kappa + 2\frac{\tilde{L}-L}{L}\kappa + \tilde{\kappa} \circ g - \kappa \Big|^2 dx$$

Cela mène à travailler sur un espace d'objets composé de paires $I = (L, \kappa)$, L étant la longueur et κ exprimée en fonction de la longueur d'arc normalisée. L'analyse précédente fournit un candidat naturel pour la norme $\|.\|_{L,\kappa}$, menant à la définition suivante de l'énergie d'un chemin dans $G \times \mathcal{C}$, en introduisant la variable $\mathbf{v}$ comme précédemment, ainsi que les objets en évolution, $(\mathbf{L}, \mathbf{K})$ pour tout temps t:

$$\int_0^1 \int_0^1 \frac{1}{\mathbf{L}} \Big| \frac{d^2\mathbf{v}}{dx^2} \Big|^2 dxdt + \int_0^1 \int_0^1 \mathbf{L} \Big| 2\frac{d\mathbf{v}}{dx}\mathbf{K} + 2\frac{1}{\mathbf{L}}\mathbf{K}\frac{d\mathbf{L}}{dt} + \frac{\partial \mathbf{K}}{\partial t} + \mathbf{v}\frac{\partial \mathbf{K}}{\partial x} \Big|^2 dxdt$$

Application: comparaison d'images

Donnons à présent un exemple simple d'application des formules du paragraphe 12.3.2 dans le cadre de la comparaison d'images. L'ensemble Ω est ici un carré dans $\mathbb{R}^2$, par exemple $[0, 1]^2$, et les objets sont des images, considérées comme des fonctions de Ω dans $\mathbb{R}$. Nous posons

$$\|\xi, \eta\|_{\mathrm{id},m} = \int_\Omega \langle L\xi, \xi\rangle^2 dx + \lambda \int_\Omega |\eta|^2 dx$$

L étant un opérateur strictement monotone et admissible.

L'énergie d'un chemin est alors donnée par:

$$\tilde{E}(\mathbf{v},\mathbf{M}) = \int_0^1 \int_\Omega \langle L\mathbf{v},\mathbf{v}\rangle^2 dxdt + \lambda \int_0^1 \int_\Omega \left|\frac{\partial \mathbf{M}}{\partial t} + \langle \nabla \mathbf{M},\mathbf{v}\rangle\right|^2 dxdt \quad (12.13)$$

Les figures 12.3 et 12.4 donnent deux exemples de mise en correspondance basées sur la minimisation de cette énergie, selon le schéma de discrétisation décrit dans le prochain paragraphe.

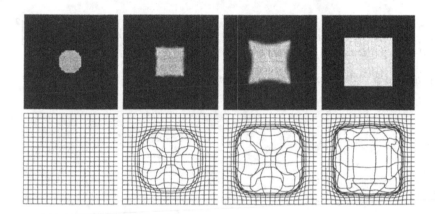

Fig. 12.3. Estimation d'un difféomorphisme transformant un disque en un carré. Première ligne: évolution de l'image au cours du temps; seconde ligne: évolution du difféomorphisme

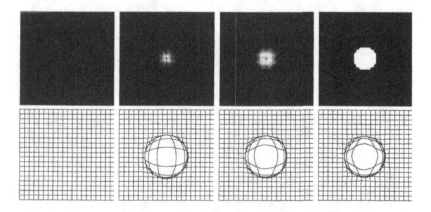

Fig. 12.4. Création d'un disque à partir du vide. Première ligne: évolution de l'image au cours du temps; seconde ligne: évolution du difféomorphisme

Discrétisation de (12.13)

Il faut prendre un certain nombre de précautions pour discrétiser (12.13) en raison du terme de type hyperbolique $\frac{\partial \mathbf{M}}{\partial t} + \langle \nabla \mathbf{M}, \mathbf{v} \rangle$ qui est susceptible de créer des singularités. Il est possible d'obtenir des résultats relativement stables en adoptant le schéma suivant.

Introduisons l'inconnue auxilliaire $w = L^{1/2}v$, de sorte que l'on a $v = K^{1/2}w$ où K est le noyau de Green de L: l'énergie minimisée est (x et t sont à présent des variables discrètes, $\tilde{\Omega}$ une grille discrète sur Ω)

$$
\sum_{t=1}^{T} \sum_{x \in \tilde{\Omega}} |w(x)|^2 + \lambda \delta_t^{-2} \sum_{t=1}^{T} \sum_{x \in \tilde{\Omega}} \left| M(t+1, x + \delta_t (K^{1/2}w)(t,x)) - M(t,x) \right|^2
$$

δ_t étant un pas de discrétisation temporelle.

Litérature

1. R Abraham and E Marsden, J. *Foundations of Mechanics*. Perseus Publishing, 1994. seconde édition révisée.
2. F Abramovich, T Sapatinas, and W Silverman, B. Wavelet thresholding via a bayesian approach. *J. Royal Stat. Soc. B*, 1998.
3. A Adams, R. *Sobolev Spaces*. Academic Press, 1975.
4. L Alvarez, , P-L Lions, and J-M Morel. Image selective smoothing and edge detection by non-linear diffusion. *SIAM J. Numer. Anal.*, 29:845–866, 1992.
5. L Alvarez, F Guichard, P-L Lions, and J-M Morel. Axioms and fundamental equations of image processing. *Arch. Rational Mechanics*, 123, 1993.
6. S-I Amari. Natural gradient works efficiently in learning. *Neural Computation*, 10:251–276, 1998.
7. Y Amit and D Geman. Shape quantization and recognition with randomized trees. Technical report, Dep. of Statistics, Univ. of Chicago, 1996.
8. Y Amit and D Geman. A computational model for visual selection. *Neural Computations*, 11:1691–1715, 1999.
9. Y Amit, D Geman, and B Jedynak. Efficient focusing and face detection. Technical Report 459, Dep. of Statistics, Univ. of Chicago, 1997.
10. Y. Amit, U. Grenander, and M. Piccioni. Structural image restoration through deformable templates. Technical report, Brown University, 1989.
11. Y. Amit, U. Grenander, and M. Piccioni. Structural image restoration through deformable templates. *JASA*, 86:376–387, 1989.
12. Y Amit and P Piccioni. A non-homogeneous markov process for the estimation of gausian random fields with non-linear observations. *Ann. of Proba.*, 19:1664–1678, 1991.
13. N Arad, N Dyn, D Reisfeld, and Y Yeshurun. Image warping by radial basis functions: application to facial expressions. *CVGIP: Graphical Models and Image Processing*, 56(2):161–172, 1994.
14. N Arad and D Reisfeld. Image warping using few anchor points and radial functions. *Computer Graphics forum*, 14:35–46, 1995.
15. I Arnold, V. *Mathematical methods of Classical Mechanics*. Springer, 1978. Second Edition: 1989.
16. V.I. Arnol'd. *Méthodes mathématiques de la mécanique classique*. MIR, Moscow, 1976.

17. G Aubert and L Blanc-Fréraud. Some remarks on the equivalence between 2d and 3d classical snakes and geodesic active contours. *Int. J. Computer Vision*, 34(1):19–28, 1999.

18. J August, A Tannebaum, and W Zucker, S. On the evolution of the skeleton. In *Pro. of ICCV*, pages 315–322. IEEE Computer Society, 1999.

19. R. Azencott. Deterministic and random deformations ; applications to shape recognition. Conference at HSSS workshop in Cortona, Italy, 1994.

20. R Bajcsy and C Broit. Matching of deformed images. In *The 6th international conference in pattern recognition*, pages 351–353, 1982.

21. R Bajcsy and S Kovacic. Multiresolution elastic matching. *Comp. Vision, Graphics, and image proc.*, 46:1–21, 1989.

22. R Bajcsy and S Kovacic. Multiscale/multiresolution representations. In W Toga, A, editor, *Brain Warping*, pages 45–66, 1999.

23. M. Bakircioglu, U Grenander, N Khaneja, and M Miller. Curve matching on brain surfaces using induced frénet distances matrices. *Special issue of Human brain mapping (to appear)*, 2000.

24. R Basri, L Costa, D Geiger, and D Jacobs. Determining the similarity of deformable shapes. In *IEEE Workshop on Physics based Modeling in Computer Vision*, pages 135–143, 1995.

25. F Beg, M, G Bhanot, I Miller, M, T Ratnanather, J, R Walkup, and L Younes. Computing geodesic distances on anatomies. In *NPACI All Hands Meeting, UCSD Supercomputer Center, January, 2000.*, 2000.

26. F Beg, M, I Miller, M, A Trouvé, and L Younes. Computing large deformation metrics via geodesic flows of diffeomorphisms. Technical report, University Johns Hopkins, 2002. To appear in International Journal of Computer Vision.

27. P Belhumeur, J Hespanha, and D Kriegman. Eigenfaces vs. fisherfaces: reconstruction using class specific linear projection. *IEEE Trans. PAMI*, 1997.

28. J Bell, A and J Sejnowski, T. An information maximisation approach to blind separation and blind deconvolution. *Neural Computation*, 7(6):1004–1034, 1995.

29. J Bell, A and J Sejnowski, T. The independent components of natural scenes are edge filters. *Vision Research*, 37:3327–3338, 1997.

30. M Berger and B Gostiaux. *Géométrie différentielle, variétés, courbes et surfaces*. Presses Universitaires de France, 1992.

31. C Bishop. *Neural networks for pattern recognition*. Clarendon Press, 1995.

32. H Blum. A transformation for extracting new descriptors of shape. In W Dunn, W, editor, *Proc. Symp. Models for the perception of speech and visual form*, pages 362–380. MIR press, 1967.

33. L. Bookstein, F. Principal warps: Thin plate splines and the decomposition of deformations. *IEEE trans. PAMI*, 11(6):567–585, 1989.

34. L Bookstein, F. *Morphometric tools for landmark data; geometry and biology*. Cambridge University press, 1991.

35. W Boothby. *An Introduction to Differentiable Manifolds and Riemannian Geometry*. Academic Press, 2002. Edition originale 1986.

36. M Boutin. Numerically invariant signature curves. *Int. J. Computer Vision*, 40:235–248, 2000.

37. L Breiman, J Friedman, R Olshen, and C Stone. *Classification and regression trees*. Wadsworth, 1984.

38. Y. Brénier. The least action principle and the related concept of generalized flows for incompressible perfect fluids. *J. Of Am. math. soc.*, 2(2):225–255, 1989.

39. H. Brezis. *Analyse fonctionnelle, théorie et applications*. Masson, Paris, 1983. English translation : Springer Verlag.

40. M Bro-Nielsen and C Gramkow. Fast fluid registration of medical images. In *Proceedings of VBC'96, Lecture notes in Comp. Science 1131*, pages 267–276. Springer, 1996.

41. G Brown, L. A survey of image registration techniques. *ACM computing surveys*, 24(4):325–376, 1992.

42. M Bruckstein, A, E Rivlin, and I Weiss. Scale space semi-local invariants. *Image and vision computing*, 15:335–344, 1997.

43. V Camion and L. Younes. Geodesic interpolating splines. In M Figueiredo, J Zerubia, and K Jain, A, editors, *EMMCVPR 2001*, volume 2134 of *Lecture notes in computer sciences*. Springer, 2001.

44. John Canny. A computational approach to edge detection. *IEEE PAMI*, 6:679–698, 1986.

45. J-F Cardoso. Blind signal separation: statistical principles. *Proceeding of the IEEE*, 9(10):2009–2025, 1998.

46. M. P. Do Carmo. *Riemannian geometry*. Birkhäuser., 1992.

47. B Carrel, J. and J. Dieudonné. *Invariant theory, old and new*. Academic press, 1971.

48. E Cartan. *La théorie des groupes finis et continus et la géométrie différentielle traitée par la méthode du repère mobile*. Jacques Gabay, 1992. Edition originale Gauthiers-Villars 1937.

49. V Caselles and B Coll. Snakes in movement. *SIAM Journal on Numerical Analysis*, 33(6):2445–2456, 1996.

50. V. Caselles, R. Kimmel, and G. Sapiro. Geodesic active contours. In *Proceedings of the 1995 ECCV*, 1995.

51. H-I Choi, S-W Choi, and H-P Moon. Mathematical theory of medial axis transform. *Pacific journal of mathematics*, 181(1):57–88, 1997.

52. H-I Choi, S-W Choi, H-P Moon, and N-S Wee. New algorithm for medial axis transform of plane domain. *Graphical models and image processing*, 59(6):463–484, 1997.

53. E Christensen, G, D Rabbitt, R, and I Miller, M. Deformable templates using large deformation kinematics. *IEEE trans. Image Proc.*, 1996.

54. D Cohen, L. On active contours models and balloons. *Computer Vision, Graphics and Image Processing: Image Understanding*, 53(2):211–218, 1991.

55. I. Cohen, N. Ayache, and P. Sulger. Tracking points on deformable objects using curvature information. In G. Sandini, editor, *Computer Vision - ECCV'92*, pages 458–466, 1992.

56. L Cohen and R Kimmel. Edge integration using minimal geodesics. Technical Report 9511, CEREMADE, Université Paris Dauphine, 1995.

57. L. D. Cohen and I. Cohen. Finite element methods for active contour models and balloons for 2d and 3d images. *IEEE PAMI*, 15, 1993.

58. P. Comon. Independent component analysis, a new concept ? *Signal Processing*, 36(3):287–314, 1994.

59. L Coolidge, J. *A treatise on algebraic plane curves*. Dover, 1959.

60. T.F. Cootes, C.J. Taylor, D.H. Cooper, and J. Graham. Active shape models: their training and application. *Comp. Vis. and Image Understanding*, 61(1):38–59, 1995.

61. S Cotin, H Delingette, and N Ayache. Efficient linear elastic models of soft tissues for real-time surgery simulation. Technical Report RR-3510, INRIA Sophia-Antipolis, 1998.

62. G Crandall, M, H Ishii, and P-L Lions. User's guide to viscosity solutions of second order partial différential équations. *Bulletin of the American Math. Soc.*, 27(1):1–67, 1992.

63. J Dauxois, A Pousse, and Y Romain. Asymptotic theory for the principal component analysis of a vector random function: some applications to statistical inference. *J. Multivariate Anal.*, 1982.

64. C. David and S. W. Zucker. Potentials, valleys, and dynamic global coverings. *Int. J. of Comp. Vision*, 5(3):219–238, 1990.

65. C Delfour, M and J-P Zolésio. *Shapes and Geometries. Analysis, differential calculus and optimization.* SIAM, 2001.

66. R Deriche. Using canny's criteria to derive a recursively implemented edge detector. *Int. J. Comp. Vision*, 1:167–187, 1987.

67. A Desolneux. *Evènements significatifs et applications à l'analyse d'images.* PhD thesis, ENS de Cachan, 2000.

68. A Desolneux, L Moisan, and J-M Morel. Meaningful alignments. In *Proceedings SCTV'99*, 1999. http://www.ohio-state.edu/ szhu/SCTV99.

69. F Dibos, V Caselles, T Coll, and F Catté. Automatic contours detection in image processing. In V Lakshmikantham, editor, *Proceedings of the first world congress of nonlinear analysts*, pages 1911–1921. de Gruyter, 1996.

70. J. Dieudonné. *Calcul infinitésimal (seconde édition).* Hermann, 1980.

71. R Doursat, W Konen, M Lades, C von der Malsburg, J Vorbrüggen, L Wiskott, and R Würtz. Neural mechanisms of elastic pattern matching. In *Proceedings of a BMFT workshop*, October 1992.

72. R Downie, T, L Shepstone, and W Silverman, B. a wavelet approach to deformable templates. In V Mardia, K, A Gill, C, and L Dryden, I, editors, *Image fusion and shape variability techniques*, pages 163–169. Leeds University Press, 1996.

73. P Dupuis, U Grenander, and M Miller. Variational problems on flows of diffeomorphisms for image matching. *Quaterly of Applied Math.*, 1998.

74. N Dyn. Interpolation and approximation by radial and related functions. In K Chui, C, L Shumaker, L, and D Ward, J, editors, *Approximation theory VI: vol. 1*, pages 211–234. Academic Press, 1989.

75. L Epstein, C and M Gage. The curve shortening flow. In J Chorin, A and J Madja, A, editors, *Wave Motion*. Springer Verlag, 1987.

76. C Evans, L and J Spruck. Motion of level sets by mean curvature i. *J. Diff. Geom.*, 33:635–681, 1991.

77. O Faugeras. Cartan's moving frame method and its application to the geometry and evolution of curves in the euclidean, affine and projective plane. In L Mundy, J, A Zisserman, and D Forsyth, editors, *Applications of Invariance in Computer Vision*, volume 825 of *Lecture notes in computer sciences*, pages 11–46. Springer Verlag, 1994.

78. M Fels and J Olver, P. Moving coframes i. a practical algorithm. *Acta Appl. Math.*, 51:161–213, 1998.

79. M Fels and J Olver, P. Moving coframes ii. regularization and theoretical foundations. *Acta Appl. Math.*, 55:127–208, 1999.

80. F Fleuret. *Détection hiérarchique de visages par apprentissage statistique.* PhD thesis, CEREMADE, Université Paris Dauphine, 1999.

81. M. Gage and R.S. Hamilton. The heat equation shrinking convex plane curves. *J. Differential Geometry*, 53:69–96, 1986.

82. Y Ge and M Fitzpatricj, J. On the generation of skeletons from discrete euclidean distance maps. *IEEE trans. PAMI*, 18(11):1055–1066, 1996.

83. C Gee, J. On matching brain volumes. Technical report, Dept. of neurology, Univ. of Pennsylvania, 1998.

84. C Gee, J, A Fabella, B, I Fernandes, B, I Turetsky, B, C Gur, R, and E Gur, R. New experimental results in atlas-based brain morphomotry. In *SPIE Medical imaging 1999*, 1999.

85. C Gee, J, R Haynor, D, L Le Briquer, and Z Bajcsy, R. Advances in elastic matching theory and its implementation. In P Cinquin, R Kikinis, and D Lavalée, editors, *CVRMed-MRCAS'97*. Springer Verlag, 1997.

86. C Gee, J and D Peralta, P. Continuum models for bayesian image matching. In H Hanson, K and N Silver, R, editors, *Maximum entropy and bayesian methods.* Kluwer academics, 1995.

87. D Geiger, A Gupta, A Costa, L, and J Vlontzos. Dynamic programming for detecting, tracking and matching deformable contours. *IEEE PAMI*, 17(3):295–302, 1995.

88. D Geman, Y Amit, and K Wilder. Joint induction of shape features and tree classifiers. Technical report, Dep. of Statistics, Univ. of Chicago, 1996.

89. D Geman and S Geman. Stochastic relaxation, gibbs distribution and bayesian restoration of images. *IEEE Trans PAMI*, 6:721–741, 1984.

90. P. J. Giblin and B. B. Kimia. On the local form and transitions of symmetry sets, and medial axes, and shocks in 2D. In *Proc. of ICCV*, pages 385–391, Greece, September 1999. IEEE Computer Society.

91. A Glasbey, C and V Mardia, K. A review of image-warping methods. *J. of Applied Stat.*, 25(2):155–171, 1998.

92. J Glaunès, M Vaillant, and I Miller, M. Landmark matching via large deformation diffeomorphisms on the sphere. *Journal of Mathematical Imaging and Vision, MIA 2002 special issue*, (to appear) 2003.

93. W Gorman, J, R Mitchell, and P Kuel, F. Partial shape recognition using dynamic programming. *IEEE PAMI*, 10(257-266), 1988.

94. M. Grayson. The heat equation shrinks embedded plane curves to round points. *J. differential Geometry*, 26:285–314, 1987.

95. U. Grenander. *Lectures in Pattern Theory*, volume 33. Applied Mathematical sciences, 1981.

96. U. Grenander. *General Pattern Theory*. Oxford Science Publications, 1993.

97. U. Grenander and D. M. Keenan. Towards automated image understanding. *J. Appl. Stat.*, 16(2), 207-221 1989.

98. U. Grenander and D. M. Keenan. On the shape of plane images. *Siam J. Appl. Math.*, 53(4):1072–1094, 1991.

99. U Grenander and I Miller, M. Representation of knowledge in complex systems (with discussion section). *J. Royal Stat. Soc.*, 56(4):569–603, 1994.

100. U Grenander and I Miller, M. Computational anatomy: An emerging discipline. *Quarterly of Applied Mathematics*, LVI(4):617–694, 1998.

101. H. W. Guggenheimer. *Differential Geometry*. McGraw Hill Books, 1963.
102. F Guichard. *Axiomatisation des analyses multi-échelles d'images et de films*. PhD thesis, Université Paris IX Dauphine, 1994.
103. A Guimon, A Roche, N Ayache, and J Meunier. Three-dimensional brain warping using the demons algorithm and adptive intensity corrections. Technical report, INIRIA Sophia-Antipolis, 1999.
104. M Hagedoorn and C Veltkamp, R. Reliable and efficient pattern matching using an affine invariant metric. *International Journal of computer vision*, 31:203–225, 1999.
105. L Hallinan, P, G Gordon, G, L Yuille, A, P Giblin, and D Mumford. *Two and three dimensional patterns of the face*. A K Peters, Ltd, 1999.
106. P Hallinan. A low dimensional model for face recognition under arbitrary lighting conditions. In *Preceedings CVPR'94*, pages 995–999, 1994.
107. E Hann, C. *Recognizing two planar objects under a projective transformation*. PhD thesis, University of Canterbury, 2001.
108. T Hastie, R Tibshirani, and J Friedman. *The elements of statistical learning theory*. Springer, 2001.
109. M Held. *On the computational geometry of pocket machining*. Springer, 1991.
110. S. Helgason. *Differential Geometry, Lie groups and Symmetric spaces*. Academic Press, 1978.
111. G Hermosillo. *Variational methods for multimodal matching*. PhD thesis, Université de Nice, 2002.
112. E. Hewitt and K. Stromberg. *Real and abstract analysis*. Springer Verlag, 1965.
113. C Hilditch. Linear skeleton from square cupboards. *Machine intelligence*, 6:403–409, 1969.
114. K. P Horn, B and G Schunk, B. Determining optical flow. *Artificial intelligence*, 17:185–203, 1981.
115. M. K. Hu. Visual pattern recognition by moment invariants. *IRE Trans. Inf. Theory*, IT-8:179–187, 1962.
116. J Illingworth and J Kittler. A survey of the hough transform. *Computer graphics and Image processing*, 44:87–116, 1988.
117. A.K. Jain, Y. Zong, and S. Lakshmanan. Object matching using deformable templates. *IEEE Trans. PAMI*, 18(3):267–278, 1996.
118. K Jain, A, Y Zhong, and S Lakshmanan. Object matching using deformable templates. *IEE trams. PAMI*, 18(3):267–277, 1996.
119. S-C Jeng and W-H Tsai. Scale- and orientation-invariant generalized hough transform: a new approach. *Pattern recognition*, 24(11):1037–1051, 1991.
120. J Jones, M and T Poggio. Multidimensional morphable models: a framework for representing and matching object classes. *Int. J. Comp. Vision*, 29(2):107–131, 1998.
121. S Joshi. *Large deformation diffeomorphisms and Gaussian random fields for statistical characterization of brain sub-manifolds*. PhD thesis, Sever institute of technology, Washington University, 1997.
122. S Joshi and M Miller. Landmark matching via large deformation diffeomorphisms. *IEEE transactions in image processing*, 9(8):1357–1370, 2000.
123. J Jost. *Riemannian Geometry and Geometric Analysis*. Springer, 1998. 2nd edition.
124. C Jutten and J Herault. Blind separation of sources. i- an adaptive algorithm based on neuromimetic architectures. *Signal Processing*, 24:1–10, 1991.

125. M. Kass, A. Witkin, and D. Terzopoulos. Snakes: active contour models. *Int. J. of Comp. Vision*, 1988.

126. D. G. Kendall. Shape manifolds, procrustean metrics and complex projective spaces. *Bull. London Math. Soc.*, 16:81–121, 1984.

127. T Kent, J and V Mardia, K. The link between kriging and thin-plate splines. In P Kelly, F, editor, *Probability, statistics and optimisation*, pages 325–339. John Wiley & sons, 1994.

128. D. Keren, D.B. Cooper, and J. Subrahmonia. Describing complicated objects by implicit polynomials. *PAMI*, 16(1):38–53, January 1994.

129. Renaud Keriven. *Equations aux dérivées partielles, évolution de courbes et de surfaces et espaces d'échelles: application à la vision par ordinateur*. PhD thesis, Ecole Nationale des Ponts et Chaussés, 1997.

130. R Kimmel, N Kiryati, and M Bruckstein, A. Distance maps and weighted distance transforms. *Journal of mathematical imaging and vision*, 6:643–656, 1996.

131. R Kimmel, D Shaked, N Kiryati, and M Bruckstein, A. Skeletonization via distance maps and level sets. *Computer vision and image understanding*, 62(3):382–391, 1995.

132. J.S. Duncan L. W. Staib. Boundary finding with parametrically deformable models. *IEEE Trans. PAMI*, 14(11):1061=1–75, 1992.

133. S. Lang. *Introduction to differentiable manifolds*. Interscience, New-York, 1962.

134. F Lazarus and A Verroust. 3d metamorphosis: a survey. *The visual computer*, 14(8), 1998.

135. H. Le. Mean size-and-shapes and mean shapes: a geometric point of view. *Adv. Appl. Prob.*, 27:44–55, 1995.

136. F Leavers, V. Which hough transform ? *CVGIP: Image understanding*, 58(2):250–264, 1993.

137. T Lee, D. Medial axis transform to a planar shape. *IEEE trans. PAMI*, 4(4):363–369, 1982.

138. F. Leitner, I. Marque, S. Lavallée, and P. Cinquin. Dynamic segmentation: finding the edge with snake splines. In L. L. Schumaker P.J. Laurent, A. Le Méhauté, editor, *Curves and Surfaces*, pages 279–284. Academic Press, 1991.

139. G Letac. Mesures sur le cercle et convexe du plan. *Annales scientifiques de l'université de Clermont-Ferrand II*, 76:35–65, 1983.

140. R. Malladi, J. Sethian, and B. Vemuri. Shape modelling with front propagation: a level set approach. *IEEE TPAMI*, 17:789–805, 1995.

141. S. Mallat and Z. Zhang. Matching pursuit with time-frequency dictionnaries. *IEEE Trans. Signal Proc.*, 1993.

142. A Marques, J and J Abrantes, A. Shape alignment-optimal initial point and pose estimation. *Pattern Recognition letters*, 18:49–53, 1997.

143. J Marsden and T Hugues. *The mathematical foundations of elasticity*. Prentice-Hall, 1983.

144. J Meinguet. Multivariate interpolation at arbitrary points made simple. *J. Applied Math. and Physics*, 30:292–304, 1979.

145. Y Meyer. *Wavelets and operators*. Cambridge University Press, 1992.

146. M Micheletti, A. Metrica per famiglie di domini limitati e proprietà generiche degli autovalori. *Ann. Scuola Norm. Sup. Pisa Ser. 3*, 26:683–694, 1972.

147. I Miller, M, C Joshi, S, and E Christensen, G. Large deformation fluid diffeomorphisms for landmark and image matching. In A Toga, editor, *Brain Warping*, pages 115–131. Academic Press, 1999.

148. I Miller, M, A Trouvé, and L Younes. On the metrics and euler-lagrange equations of computational anatomy. *Annual Review of biomedical Engineering*, 4:375–405, 2002.

149. I Miller, M and L Younes. Group action, diffeomorphism and matching: a general framework. In *Proceeding of SCTV 99*, 1999. http://www.cis.ohio-state.edu/ szhu/SCTV99.html.

150. I Miller, M and L Younes. Group action, diffeomorphism and matching: a general framework. *Int. J. Comp. Vis*, 41:61–84, 2001. (*Originally published in electronic form in: Proceeding of SCTV 99, http://www.cis.ohio-state.edu/ szhu/SCTV99.html*).

151. J Nocedal and J Wright, S. *Numerical Optimization*. Springer, 1999.

152. L Ogniewicz, R. *Discrete voronoï skeletons*. Swiss federal institue of technology, 1992.

153. A Olshausen, B and J Field, D. Natural images statistics and efficient coding. *Networks: computation in neural systems*, 7(2), 1996.

154. P.J. Olver. *Equivalence, Invarians and Symmetry*. Cambridge University Press, 1995.

155. P.J. Olver, G. Sapiro, and A. Tannenbaum. Differential invariant signatures and flows in computer vision: A symmetry group approach. In B. Romeny, editor, *Geometry driven diffusion in computer vision*, 1994.

156. W Paglieroni, D and K Jain, A. Fast classification of discrete shape contours. *Pattern reconition*, 20(6):583–598, 1987.

157. D Pasquignon. *Approximation de propagation de fronts avec ou sans termes non-locaux. Applications à la squelettisation des formes*. PhD thesis, CEREMADE, Université Paris Dauphine, 1999.

158. X Pennec and N Ayache. Uniform distribution, distance and expectation problems for geometric features processing. *Journal of mathematical imaging and vision*, 9(1):49–67, 1998.

159. A. Pentland and S. Sclaroff. Closed-form solutions for physically-based shape modeling and recognition. *IEEE TPAMI*, 13(7):715–729, 1991.

160. C. G. Perrot and L. G. C. Hamey. Object recognition: a survey of the litterature. Computing reports 91-0065C, Macquarie University, 1991.

161. A Picaz and I Dinstein. Matching of partially occulted planar curves. *Pattern Recognition*, 28(2):199–209, 1995.

162. M. Piccioni and S. Scarlatti. An iterative monte carlo scheme for generating lie group-valued random variables. *Adv. Appl. Prob*, 26:616–628, 1994.

163. M. Piccioni, S. Scarlatti, and A. Trouvé. A variational problem arising from speech recognition. *SIAM J. Applied Math.*, 58(3):753–771, 1998.

164. P Preparata, F. The medial axis of a simple polygon. In *Proc. 6th symposium on mathematical foundations of computer science*, pages 443–450, 1977.

165. P Preparata, F and I Shamos, M. *Computational Geometry: an introduction*. Springer, 1985.

166. J Princen, J Illingworth, and J Kittler. A formal definition of the hough transform: properties and relationships. *Journal of matheatical imaging and vision*, 1:153–168, 1992.

167. D Rabbitt, R, A Weiss, J, E Christensen, G, and I Miller, M. Mapping of hyperelastic deformable templates using the finite element method. In *Proceeding of San Diego's SPIE conference*, 1995.

168. R Ramamurthy and T Farouki, R. Voronoï diamgrams and medial axis algorithm for planal domains with curved boundaries. i. theoretical foundations ; ii. detailed algorithm description. *J. of Computational and applied mathematics*, 102:I: 119–141 ; II: 253–277, 1999.

169. O Ramsay, J and W Silverman, B. *Functional data analysis*. Springer Verlag, 1997.

170. A Rangarajan, E Mjolsness, S Pappu, L Davachi, S Goldman-Rakic, P, , and S Duncan, J. A robust point matching algorithm for autoradiograph alignment. In H Hohne, K and R Kikinis, editors, *Visualization in Biomedical Computing (VBC)*, pages 277–286, 1996.

171. F Richard. Résolution de problèmes hyperélastiques de recalage d'images. *C. R. Acad. Sci., serie I*, 335:295–299, 2002.

172. B. D. Ripley and A. I. Sutherland. Finding spiral structures in images of galaxies. *Phil. Trans. Roy. Soc. A*, 332:477–485, 1990.

173. E Rouy and A Tourin. A viscosity solutions approach to shape from shading. *SIAM J. Numer. Analy.*, 29(3):867–884, 1992.

174. W Rudin. *Real and Complex analysis*. Tata Mac Graw Hill, 1966.

175. F.A. Sadjadi and E.L. Hall. Three-dimensional moment invariants. *IEEE TPAMI*, 2:127–136, 1980.

176. H Sakoe and S Chiba. Dynamic programming algorithm optimization for spoken word recognition. *IEEE Trans. Accoustic, Speech and Signal Proc.*, 26:43–49, 1978.

177. G Sapiro. *Geometric partial differential equations and image analysis*. Cambridge University Press, 2001.

178. G. Sapiro and A. Tannenbaum. Affine invariant scale space. *Int. J. Comp. Vision*, 11(1), 1993.

179. G. Sapiro and A. Tannenbaum. On invariant curve evolution and image analysis. *Indiana Univ. Jal. of math*, 42:985–1011, 1993.

180. S. Sclaroff. *Modal matching: a method for describing, comparing and manipulating signals*. PhD thesis, MIT, 1995.

181. J Serra. *Image analysis and mathematical morphology vol 1 & 2*. Academic press, 1982, 88.

182. J Sethian. *Level set methods and fast marching methods: evolving interfaces in computational geometry, fluid mechanics, computer vision and material science*. Cambridge University Press, 1996. Second edition: 1999.

183. J. A. Sethian. A review of recent numerical algorithms for hypersurface moving for curvature depebdent speed. *J. Differential Geometry*, 31:131–161, 1989.

184. A. I. Shnirel'man. On the geometry of the group of diffeomorphisms and the dynamics of an ideal incompressible fluid. *Math. USSR Sbornik*, 56(1):79–103, 1985.

185. Kaleem Siddiqi, Benjamin Kimia, Allen Tannenbaum, and Steven Zucker. Shocks, shapes, and wiggles. *Image and Vision Computing*, 17(5-6):365–373, 1999.

186. Kaleem Siddiqi, Benjamin B. Kimia, and Chi-Wang Shu. Geometric shock-capturing ENO schemes for subpixel interpolation, computation and curve evolution. *GMIP*, 59(5):278–301, September 1997.

187. Kaleem Siddiqi, Kathryn J. Tresness, and Benjamin B. Kimia. On the anatomy of visual form. In C. Arcelli, L.P. Cordella, and G. S. di Baja, editors, *Aspects of Visual Form Processing*, 2nd International Workshop on Visual Form, pages 507–521, Singapore, May-June 1994. IAPR, World Scientific. Workshop held in Capri, Italy.

188. R Szeliski and J Coughlan. Spline-based image registration. Technical report, Cambridge Research Laboratory, 1994.

189. R Teague, M. Image analysis via the general theory of moments. *J. Opt. Soc. Am*, 70(8):920–930, 1980.

190. Huseyin Tek and Benjamin B. Kimia. Curve evolution, wave propagation, and mathematical morphology. In Henk J.A.M. Heijmans and Jos B.T.M. Roerdink, editors, *Mathematical Morphology and its Applications to Image and Signal Processing*, volume 12 of *Computational Imaging and Vision*, pages 115–126. Kluwer Academic, Amsterdam, The Netherlands, June 1998.

191. J-P Thirion. Image matching as a diffusion process: an analogy with maxwell's demons. *Medical Image Analysis*, 2(3):243–260, 1998.

192. J-P Thirion. Diffusing models and applications. In W Toga, A, editor, *Brain Warping*, pages 144–155, 1999.

193. J-P Thirion and G Calmon. Deformation analysis to detect and quantify active lesions in 3d medical image sequences. *IEEE Trans. Image Analysis*, 18(5):429–442, 1999.

194. M Thomson, P and W Toga, A. Detection, visualization and animation of abnormal anatomic structure with a deformable probabilistic brain atlas based on random vector field transformations. *Medical Image Analysis*, 1(4):271–294, 1996/7.

195. W Toga, A, editor. *Brain warping*. Academic Press, 1999.

196. A. Trouvé and L. Younes. Diffeomorphic matching in 1d: designing and minimizing matching functionals. In D. Vernon, editor, *Proceedings of ECCV 2000*, 2000.

197. A. Trouvé and L. Younes. On a class of optimal matching problems in 1 dimension. *Siam J. Control Opt. (to appear)*, 2000.

198. A Trouvé and L Younes. Local analysis on a shape manifold. Technical report, Université Paris 13, 2002.

199. Alain Trouvé. Infinite dimensional group action and pattern recognition. Technical report, DMI, Ecole Normale Supérieure, 1995.

200. Alain Trouvé. An infinite dimensional group approach for physics based model. Technical report, 1995.

201. Alain Trouvé. Habilitation à diriger les recherches. Technical report, Université Paris XI, 1996.

202. Alain Trouvé. Diffeomorphism groups and pattern matching in image analysis. *Int. J. of Comp. Vis.*, 28(3):213–221, 1998.

203. M Turk and A Pentland. Eigenfaces for recognition. *J. of Cognitive Neuroscience*, 3(1), 1991.

204. V Vapnik. *The nature of statistical learning theory*. Springer, 1996.

205. T Vetter and T Poggio. Linear object classes and image synthesis from a single example image. *IEEE trans. PAMI*, 19(7):733–742, 1997.

206. A. Wallin and O. Kübler. Complete sets of complex zernicke moment invariants and the role and the role of the pseudoinvariants. *IEEE Trans. PAMI*, 17(11):1106–1110, 1995.

207. I. Weiss. Shape reconstruction on a varying mesh. *IEEE Trans PAMI*, 12(4):345–362, 1990.

208. I. Weiss. Noise-resistant invariants of curves. *IEEE Trans PAMI*, 15(9):943–948, 1993.

209. L Wiskott and C von der Malsburg. A neural system for the recognition of partially occulted objects in cluttered scenes. *Int. J. Pattern recogn. and Art. Intel.*, 7:935–948, 1993.

210. C-K Yap. An o($n \log n$) algorithm for the voronoï diagram of a set of simple curve segments. *Discrete Computational geometry*, 2(365-393), 1987.

211. K Yosida. *Functional analysis*. Springer, 1970.

212. L. Younes. A distance for elastic matching in object recognition. *C. R. Acad Sc Paris*, 1996.

213. L. Younes. Computable elastic distances between shapes. *SIAM J. Appl. Math*, 58(2):565–586, 1998.

214. L. Younes. Optimal matching between shapes via elastic deformations. *Image and Vision Computing*, 1999.

215. A. L. Yuille. Generalized deformable models, statistical physics, and matching problems. *Neural computations*, 1:1–24, 1990.

216. E Zeidler. *Applied Functional Analysis. Applications to mathematical physics.* Springer, 1995.

217. D. Zhao and J. Chen. Affine curve moment invariants for shape recognition. *Pattern Recognition*, 30(6):895–901, 1997.

218. C Zienkiewicz, O and L Taylor, R. *The finite element method. Basic formulation and linear problems.* McGraw Hill, 1989. Traduction française: afnor, 1991.

Index

Déjà parus dans la même collection

Déjà parus dans la même collection

Druck und Bindung: Strauss Offsetdruck GmbH